数控手工编程技术及实例详解

——西门子系统

李体仁 主编　　王勇强 副主编

SHUKONG SHOUGONG BIANCHENG JISHU JI SHILI XIANGJIE XIMENZI XITONG

化学工业出版社
·北京·

本书采用指令讲解与实例剖析并重的方法，由浅入深，分模块讲解了 SINUMERIK 802D 数控车削和数控铣削典型指令的功能及其应用方法，让读者学习和体会 SINUMERIK 802D 数控系统指令的特点和丰富的功能，避免在使用中出现常见的问题和错误，提高对指令的理解能力和零件加工的编程能力。

本书可供数控技术人员自学和教师讲授、工程训练使用。可作为高等工科院校、高等职业技术院校、中专、电大等数控专业的教材、工程实训教材和参考书，也可作为企业数控加工职业技能的培训教材。

图书在版编目（CIP）数据

数控手工编程技术及实例详解——西门子系统/李体仁主编. —北京：化学工业出版社，2012.1

ISBN 978-7-122-12918-5

Ⅰ. 数… Ⅱ. 李… Ⅲ. 数控机床-程序设计 Ⅳ. TG659

中国版本图书馆 CIP 数据核字（2011）第 245062 号

责任编辑：张兴辉　　文字编辑：陈　喆

责任校对：宋　玮　　装帧设计：王晓宇

出版发行：化学工业出版社（北京市东城区青年湖南街 13 号　邮政编码 100011）

印　　装：三河市延风印装厂

787mm×1092mm　1/16　印张 15¾　字数　392　千字　　2012 年 2 月北京第 1 版第 1 次印刷

购书咨询：010-64518888（传真：010-64519686）　　售后服务：010-64518899

网　　址：http: // www. cip. com. cn

凡购买本书，如有缺损质量问题，本社销售中心负责调换。

定　　价：**48.00** 元

前　言

数控加工技术是目前CAD/CAPP/CAM系统中最能明显发挥效益的环节之一，其在实现设计加工自动化、提高加工精度和加工质量、缩短产品研制周期等方面发挥着重要作用。在诸如航空工业、汽车工业等领域有着大量的应用。随着数控技术的广泛应用，数控机床在机械制造企业的设备中所占比例也越来越大。企业对数控工艺人员和操作人员的编程能力的要求也越来越高，因此，对数控系统的指令应有详细的了解。

《数控手工编程技术及实例详解》自2007年出版以来，广受读者欢迎和好评。根据数控编程的特点和读者需要，本次修订拆分为《FANUC 系统》和《西门子系统》两个分册。本书为《西门子系统》分册。本书通过对第一版读者反馈意见的分析和作者在德国为期一年的作为访问学者的学习体会，结合国内的情况，对部分内容进行了修订和重写。全书以SIEMENS 802D数控系统为例，详细讲解了该系统的编程指令，并配以相关实例，帮助读者更好地理解编程指令的用法，从而更熟练地编制高质量的数控加工程序。

本书适用于从事数控切削加工、数控编程的工程技术人员和技术工人，也可作为职业院校数控专业的教学用书。

本书由陕西科技大学李体仁主编，西安技师学院王勇强任副主编，西安技师学院牛增慧、李佳参编，李体仁统稿。其中第1章由李佳编写，第2章由李体仁和王勇强编写，第3、4章由王勇强编写，第5章由李体仁和牛增慧编写，第6、7章由牛增慧编写。本书在编写过程中借鉴了西门子公司数控系统有关的资料和文献，念勇、王亮、余欣、陈杰等参与了其中部分资料的整理，在此一并表示衷心的感谢。

由于编者的水平有限，书中难免有不足之处，恳请读者批评指正并提出宝贵的意见。

主编

目 录

第1章 数控加工技术基础

现代数控加工技术是指高效、优质地实现零件、特别是复杂形状零件加工的有关理论、方法与实现技术，是自动化、柔性化、敏捷化和数字化制造的基础与关键技术。数控加工过程包括按给定的零件加工要求(零件图纸、CAD数据或实物模型)进行加工的全过程，一般来说，数控加工技术涉及数控机床加工工艺和数控编程技术两方面。

数控机床是采用数字形式信息控制的灵活、高效的自动化机床，数控加工就是根据被加工零件和工艺要求编制成以数码表示的程序，输入到数控机床的数控装置或控制计算机中，以控制工件和刀具的相对运动，使之加工出合格零件的方法。使用数控机床加工时，必须编制零件的加工程序，理想的加工程序不仅应保证加工出符合设计要求的零件，同时应能使数控机床功能得到合理的应用和充分的发挥，且能安全可靠和高效地工作。数控加工中的工艺问题的处理与普通机械加工基本相同，但又有其特点，因此在设计零件的数控加工工艺时，既要遵循普通加工工艺的基本原则和方法，又要考虑数控加工本身的特点和零件编程要求。

数控编程技术是数控加工技术应用中的关键技术之一，也是目前CAD/CAPP/CAM系统中最能明显发挥效益的环节之一。数控编程技术在实现设计加工自动化、提高加工精度和加工质量、缩短产品研制周期等方面发挥着重要作用，在机械制造工业、航空工业、汽车工业等领域有着广泛的应用。

1.1 数控加工的基础知识

1.1.1 数控编程技术的基本概念

数控编程是从零件图纸到获得数控加工程序的全过程。数控编程的主要内容包括：分析加工要求并进行工艺设计，以确定加工方案，选择合适的数控机床、刀具、夹具，确定合理的走刀路线及切削用量等；建立工件的几何模型，计算加工过程中刀具相对工件的运动轨迹或机床运动轨迹；按照数控系统可接受的程序格式，生成零件加工程序，然后对其进行验证和修改，直到合格的加工程序。根据零件加工表面的复杂程度、数值计算的难易程度、数控机床的数量及现有编程条件等因素，数控加工程序可通过手工编程或计算机辅助编程来获得。

因此，数控编程包含了数控加工与编程、机械加工工艺、CAD/CAM软件应用等多方面的知识，其主要任务是计算加工走刀中的刀位点（cutter location point，简称CL点），多轴加工中还要给出刀轴矢量。数控铣或者数控加工中心的加工编程是目前应用最广泛的数控编程技术，在本章中若无特别说明，数控编程一般是指数控铣编程。

1.1.2 数控编程方法

数控编程通常分为手工编程和计算机辅助编程两类，而计算机辅助编程又分为数控语言自动编程、交互图形编程和CAD/CAM集成系统编程等多种。目前数控编程正向集成化、智能化和可视化方向发展。

（1）手工编程

手工编程就是从工艺分析、数值计算直到数控程序的试切和修改等过程全部或主要由人工完成。这就要求编程人员不仅要熟悉数控代码及编程规则，而且还必须具备机械加工工艺知识和数值计算能力。对于点位加工或几何形状不太复杂的零件，数控编程计算较简单、程序段不多，手工编程是可行的。但对形状复杂的零件，特别是具有曲线、曲面（如叶片、复杂模具型腔）或几何形状并不复杂但程序量大的零件（如复杂孔系的箱体），以及数控机床拥有量较大而且产品不断更新的企业，手工编程就很难胜任。据生产实践统计，手工编程时间与数控机床加工时间之比一般为30:1。可见手工编程效率低、出错率高，因而必然要被其他先进编程方法所替代。

手工编程的一般步骤如图1-1所示。

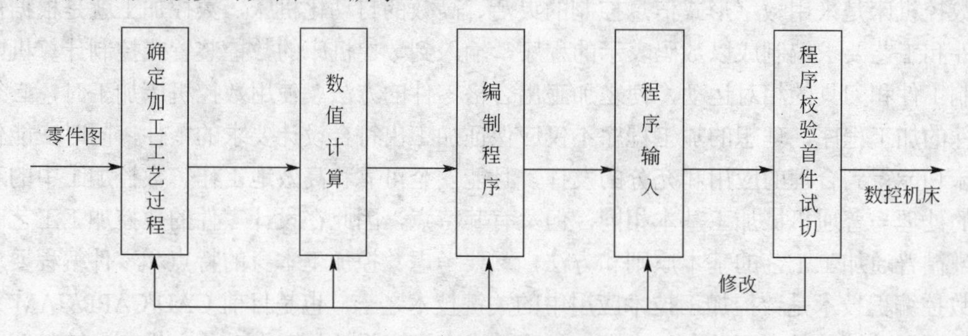

图1-1 数控编程的步骤

① 分析零件图、确定加工工艺过程。在确定加工工艺过程时，编程人员要根据被加工零件图样对工件的形状、尺寸、技术要求进行分析，选择加工方案，确定加工顺序、加工路线、装夹方式、刀具及切削参数等，同时还要考虑所用数控机床的指令功能，充分发挥机床的效能，尽量缩短走刀路线，减少编程工作量。

② 数值计算。根据零件图的几何尺寸确定工艺路线及设定坐标系，计算零件粗、精加工运动的轨迹，得到刀位数据。对于形状比较简单的零件(如直线和圆弧组成的零件)的轮廓加工，要计算出几何元素的起点、终点、圆弧的圆心、两几何元素的交点或切点的坐标值，有的还要计算刀具中心的运动轨迹坐标值。对于形状比较复杂的零件(如非圆曲线、曲面组成的零件)，需要用直线段或圆弧段逼近，根据加工精度的要求计算出节点坐标值，这种数值计算一般要用计算机来完成。

③ 编制零件加工程序。加工路线、工艺参数及刀位数据确定以后，编程人员根据数控系统规定的功能指令代码及程序段格式，逐段编写加工程序。

④ 输入加工程序。把编制好的加工程序通过控制面板输入到数控系统，或通过程序的传输（或阅读）装置送入数控系统。

⑤ 程序校验与首件试切。输入到数控系统的加工程序必须经过校验和试切才能正式使用。校验的方法是直接让数控机床空运转，以检查机床的运动轨迹是否正确。在有CRT图形显示的数控机床上，用模拟刀具与工件切削过程的方法进行检验更为方便，但这些方法只能检验运动是否正确，不能检验被加工零件的加工精度。因此，要进行零件的首件试切。当发现有加工误差时，分析误差产生的原因，找出问题所在，加以修正。最后利用检验无误的数控程序进行加工。

（2）数控语言自动编程

自动编程是用计算机把人工输入的零件图纸信息改写成数控机床能执行的数控加工程序，即数控编程的大部分工作由计算机来完成。目前常使用自动编程语言系统（automatically programmed tools，APT）来实现。

数控语言自动编程方法几乎是与数控机床同步发展起来的。20 世纪 50 年代初期 MIT 开始研究专门用于机械零件数控加工程序编制的 APT 语言。其后经过多年的发展，APT 形成了诸如 APTⅡ、APTⅢ、APTⅣ、APT-AC（advanced contouring）和 APT-SS（sculptured surface）等多个版本。除了 APT 数控编程语言之外，其他各国也纷纷研制了相应的自动编程系统，如德国 EXAPT、法国 IFAPT、日本 FAPT 等。我国也在 20 世纪 70 年代研制了如 SKC、ZCX 等铣削、车削数控自动编程系统。20 世纪 80 年代相继出现了 NCG、APTX、APTXGI 等高水平软件。近几年来又出现了各种小而专的编程系统和多坐标编程系统。

采用 APT 语言编制数控程序，具有程序简练、走刀控制灵活等优点，使数控加工编程从面向机床指令的“汇编语言”级上升到面向几何元素。但 APT 仍有许多不便之处：采用 APT 语言定义被加工零件轮廓，是通过几何定义语句一条条进行描述，编程工作量非常大；难以描述复杂的几何形状，缺乏几何直观性；缺少对零件形状、刀具运动轨迹的直观图形显示和刀具轨迹的验证手段；难以和 CAD、CAPP 系统有效连接；不易实现高度的自动化和集成化。

（3）CAD/CAM 系统自动编程

① CAD/CAM 系统自动编程原理和功能　20 世纪 80 年代以后，随着 CAD/CAM 技术的成熟和计算机图形处理能力的提高，出现了 CAD/CAM 自动编程软件，可以直接利用 CAD 模块生成的几何图形，采用人机交互的实时对话方式，在计算机屏幕上指定零件被加工部位，并输入相应的加工参数，计算机便可自动进行必要的数据处理，编制出数控加工程序，同时在屏幕上动态地显示出刀具的加工轨迹，从而有效地解决了零件几何建模及显示、交互编辑以及刀具轨迹生成和验证等问题，推动了 CAD 和 CAM 向集成化方向发展。

目前比较优秀的 CAD/CAM 功能集成型支撑软件，如 UGII、IDEAS、Pro/E、CATIA 等，均提供较强的数控编程能力。这些软件不仅可以通过交互编辑方式进行复杂三维型面的加工编程，还具有较强的后置处理环境。此外还有一些以数控编程为主要应用的 CAD/CAM 支撑软件，如美国的 MasterCAM、SurfCAM 以及英国的 DelCAM 等，如图 1-2 所示。

CAD/CAM 软件系统中的 CAM 部分有不同的功能模块可供选用，如:二维平面加工、3～5 轴联动的曲面加工、车削加工、电火花加工（EDM）、钣金加工及线切割加工等。用户可根据实际应用需要选用相应的功能模块。这类软件一般均具有刀具工艺参数设定、刀具轨迹自动生成与编辑、刀位验证、后置处理、动态仿真等基本功能。

② CAD/CAM 系统编程的基本步骤　不同 CAD/CAM 系统的功能、用户界面有所不同，编程操作也不尽相同。但从总体上讲，其编程的基本原理及基本步骤大体是一致的，如图 1-2 所示。

a．几何造型。利用 CAD/CAM 系统的几何建模功能，将零件被加工部位的几何图形准确地绘制在计算机屏幕上。同时在计算机内自动形成零件图形的数据文件。也可借助于三坐标测量仪 CMM 或激光扫描仪等工具测量被加工零件的形体表面，通过反求工程将测量的数据处理后送到 CAD 系统进行建模。

b．加工工艺分析。这是数控编程的基础。通过分析零件的加工部位，确定装夹位置、工件坐标系、刀具类型及其几何参数、加工路线及切削工艺参数等。目前该项工作主要仍由编程员采用人机交互方式输入。

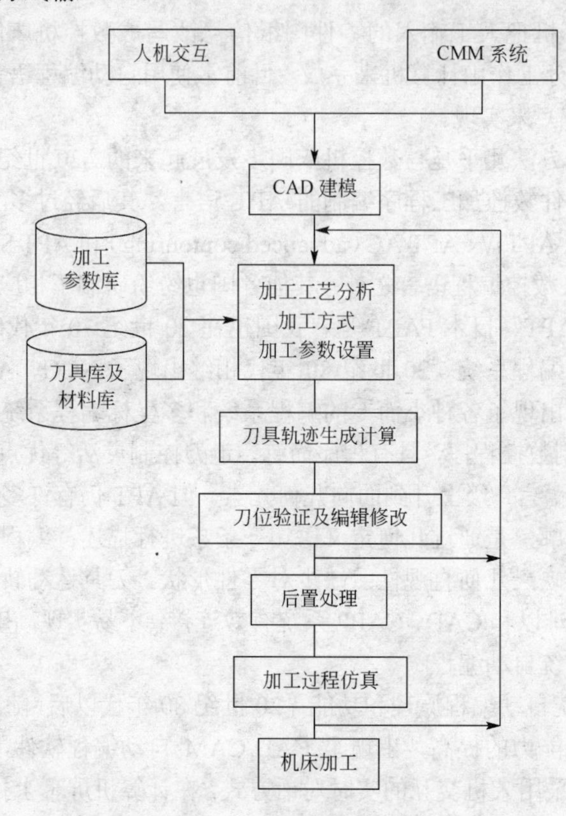

图 1-2 CAD/CAM 系统数控编程原理

c．刀具轨迹生成。刀具轨迹的生成是基于屏幕图形以人机交互方式进行的。用户根据屏幕提示通过光标选择相应的图形目标，确定待加工的零件表面及限制边界，输入切削加工的对刀点，选择切入方式和走刀方式。然后软件系统将自动地从图形文件中提取所需的几何信息，进行分析判断，计算节点数据，自动生成走刀路线，并将其转换为刀具位置数据，存入指定的刀位文件。

d．刀位验证及刀具轨迹的编辑。对所生成的刀位文件进行加工过程仿真，检查验证走刀路线是否正确合理，是否有碰撞干涉或过切现象，根据需要可对已生成的刀具轨迹进行编辑修改、优化处理，以得到用户满意的、正确的走刀轨迹。

e．后置处理。后置处理的目的是形成具体机床的数控加工文件。由于各机床所使用的数控系统不同，其数控代码及其格式也不尽相同。为此必须通过后置处理，将刀位文件转换成具体数控机床所需的数控加工程序。

f．数控程序的输出。由于自动编程软件在编程过程中可在计算机内部自动生成刀位轨迹文件和数控指令文件，所以生成的数控加工程序可以通过计算机的各种外部设备输出。若数控机床附有标准的 DNC 接口，可由计算机将加工程序直接输送给机床控制系统。

③ CAD/CAM 软件系统编程特点 CAD/CAM 系统自动数控编程是一种先进的编程方法，与 APT 语言编程比较，具有以下的特点：

a．将被加工零件的几何建模、刀位计算、图形显示和后置处理等过程集成在一起，有效地解决了编程的数据来源、图形显示、走刀模拟和交互编辑等问题，编程速度快、精度高，弥补了数控语言编程的不足。

b．编程过程是在计算机上直接面向零件几何图形交互进行，不需要用户编制零件加工源程序，用户界面友好，使用简便、直观，便于检查。

c．有利于实现系统的集成，不仅能够实现产品设计与数控加工编程的集成，还便于工艺过程设计、刀夹量具设计等过程的集成。

现在，利用CAD/CAM软件系统进行数控加工编程已成为数控程序编制的主要手段。

1.2　数控加工的工艺设计

1.2.1　数控加工工艺的特点

数控加工的工艺设计是数控加工中的重要环节，处理正确与否关系到所编制零件加工程序的正确性与合理性，其工艺方案的好坏直接影响数控加工的质量、效益以及程序编制的效率。

数控加工工艺的主要特点如下：

① 数控加工工艺内容十分明确而且具体、工艺设计工作相当准确而且严密。

数控机床加工工艺与普通机床加工工艺相比较，由于采用数控机床加工具有加工工序少、所需专用工装数量少等特点，数控加工的工序内容一般要比普通机床加工的工序内容复杂。从编程来看，加工程序的编制要比普通机床编制工艺规程复杂。在普通机床的加工工艺中不必考虑的问题，如工序内工步的安排、对刀点、换刀点及走刀路线的确定等问题，在编制数控加工工艺时都需认真考虑。

② 数控加工的工序相对集中。

采用数控加工，工件在一次装夹下能完成钻、铰、镗、攻螺纹等多种加工，因此数控加工工艺具有复合性，也可以说数控加工工艺的工序把传统机加工工艺中的工序“集成”了，这使得零件加工所需的专用夹具数量大为减少，零件装夹次数及周转时间也大大减少，从而使零件的加工精度和生产效率有了较大的提高。

1.2.2　数控加工工艺的主要内容

数控加工中的工艺处理主要包括：数控加工的合理性分析、零件的工艺性分析、零件工艺过程的制定、零件加工工艺路线的确定、零件安装和夹紧方法的确定、选择刀具和切削用量及对刀点和换刀点的确定等。具体步骤如下：

① 选择适合数控加工的零件，确定工序内容。

虽然数控机床具有高精度、高柔性、高效率等优点，但不是所有的零件都适合数控机床加工，也不是一个零件的所有加工内容都适合在数控机床上加工，我们必须根据生产条件合理选择适合在数控机床上加工的内容。

② 分析加工零件的图纸，明确加工内容及技术要求，确定加工方案，制定数控加工路线，如工序的划分、加工顺序的安排、非数控加工工序的衔接等。设计数控加工工序，如工序的划分、刀具的选择、夹具的定位与安装、切削用量的确定、走刀路线的确定等。

③ 调整数控加工工序的程序。如对刀点、换刀点的选择、刀具的补偿。

④ 分配数控加工中的容差。

⑤ 处理数控机床上部分工艺指令。

1.2.3 数控加工路线的确定与优化

（1）加工阶段的划分

当零件的加工质量要求较高时，往往不可能用一道工序来满足要求，而要用几道工序逐步达到所要求的加工质量和合理地使用设备、人力，零件的加工过程通常按工序性质不同，可以分为粗加工、半精加工、精加工三个阶段。

工艺路线要划分阶段，主要原因是零件依次按阶段加工，有利于消除或减少变形对精度的影响。一般来说，粗加工切削余量大，切削力、切削热以及内应力重新分解等因素引起工件的变形就很大。精加工余量较小，工件的变形就很小。因此，工艺路线划分阶段进行加工，可避免发生已加工表面的精度遭到破坏的现象。

在工艺路线划分阶段后，同时可带来以下的好处：

a．全部表面先进行粗加工，便于及早发现内部缺陷。

b．在安装和搬运工程中，可使已加工过的表面减少损伤的机会。

c．可合理地选择设备，并有利于车间设备的布置。

数控加工在不同加工阶段，所用刀具、加工路径、切削用量以及进刀方式也不尽相同。

① 刀具的选用（如图 1-3 所示） 刀具选择总的原则是:安装调整方便、刚性好、耐用度和精度高。在保证安全和满足加工要求的前提下，尽量选择较短的刀柄，以提高刀具加工的刚性。

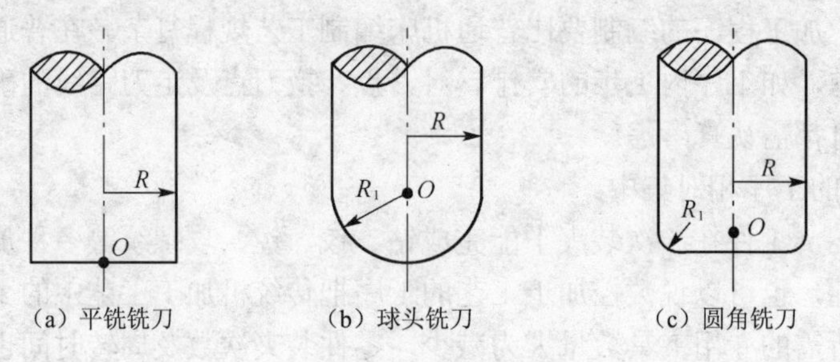

（a）平铣铣刀　（b）球头铣刀　（c）圆角铣刀

图 1-3　常用铣削刀具类型

在数控铣削加工中，最常用的刀具类型有球头铣刀、圆角铣刀和平底铣刀，如图 1-3 所示。图中 O 点为数控编程中表示刀具编程位置的坐标点，即刀位点。球头铣刀具有曲面加工量少、表面质量好等特点，在复杂曲面加工中应用普遍，但其切削能力较差，越接近球头底部，切削条件越差；平底铣刀是平面加工中最常用的刀具之一，具有成本低、端刃强度高等特点；圆角铣刀具有前两者共同的特点，被广泛用于粗、精铣削加工中。

粗加工的任务是从被加工工件毛坯上切除绝大部分多余材料，通常所选择的切削用量较大，刀具所承担负荷较重，要求刀具的刀体和切削刃均具有较好的强度和刚度，因而粗加工一般选用平底铣刀，刀具的直径尽可能选大，以便加大切削用量、提高粗加工生产效率。

精加工的主要任务是最终获得所需的加工表面，并达到规定的精度要求。通常精加工选择的切削用量较小，刀具所承受的负荷轻，其刀具类型主要根据被加工表面的形状要求而定。在满足要求的情况下，优先选用平底铣刀。另外刀具的耐用度和精度与刀具价格关系极大，必须引起注意的是，在大多数情况下选择好的刀具，虽然增加了刀具成本，但由此带来的加工质量和加工效率的提高，则可以使整个加工成本大大降低。

在经济型数控加工中，由于刀具的刃磨、测量和更换多为人工手动进行，占用辅助时间较长，因此必须合理安排刀具的排列顺序。一般应遵循以下原则：尽量减少刀具数量；一把刀具装夹后应完成其所能进行的所有加工部位；粗、精加工的刀具应分开使用，即使是相同尺寸规格的刀具；先铣后钻；先进行曲面精加工，后进行二维轮廓精加工；在可能的情况下应尽量利用数控机床的自动换刀功能，以提高生产效率等。

② 加工路径的选择　粗加工铣削平面时，刀具的加工路径一般选择单向切削，即刀具始终保持一个方向切削加工，当刀具完成一行加工后提拉至安全平面，然后快速运动到下一行的起始点后落刀再进行下一行的加工。因为粗加工时切削量较大，切削状态与用户选择的顺铣与逆铣方式有较大的关系，单向切削可保证切削过程稳定。为了缩短刀具在每行切削后向上提拉的空行程，可根据加工的部位适当改变安全平面的高度。

精加工切削力较小，对顺铣、逆铣方法不敏感，因而精加工的加工路径一般可以采用双向切削，这样可大大减少空行程，提高切削效率。

③ 加工进刀方式的选择　粗、精加工对进刀方式选择的出发点是不相同的。粗加工选择进刀方式主要考虑的是刀具切削刃的强度；而精加工考虑的是被加工工件的表面质量，不至于在被加工表面内留下进刀痕。

对于粗加工，由于除键槽铣刀端部切削刃过刀具中心之外，其余刀具端面刀刃切削能力较差，尤其刀具中心处没有切削刃，根本就没有切削能力。因此必须重视粗加工时进刀方式的选择，以免损伤工件和机床。对于外轮廓的粗加工刀具的起刀点，应放在工件毛坯的外部，逐渐向毛坯里面进行进刀；对于型腔的加工，可事先预钻工艺孔，以便刀具落在合适的高度后再进行进给加工；也可以让刀具以一定的斜角切入工件。

（2）数控加工工序的划分

① 数控工序的划分原则　在设计工艺路线时，当选定了各表面的加工方法和确定了阶段划分以后，就可将同一阶段中的各加工表面组合成若干工序，组合时可采用集中或分散的原则。

工序集中与工序分散：工序集中是指将工件的加工集中在少数几道工序内完成，每道工序加工内容较多，工序集中使总工序数减少，这样就减少了安装次数，可以使装夹时间减少，减少夹具数目，并且采用高生产率的机床。工序分散是将工件的加工分散在较多的工序中进行，每道工序的内容很少，最少时每道工序只包括一简单工步，工序分散可使每个工序使用的设备、刀具等比较简单，机床调整工作简化，对操作工人的技术水平也要求低些。

两种原则的选用以及集中、分散程度的确定，一般需要考虑以下因素：

a．生产量的大小：在产量较小时，为简化计划、调度等工作，选取集中原则，较便于组织生产。当产量很大时，可按分散原则，以利于组织流水生产。

b．工件的尺寸和重量：对尺寸和重量大的工件，由于安装和运输困难，一般宜采用集中原则组织生产。

c．工艺设备的条件：工序集中，有很多表面在一个工序中加工，在一次安装的条件下，可以获得较高的位置精度。目前，国内外都在发展高效和先进的设备，在生产自动化基础上的工序集中，是机械加工的发展方向之一。

② 数控加工工序的划分　有以下几种方式：

a．按粗、精加工划分工序，先粗后精。在进行数控加工时，可根据零件的加工精度、刚度和变形等因素，遵循粗、精加工分开原则来划分工序，即先粗加工，全部完成之后，再进行半精加工、精加工。

b. 按所用刀具划分工序。为减少换刀次数、节省换刀时间，应将需用同一把刀加工的加工部位全部完成后再换另一把刀来加工其他部位。同时应尽量减少空行程，用同一把刀加工工件的多个部位时，应以最短的路线到达各加工部位。

c. 按定位方式划分工序，工序可以最大限度集中。一次装夹应尽可能完成所有能够加工的表面加工，以减少工件装夹次数，减少不必要的定位误差。例如，对同轴度要求很高的孔系，应在一次定位后，通过换刀完成该同轴孔系孔的全部加工，然后再加工其他坐标位置的孔，以消除重复定位误差的影响，提高孔系的同轴度。

d. 按加工部位划分工序。若零件加工内容较多，构成零件轮廓的表面结构差异较大，可按其结构特点将加工部位分为几个部分，如内形、外形、曲面或平面等，分别进行加工。

③ 工步的划分　数控加工工步的划分主要从加工精度和效率两方面考虑。

a.“先粗后精”。对于同一加工表面，应按粗—半精—精加工顺序依次完成，或全部加工表面按先粗后精分开进行，以减少热变形和切削力变形对工件的形状、位置精度、尺寸精度和表面粗糙度的影响。若加工尺寸精度要求较高时，可采用前者，若加工表面位置精度要求较高时，可采用后者。

b.“先面后孔”。对既有表面、又有孔需加工的箱体类零件，为保证孔的加工精度，应先加工表面而后加工孔。

c.“先内后外”。对既有内表面、又有外表面需加工的零件，通常应安排先加工内表面（内腔）后再加工外表面（外轮廓），即先进行内外表面粗加工后再进行内外表面精加工。

④ 走刀路线的确定与优化

a. 走刀路线的确定。走刀路线是指数控加工中刀具刀位点相对于被加工工件的运动轨迹和方向，即刀具从对刀点开始运动起直至结束加工程序所经过的路径，包括切削加工的路径及刀具引入、返回等非切削空行，因此又称走刀路线，是编制程序的依据之一。走刀路线直接影响刀位点的计算速度、加工效率和表面质量。刀具加工路线的确定主要依据以下原则：保证被加工零件获得良好的加工精度和表面质量；尽量使走刀路线最短，以减少空程时间，提高加工效率；使数值计算方便，减少刀位计算工作量，减少程序段，提高编程效率。

图 1-4 中：图 1-4（a）为行切法，加工路线最短，其刀位计算简单，程序量少，但每一条刀轨的起点和终点会在型腔内壁上留下一定的残留高度，表面粗糙度差；图 1-4（b）为环切法，加工路线最长，刀位计算复杂，程序段多，但内腔表面加工光整，表面粗糙度最好；图 1-4（c）的加工路线介于前两者之间，可综合行切法和环切法两者的优点且表面粗糙度较好，获得较好的编程和加工效果。因此，对于图 1-4（b）、图 1-4（c）两种路线，通常选择图 1-4（c），而图 1-4（a）由于加工路线最短，适用于对表面粗糙度要求不太高的粗加工或半精加工。此外采用行切法时，需要用户给定特定的角度以确定走刀的方向，一般来讲走刀角度平行于最长的刀具路径方向比较合理。

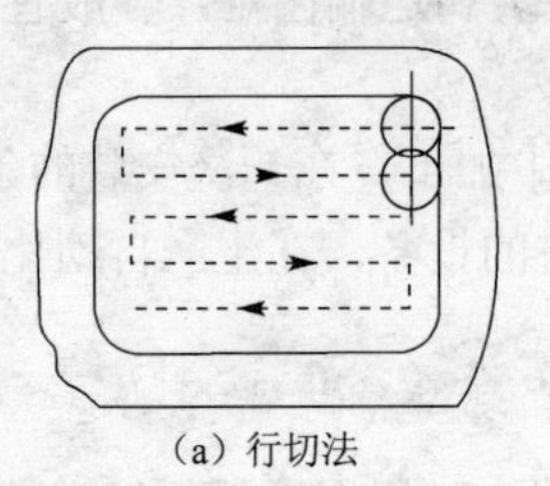
（a）行切法

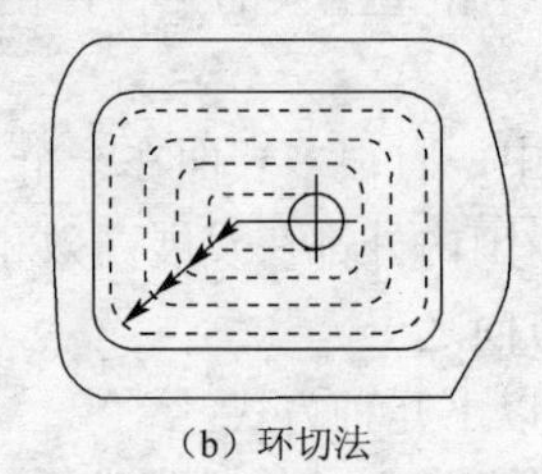
（b）环切法

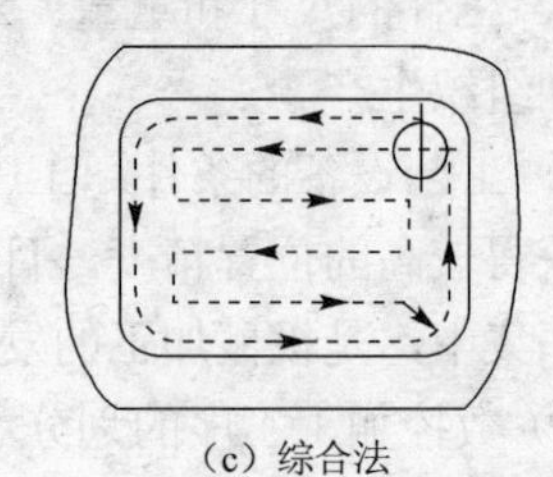
（c）综合法

图 1-4　型腔加工的 3 种走刀路线

因而在数控编程时，应根据被加工面的形状、加工精度要求，合理地选择走刀方向、加工路线，以保证加工精度和加工效率。

b．走刀路线的优化。如果一个工件上有许多待加工的对象，如何安排各个对象的加工次序以便获得最短的刀具运动路线，这便是走刀路线的优化问题，例如孔系的加工，可通过优化确定各孔加工的先后顺序，以保证刀具运动路线最短。

c. 切削用量的选择。切削用量包括切削深度和宽度、主轴转速及进给速度。一般情况下，数控加工切削用量的选择原则与普通机床的相同：粗加工时，一般以提高生产效率为主；半精加工和精加工时，应在保证加工质量的前提下，兼顾切削效率和生产成本。切削用量的选择必须注意：保证零件加工精度和表面粗糙度；充分发挥刀具切削性能，保证合理的刀具耐用度；充分发挥机床的性能；最大限度提高生产率、降低成本。

切削参数具体数值应根据数控机床使用说明书、切削原理中规定的方法并结合实践经验加以确定。切削深度由机床、刀具和工件的刚度确定。粗加工时应在保证加工质量、刀具耐用度和机床-夹具-刀具-工件工艺系统的刚性所允许的条件下，充分发挥机床的性能和刀具切削性能，尽量采用较大的切削深度、较少的切削次数，得到精加工前的各部分余量尽可能均匀的加工状况，即粗加工时可快速切除大部分加工余量，尽可能减少走刀次数，缩短粗加工时间；加工时主要保证零件加工的精度和表面质量，故通常取较小的切削深度，零件的最终轮廓应由最后一刀连续精加工而成。主轴转速由机床允许的切削速度及工件直径选取。进给速度则按零件加工精度、表面粗糙度要求选取，粗加工取较大值，精加工取小值，最大进给速度则受机床刚度及进给系统性能限制。需要特别注意的是：当进给速度选择过大时，则加工带圆弧或带拐角的内轮廓易产生过切现象，加工外轮廓则易产生欠切现象。当切削深度、进给速度大而系统刚性差时，则加工外轮廓易产生过切，加工内轮廓易产生欠切现象。

第 2 章　数控铣床编程

2.1　数控机床编程的基本原理

为了使数控系统规范化(标准化、开放化)及简化数控编程，国际标准化组织 ISO 对数控机床的坐标系统作了统一规定，即 ISO841 标准。我国于 1982 年颁布了 JB3051—1982《数控机床的坐标系和运动方向的命名》，对数控机床的坐标和运动方向作了明确规定，该标准与 ISO841 等效。

2.1.1　数控机床中的坐标系

数控机床坐标系一般遵守两个原则，即右手直角笛卡儿坐标（右手规则）的原则和零件固定、刀具运动的原则。

（1）右手直角笛卡儿坐标（右手规则）的原则

数控机床坐标系位置与机床类型有关。机床坐标轴通常按照右手规则（直角笛卡儿坐标系）确定，如图 2-1 所示，大拇指的方向为 *X* 轴的正方向；食指为 *Y* 轴的正方向；中指为 *Z* 轴的正方向。

机床绕坐标轴 *X*、*Y*、*Z* 旋转的运动的旋转轴，分别用 *A*、*B*、*C* 表示，它们的正方向按右手螺旋定则确定，如图 2-1 所示。

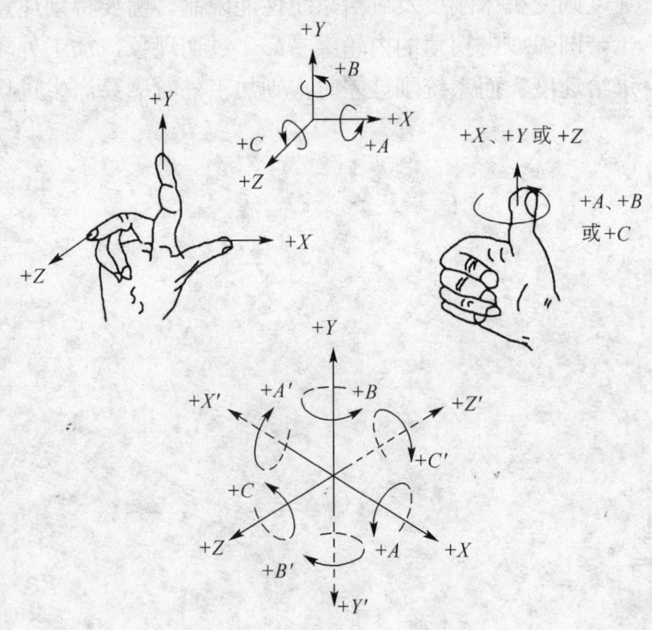

图 2-1　右手直角笛卡儿坐标系

数控机床各坐标轴及其正方向的确定原则是：

① 先确定 *Z* 轴。

以平行于机床主轴的刀具运动坐标为 *Z* 轴，*Z* 轴正方向是使刀具远离工件的方向。

② 再确定 *X* 轴。

X 轴为水平方向且垂直于 *Z* 轴并平行于工件的装夹面。在工件旋转的机床（如车床、外圆磨床）上，*X* 轴的运动方向是径向的，与横向导轨平行。刀具离开工件旋转中心的方向是正方向。对于刀具旋转的机床，若 *Z* 轴为水平（如卧式铣床、镗床），则沿刀具主轴后端向工件方向看，右手平伸出方向为 *X* 轴正向，若 *Z* 轴为垂直（如立式铣、镗床，钻床），则从刀具主轴向床身立柱方向看，右手平伸出方向为 *X* 轴正向。

③ 最后确定 *Y* 轴。

在确定了 *X*、*Z* 轴的正方向后，即可按右手原则定出 *Y* 轴正方向。

（2）零件固定、刀具运动的原则

由于机床的结构不同，有的是刀具运动、零件固定；有的是刀具固定、零件运动等。为了编程方便，坐标轴正方向，均是假定工件不动、刀具相对于工件作进给运动而确定的方向。实际机床加工时，如果是刀具相对不动，工件相对于刀具移动实现进给运动的情况，按相对运动关系，工件运动的正方向（机床坐标系的实际正方向）恰好与刀具运动的正方向（工件坐标系的正方向）相反，如图 2-2 所示。

（3）机床坐标系（MCS）

如图 2-3 所示，机床中坐标系如何建立取决于机床的类型，它可以旋转到不同的位置。

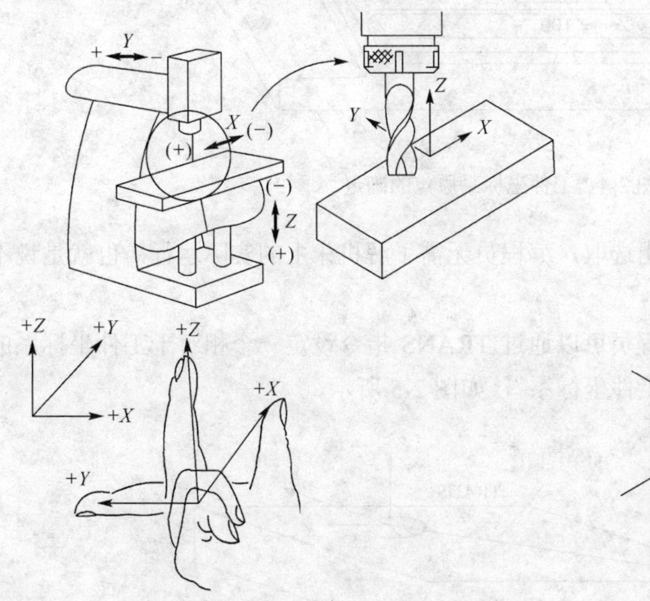

图 2-2　立式数控铣床

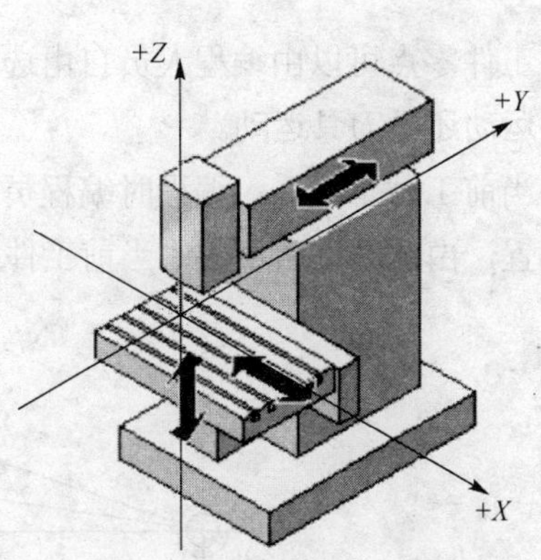

图 2-3　铣床中机床坐标系/坐标轴

① 机床原点　机床坐标系的原点又称为机床零点，它是所有坐标轴的零点位置。该点仅作为参考点，其位置由机床设计和制造单位确定。机床原点是工件坐标系、机床参考点的基准点，也是制造和调整机床的基础。

② 机床参考点　机床参考点又称机械原点（*R*），是机床上一个特殊的固定点，该点一般位于机床原点的位置，它指机床各运动部件在各自的正向自动退至极限的一个固定点（由限位开关准确定位），到达参考点时所显示的数值则表示参考点与机床零点间的距离，该数值即被记忆在数控系统中并在系统中建立了机床零点，作为系统内运算的基准点。数控铣床在返回参考点（又称“回零”）时，机床坐标显示为零（*X*0，*Y*0，*Z*0），则表示该机床零点与参考点是同一个点。

实际上，机床参考点是机床上最具体的一个机械固定点，而机床零点只是系统内的运算基准点，其处于机床何处无关紧要。每次回零时所显示的数值必须相同，否则加工有误差。

（4）工件坐标系（WCS）

为了编程不受机床坐标系约束，需要在工件上确定工件坐标系，工件坐标系与机床坐标系的关系，就相当于机床坐标系平移（偏置）到某一点（工件坐标系原点）。如图 2-4 所示，机床坐标系的原点（*O* 点）平移到 O_1 点（*X*−400 *Y*−200 *Z*−300），即可建立工件坐标系。

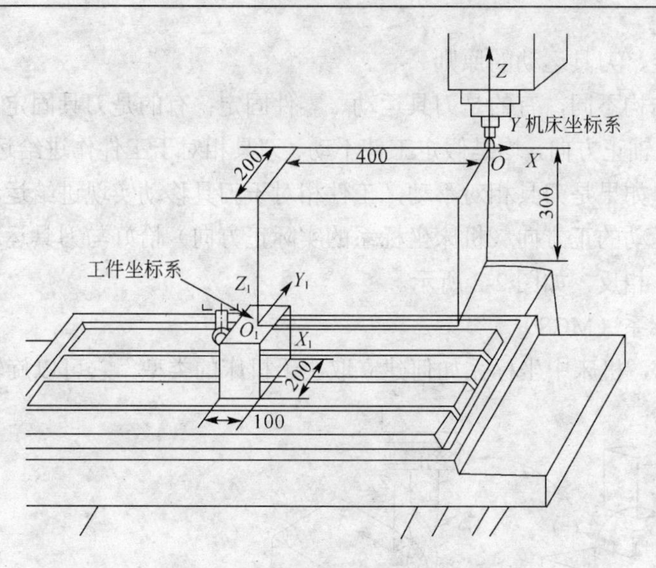

图 2-4 工件坐标系原点的确定

工件零点可以由编程人员自由选取，编程员无需了解机床上的实际运行，也就是说不管工件运动还是刀具运动。

当前工件坐标系：编程时编程员可以通过 TRANS 指令设定一个相对于工件坐标系的零点偏置，由此产生所谓的“当前工件坐标系”，如图 2-5 所示。

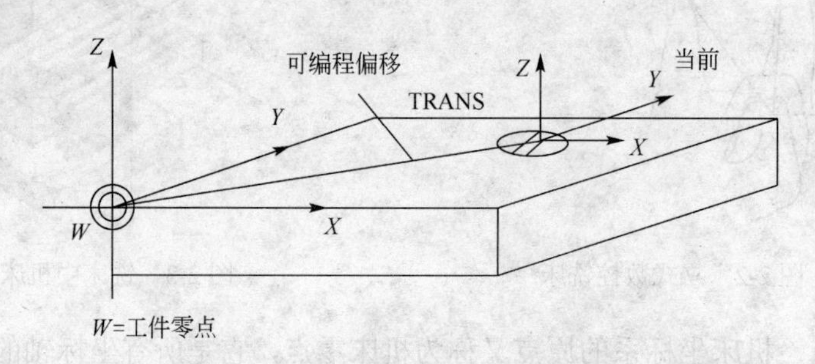

图 2-5 工件坐标系：当前工件坐标系

相对坐标系：除了机床坐标系和工件坐标系之外，该系统还提供一套相对坐标系。使用此坐标系可以自由设定参考点，并且对工件坐标系没有影响。屏幕上所显示的轴运动均是相对于这些参考点而言。

2.1.2 工件坐标系建立

（1）直接使用机床坐标系设定

数控系统直接通过测量设定工件坐标系，坐标值输入到基本坐标系中，如图 2-6 所示。

（2）G54～G59 设定工件坐标系

数控系统直接采用零点偏置指令（G54~G59）建立工件坐标系，工件坐标系与机床原点的偏移值，通过对刀确定，然后输入到 G54~G59 相应的寄存器中，当程序执行到 G54～G59 某一指令时，数控系统找到相应寄存器的值，实现机床原点到工件坐标系的偏移。零点偏移界面如图 2-6 所示。

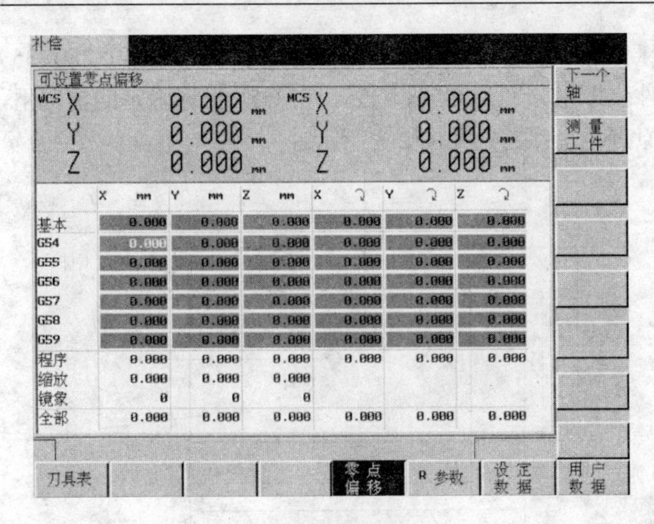

图 2-6　零点偏置窗口

G54～G59 是在程序运行前设定的工件坐标系，它通过确定工件坐标系的原点在机床坐标系的位置来建立工件坐标系。用 G54～G59 指令可以建立六个工件坐标系，使用 G54～G59 指令运行程序时与刀具的初始位置无关。G54～G59 在批量加工中广泛使用。

使用 G54 设定工件坐标系的原理如图 2-6 所示，G55～G59 设置的方法与 G54 设置的方法相同。G54 工件坐标系原点的设置，需要将工件坐标系原点的机械坐标输入到 G54 偏置寄存器中。输入画面如图 2-7 所示。

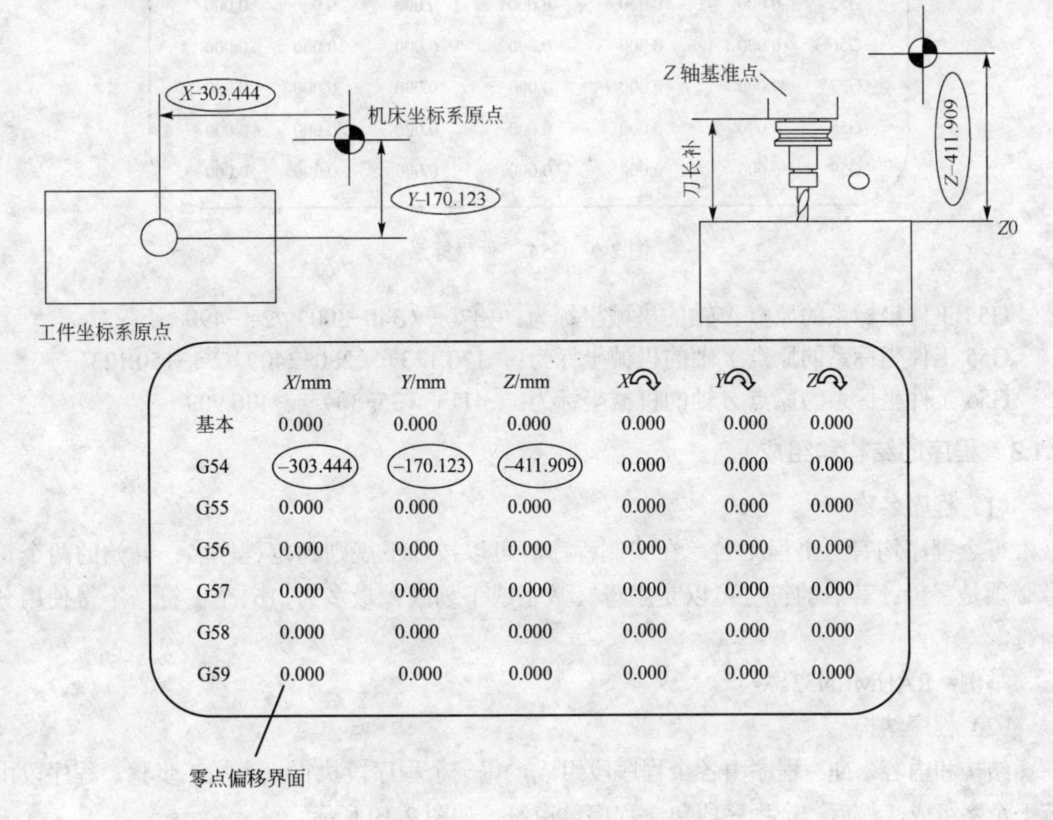

	X/mm	Y/mm	Z/mm	X	Y	Z
基本	0.000	0.000	0.000	0.000	0.000	0.000
G54	–303.444	–170.123	–411.909	0.000	0.000	0.000
G55	0.000	0.000	0.000	0.000	0.000	0.000
G56	0.000	0.000	0.000	0.000	0.000	0.000
G57	0.000	0.000	0.000	0.000	0.000	0.000
G58	0.000	0.000	0.000	0.000	0.000	0.000
G59	0.000	0.000	0.000	0.000	0.000	0.000

图 2-7　G54 设定工件坐标系

例：在数控机床上加工工件 1（300×240×30）和工件 2（340×280×35）两块钢板，定位点不变，对应的工件坐标系分别为 G54、G55，在 G54 坐标确定的情况下，可通过计算确定 G55 工件坐标系的原点。工件定位如图 2-8 所示。

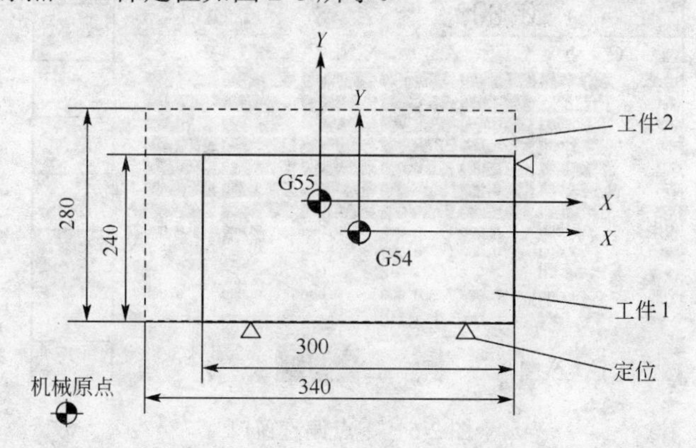

图 2-8　利用计算设定工件坐标

G54 坐标的原点如图 2-9 所示。

	X/mm	Y/mm	Z/mm	X	Y	Z
基本	0.000	0.000	0.000	0.000	0.000	0.000
G54	–470.000	–170.123	–411.000	0.000	0.000	0.000
G55	0.000	0.000	0.000	0.000	0.000	0.000
G56	0.000	0.000	0.000	0.000	0.000	0.000
G57	0.000	0.000	0.000	0.000	0.000	0.000
G58	0.000	0.000	0.000	0.000	0.000	0.000
G59	0.000	0.000	0.000	0.000	0.000	0.000

图 2-9　G54 工件坐标系

G55 工件坐标系的原点 X 轴的机械坐标为：−470−（340−300）/2= −490

G55 工件坐标系的原点 Y 轴的机械坐标为：−170.123+（280−240）/2= −150.123

G55 工件坐标系的原点 Z 轴的机械坐标为：−411+（35−30）= −406.909

2.1.3　程序的结构和组成

（1）程序名称

每个程序均有一个程序名。在编制程序时可以按以下规则确定程序名：开始的两个符号必须是字母；其后的符号可以是字母、数字或下划线；最多为 16 个字符；不得使用分隔符。

举例：RAHMEN52。

（2）程序结构

结构和内容：NC 程序由各个程序段组成，每一个程序段执行一个加工步骤，程序段由若干个字组成，最后一个程序段包含程序结束符，如图 2-10 所示。

程序段	字	字	字		注释
程序段	N10	G0	X20		第一程序段
	N20	G01	Y10	F200	第一程序段
	N30	G02			
	N40				
	N50	M02			程序结束

图 2-10　NC 程序结构

（3）字结构及地址

功能/结构：字是组成程序段的元素，由字构成控制器的指令。如图 2-11 所示。

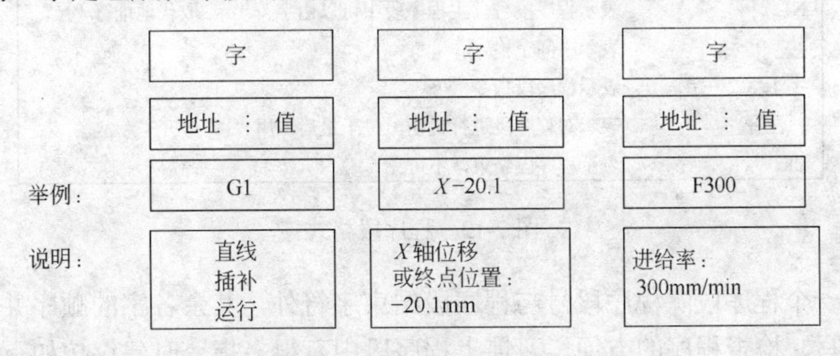

图 2-11　字结构

字的含义：程序段中的每个字都指定一种特定的功能，包括准备功能字如 G01，尺寸功能字如 Y−50，进给功能字如 F200，主轴功能字如 S900，刀具功能字如 T01，辅助功能字如 M03 等。

字由以下几部分组成：地址符，一般是一字母；数值，是一个数字串，它可以带正负号和小数点，正号可以省略不写。

多个地址符：一个字可以包含多个字母，数值与字母之间用符号“=”隔开。举例:CR=5.5。

此外，G 功能也可以通过一个符号名进行调用。

举例：MIRROR　X0　关于 Y 轴镜像。

扩展地址：对于如下地址：

R　计算参数

H　H 功能

I、J、K　插补参数/中间点

地址可以通过 1～4 个数字进行地址扩展。在这种情况下，其数值可以通过“=”进行赋值。

举例：R10=6.5　H5=1.5。

（4）程序段结构

功能：一个程序段中含有执行一个加工步骤所需的数据，如图 2-12 所示。

程序段由若干个字和段结束符“LF”组成。在程序的编写过程中进行换行时按输入键（INPUT 键）可以自动产生段结束符。

每个程序段并不是须包括所有的功能字，根据需要可以由一个字或几个功能字组成。但一般在程序中要完成一个动作必须具备以下内容：

① 刀具移动路线轨迹：如G01直线、G02圆弧等准备功能字。

② 刀具移动目标位置，如尺寸字X、Y、Z表示终点坐标值。

③ 刀具移动的速度，如进给功能字F。

④ 刀具的切削速度，如主轴转速功能字S。

⑤ 使用哪把刀具，如刀具功能字T。

⑥ 其他机床辅助动作，辅助功能字M等。

/N…___字1 字2 … 字 ；注释 LF	
其中：	
/	表示在运行中可以被跳跃过去的程序段
N…	表示程序段号。主程序段中可以由字符"："取代地址符"N"
___	表示中间空格
字1字2…字	表示程序段指令
；注释	表示对程序段进行说明，位于最后，用"；"分开
LF	表示程序段结束，不可见

图2-12 程序段格式

字顺序：一个程序段除程序段号与程序段结束字符外，其余各字的顺序并不严格，可先可后，但为编写、检查程序的方便，习惯上程序段中有很多指令时建议按如下顺序：

N…G…X…Y…Z…F…S…T…D…M…H…

程序段号说明：以5或10为间隔选择程序段号，以便以后插入程序段时不会改变程序段号的顺序。

跳跃程序段：那些不需每次在运行中都执行的程序段可以被跳跃过去，为此应在这样的程序段的段号之前输入斜线符"/"，通过操作机床控制面板或者通过PLC接口控制信号可以使跳跃程序段功能生效。

几个连续的程序段可以通过在其所有的程序段号之前输入斜线符"/"被跳跃过去。

在程序运行过程中，一旦跳跃程序段功能生效，则所有带"/"符的程序段都不予执行，当然这些程序段中的指令也不予考虑。程序从下一个没带斜线符的程序段开始执行。

注释：利用加注释的方法可在程序中对程序段进行说明。注释以"；"符号开始，和程序段一起结束。注释及剩余程序都显示在当前的程序段中。

信息：信息编程在一个独立的程序段中，信息显示在专门的区域，并且一直有效，除非被一个新的信息所替代，或者程序结束。

一个信息最多可以显示65个字符。一个空的信息会清除以前的信息。MSG是信息文本。

编程举例：

```
N10;零件名称
N20;零件图号及工序号
N30;编程员
N50 G17 G54 G94 F300 S2000 D2 M03 ;主程序
N60 G0 G90 X100 Y200
N70 G01 Y165.2
N80 X115
```

```
/N90 X119 Y180 ;程序段可以被跳跃
N100 X119 Y125
N110 G0 G90 X200
N120 M02
```

（5）字符集

在编程中可以使用以下字符，它们按一定的规则进行编译。

字母：A，B，C，D，E，F，G，H，I，J，K，L，M，N，O，P，Q，R，S，T，U，V，W，X，Y，Z。

数字：0，1，2，3，4，5，6，7，8，9。

可打印的特殊字符：

(　　圆括号开
)　　圆括号闭
[　　方括号开
]　　方括号闭
<　　小于号
>　　大于号
:　　主程序，标志符结束
=　　赋值，相等部分
/　　除号，跳跃符
*　　乘号
+　　加号，正号
–　　减号，负号
“　　引号
_　　字母下划线（与字母联系在一起）
.　　小数点
,　　逗号，分隔符
;　　注释标志符

不可打印的特殊字符：

LF　　程序段结束符
空格　　字之间的分隔符，空白字
制表键　　（Tab 键）

2.1.4　数控程序指令集

数控程序指令集见表 2-1。支持的 M 代码见表 2-2。其他指令见表 2-3。

表 2-1　指令集

地　址	含　义	赋　值	说　明	编　程
D	刀具补偿号	0～9 整数不带符号	用于某个刀具 T…的补偿参数，D0 表示补偿值=0，一个刀具最多有 9 个 D 号	D…
F	进给率	0.001～99999.999	刀具/工件的进给速度，对应 G94 或 G95，单位分别为 mm/min 或 mm/r	F…

续表

地址	含义	赋值	说明	编程
F	进给率（与G4一起可以编程停留时间）	0.001～99999.999	停留时间，单位s	G4F…；单独程序段
G	G功能（准备功能字）	仅为整数，已事先规定	G功能按G功能组划分，一个程序段中只能有一个G功能组中的一个G功能指令。G功能按模态有效（直到被同组中其他功能替代），或者以程序段方式有效	G功能组： G… 或者符号名称，比如：CIP
G0	快速移动		1：运动指令 插补方式 模态有效	G0 X…Y…Z…;直角坐标系 在极坐标系中： G0 AP=…RP… 或者： G0 P=…RP=…Z…;
G1	直线插补			G1 X…Y…Z…F… 在极坐标系中： G1 AP=…RP…F… 或者： G1AP=…RP=…Z…F…;
G2	顺时针圆弧插补（考虑第3轴和TURN=…），也可以螺旋插补			G2 X…Y…I…J…F… ;圆心或终点 G2 X…Y…CR=…F… ;半径和终点 G2 AR=…I…J…F… ;张角和圆心 G2 AR=…X…Y…F… ;张角和终点 在极坐标系中： G2 AP=…RP…F… 或者： G2 AP=…RP=…Z…F…
G3	逆时针圆弧插补（考虑第3轴和TURN=…），也可以螺旋插补			其他同G2
CIP	中间点圆弧插补			CIPX…Y…Z…I1=… K1=…F…
G33	恒螺距的螺纹切削			S…M…;主轴速度、方向 G33Z…K…;带有补偿夹具的锥螺纹切削
G331	螺纹插补			N10 SPOS= 主轴处于位置调节状态 N20 G331 Z…K… S… ;在Z轴方向不带补偿夹具攻螺纹 ;右旋螺纹或左旋螺纹通过螺距的符号(比如 K+) 确定: +: 同M3 −: 同M4

续表

地址	含义	赋值	说明	编程
G332	不带补偿夹具切削内螺纹			G332 Z… K…;不带补偿夹具切削螺纹 Z 退刀;螺距符号同 G331
CT	带切线过渡的圆弧插补			N10… N20 CT Z… X… F… ;圆弧，与前一段轮廓为切线过渡
G4	暂停时间			G4 F…或 G4 S…. ; 单独程序段
G63	带补偿夹具攻螺纹			G63 Z…F…S…M…
G74	回参考点		2：特殊运行，程序段方式有效	G74X1=0 Y1=0 Z1=0;单独程序段(机床轴名称)
G75	回固定点			G75X1=0 Y1=0 Z1=0;单独程序段 (机床轴名称)
G147	SAR-沿直线进给			G147G41DISR=… DISCL … FAD =… F…X…Y…Z…
G148	SAR-沿直线后退			G148G40DISR=… DISCL … FAD =… F…X…Y…Z…
G247	SAR-沿四分之一圆弧进给			G247G41DISR=… DISCL … FAD =… F…X…Y…Z…
G248	SAR-沿四分之一圆弧后退			G248G40DISR=… DISCL … FAD =… F…X…Y…Z…
G347	SAR-沿半圆进给			G347G41DISR=… DISCL … FAD =… F…X…Y…Z…
G348	SAR-沿半圆后退			G348G40DISR=… DISCL … FAD =… F…X…Y…Z…
TRANS	可编程偏置			TRANS X… Y…Z… ; 单独程序段
ROT	可编程旋转			ROT RPL=…;在当前的平面中旋转 G17～G19
SCALE	可编程比例系数			SCALE X…Y…Z… ;在所给定轴方向的比例系数 ;单独程序段
MIRROR	可编程镜像功能			MIRROR X0;改变方向的坐标轴 ;单独程序段
ATRANS	附加的编程偏置		3：写存储器，程序段方式有效	ATRANS X… Y…Z… ;单独程序段
AROT	附加的可编程旋转			AROT RPL=…;在当前的平面中附加旋转 G17～G19;单独程序段
ASCALE	附加的可编程比例系数			ASCALE X…Y… Z… ;在所给定轴方向的比例系数 ;单独程序段
AMIRROR	附加的可编程镜像功能			AMIRROR X0;改变方向的坐标轴 ;单独程序段
G25	主轴转速下限或工作区域下限			G25S… ;单独程序段 G25 X…Y… Z… ;单独程序段
G26	主轴转速上限或工作区域上限			G26S… ;单独程序段 G26 X… Y…Z… ;单独程序段
G110	极点尺寸，相对于上次编程的设定位置			G110X…Y…;极点尺寸,直角坐标,比如带 G17 G110RP=…AP=…极点尺寸,极坐标;单独程序段

续表

地　址	含　义　赋　值	说　明	编　程
G111	极点尺寸，相对于当前工件坐标系的零点		G111X…Y…;极点尺寸,直角坐标,比如带 G17 G111RP=…AP=…极点尺寸,极坐标;单独程序段
G112	极点尺寸，相对于上次有效的极点		G112X…Y…;极点尺寸,直角坐标,比如带 G17 G112RP=…AP=…极点尺寸,极坐标;单独程序段
G17*	*X*/*Y* 平面	6：平面选择 模态有效	G17…;该平面上的垂直轴为刀具长度补偿轴
G18	*Z*/*X* 平面		
G19	*Y*/*Z* 平面		
G40*	刀尖半径补偿方式的取消	7：刀尖半径补偿 模态有效	
G41	调用刀尖半径补偿，刀具在轮廓左侧移动		
G42	调用刀尖半径补偿，刀具在轮廓右侧移动		
G500*	取消可设定零点偏置	8：可设定零点偏置 模态有效	
G54	第一可设定零点偏置		
G55	第二可设定零点偏置		
G56	第三可设定零点偏置		
G57	第四可设定零点偏置		
G58	第五可设定零点偏置		
G59	第六可设定零点偏置		
G53	按程序段方式取消可设定零点偏置	9：取消可设定零点偏置，程序段方式有效	
G153	按程序段方式取消可设定零点偏置，包括基本框架		
G60*	准确定位	10：定位性能 模态有效	
G64	连续路径方式		
G9	准确定位，单程序段有效	11：程序段方式准停，程序段方式有效	
G601*	在 G60、G9 方式下精准确定位	12：准停窗口 模态有效	
G602	在 G60、G9 方式下粗准确定位		
G70	英制尺寸	13：英制/公制尺寸 模态有效	
G71*	公制尺寸		
G700	英制尺寸，也用于进给率 F		
G710	公制尺寸，也用于进给率 F		
G90*	绝对尺寸	14：绝对尺寸/增量尺寸 模态有效	
G91	增量尺寸		
G94	进给率 F，单位 mm/min	15：进给/主轴 模态有效	
G95*	主轴进给率 F，单位 mm/r		
CFC*	圆弧加工时打开进给率修调	6：进给率修调 模态有效	
CFTCP	关闭进给率修调		

续表

地　址	含　义	赋　值	说　明	编　程
G450*	圆弧过渡		18：刀尖半径补偿时拐角特性 模态有效	
G451	等距线的交点，刀具在工件转角处不切削			
BRISK*	轨迹跳跃加速		21：加速度特性 模态有效	
SOFT	轨迹平滑加速			
FFWOF*	预控关闭		24：预控 模态有效	
FFWON	预控打开			
G340*	在空闲处进给和后退(SAR)		44:SAR 模态有效时行程分割	
G341	在平面中进给和后退(SAR)			
WALIMON*	工作区域限制生效		28：工作区域限制 模态有效	适用于所有轴，通过设定数据激活；值通过 G25、G26 设置
WALIMOF	工作区域限制取消			
G290*	西门子方式		47：其他 NC 语言 模态有效	
G291	其他方式			

注：带* 的功能在程序启动时生效（如果没有另外编程则为铣床版本）。

表 2-2　M 代码

代　码	意　义	格　式	备　注
M0	程序停止	M0	用 M0 停止程序的执行；按“启动”键加工继续执行
M1	程序有条件停止	M1	与 M0 一样，但仅在出现专门信号后才生效
M2	程序结束	M2	在程序的最后一段被写入
M3	主轴顺时针旋转	M3	
M4	主轴逆时针旋转	M4	
M5	主轴停转	M5	
M6	更换刀具	M6	在机床数据有效时用 M6 更换刀具，其他情况下用 T 指令进行

表 2-3　其他指令

指　令	意　义	格　式
IF	有条件程序跳跃	LABEL: IF expression GOTOB LABEL 或 IF expression GOTOF LABEL LABEL: IF　条件关键字 GOTOB　带向后跳跃目的的跳跃指令（朝程序开头） GOTOF　带向前跳跃目的的跳跃指令（朝程序结尾） LABEL　目的（程序内标号） LABEL:　跳跃目的；冒号后面的跳跃目的名 ==　等于 <>　不等于；> 大于；< 小于 >=　大于或等于；<=　小于或等于
COS()	余弦	SIN(X)
SIN()	正弦	COS(X)
SQRT()	开方	SQRT(X)

续表

指令	意义	格式
TAN()	正切	TAN（X）
POT()	平方值	POT（X）
TRUNC()	取整	TRUNC（X）
ABS()	绝对值	ABS（X）
GOTOB	向后跳转指令。与跳转标志符一起，表示跳转到所标志的程序段，跳转方向向前	标号： GOTOB LABEL 参数意义同 IF
GOTOF	向前跳转指令。与跳转标志符一起，表示跳转到所标志的程序段，跳转方向向后	标号： GOTOF LABEL 参数意义同 IF

① 程序暂停 M00。

M00 程序自动运行停止，模态信息保持不变。按下机床控制面板上的循环启动键，程序继续向下自动执行。

② 程序选择停止 M01。

M01 与机床控制面板上 M01 选择按钮配合使用。按下此按钮，程序即暂停。如果未按下选择按钮，则 M01 在程序中不起任何作用。

③ 程序结束 M02、M30。

M02：程序结束，主轴运动、切削液供给等都停止，机床复位。若程序再次运行，需要手动将光标移动到程序开始。

M30：程序结束，光标返回到程序的开头。可直接再次运行。

④ 主轴顺时针旋转 M03、主轴逆时针旋转 M04。

该指令使主轴以 S 指令的速度转动。M03 顺时针旋转，M04 逆时针旋转。

⑤ 主轴停止旋转 M05。

⑥ 刀具交换指令 M06。

M06 用于加工中心上的换刀。

⑦ 切削液开、关 M08、M09。

开启切削液 M08，停止切削液供给 M09。

数控系统允许在一个程序段中最多指定三个 M 代码。但是 M00、M01、M02、M30 不得与其他 M 代码一起指定，这些 M 代码必须在单独的程序段中指定。

⑧ 切削进给速度 F、主轴回转数 S。

切削进给速度格式：F□□□□，切削的进给速度，4 位以内。

F 代码可以用每分钟进给量（mm/min）和每转进给量（mm/r）指令来设定进给单位。准备功能定 G94 设定每分钟进给量，G95 设定每转进给量。

例：G94 F01，表示切削进给速度 1mm/min。

G95F0.1，表示切削进给速度 0.1mm/r。

主轴回转数格式：S□□□□，主轴的回转数，4 位以内。

主轴转速根据加工需要有两种转速单位设定，用指令指定为每分钟多转，单位是 r/min。

用户使用下列公式可求解主轴的回转数：

$$N=100V/(\pi D)$$

式中　V——切削速度，m/min；

π——圆周率，3.14；

D——刀具直径，mm；

N——主轴回转数，r/min。

例：用高速钢立铣刀加工中碳钢材料零件时，一般铣削速度取 20～40 m/min。现假定用 ϕ16mm 的立铣刀，铣削速度取 30 m/min，试计算主轴转速。

$$N=1000V/(\pi D)$$
$$=1000\times30/(3.14\times16)$$
$$\approx597(\text{r/min})$$

用户使用下列公式可求解切削进给速度：

$$F=S_ZZN$$

式中　S_Z——每齿进给量，mm/齿；

Z——刀具的齿数；

F——切削进给速度，mm/min。

例：ϕ16mm 的立铣刀为 3 个齿，每齿进给量为 0.07 mm，求切削进给速度。

$$F=S_ZZN$$
$$=0.07\times3\times597$$
$$=126.37\ (\text{mm/min})$$

2.2　数控铣床、加工中心编程

2.2.1　基本编程指令

（1）平面选择：G17～G19

功能：在计算刀具长度补偿和刀具半径补偿时，必须首先确定一个平面，即确定一个两坐标轴的坐标平面，在此平面中可以进行刀具半径补偿。

对于钻头和铣刀，长度补偿的坐标轴为所选平面的垂直坐标轴。特殊情况也可以使用三维长度补偿。同样，平面选择的不同也影响圆弧插补时圆弧方向的定义：顺时针和逆时针。在圆弧插补的平面中规定横坐标和纵坐标，由此也就确定了顺时针和逆时针旋转方向。也可以在非当前平面 G17～G19 的平面中运行圆弧插补。

可以有如图 2-13、图 2-14 所示的几种平面。

G 功能	平面（横坐标/纵坐标）	垂直坐标轴（在钻削/铣削时的长度补偿轴）
G17	*X/Y*	*Z*
G18	*Z/X*	*Y*
G19	*Y/Z*	*X*

图 2-13　平面及坐标轴

编程举例：

```
N10 G17 T…D… …          ;选择 X/Y 平面
N20 … X…Y… Z…           ;Z 轴方向上刀具长度补偿
```

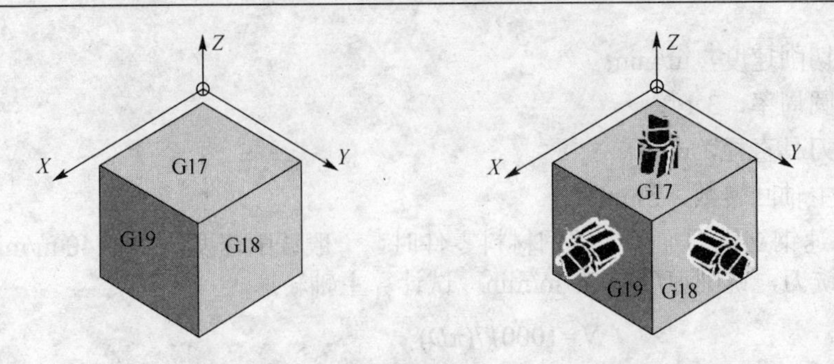

图 2-14 钻削/铣削时的平面和坐标轴布置

（2）绝对和增量位置数据：G90、G91、AC、IC

功能 G90 和 G91 指令分别对应着绝对位置数据输入和增量位置数据输入。其中 G90 表示坐标系中目标点的坐标尺寸，G91 表示待运行的位移量。G90/G91 适用于所有坐标轴。

在位置数据不同于 G90/G91 的设定时，可以在程序段中通过 AC/IC 以绝对尺寸/相对尺寸方式进行设定。

这两个指令不决定到达终点位置的轨迹，轨迹由 G 功能组中的其他 G 功能指令决定，如图 2-15 所示。

编程：

```
G90          ;绝对尺寸
G91          ;增量尺寸
X=AC(…)      ;某轴以绝对尺寸输入，程序段方式
X=IC(…)      ;某轴以相对尺寸输入，程序段方式
```

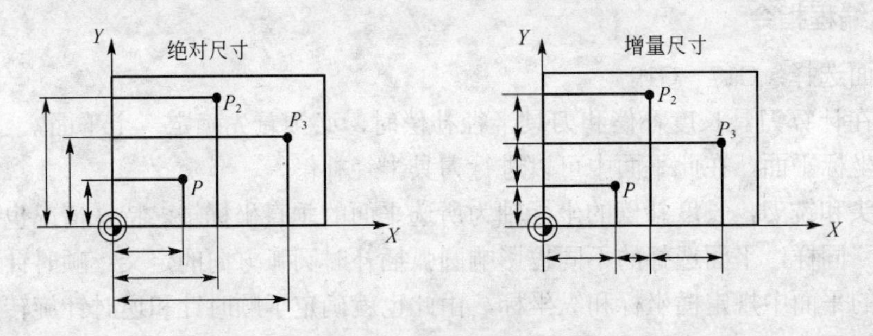

图 2-15 图纸中不同的数据尺寸

绝对位置数据输入 G90：在绝对位置数据输入中，尺寸取决于当前坐标系（工件坐标系或机床坐标系）的零点位置。零点偏置有以下几种情况：可编程零点偏置、可设定零点偏置或者没有零点偏置。程序启动后，G90 适用于所有坐标轴，并且一直有效，直到在后面的程序段中由 G91（增量位置数据输入）替代为止（模态有效）。

增量位置数据输入 G91：在增量位置数据输入中，尺寸表示待运行的轴位移。移动的方向由符号决定。G91 适用于所有坐标轴，并且可以在后面的程序段中由 G90 （绝对位置数据输入）替换。

用=AC(…),=IC(…)定义：赋值时必须要有一个等于符号。数值要写在圆括号中。圆心坐标也可以以绝对尺寸用=AC(…)定义。

G90 和 G91 编程举例：

```
N10 G90 X20 Z90       ;绝对尺寸
N20 X75 Z=IC(-32)     ;X 仍然是绝对尺寸，Z 是增量尺寸
…
N180 G91 X40 Z20      ;转换为增量尺寸
N190 X-12 Z=AC(17)    ;X 仍然是增量尺寸，Z 是绝对尺寸
```

（3）公制尺寸/英制尺寸：G71、G70、G710、G700

功能：工件所标注尺寸的尺寸系统可能不同于系统设定的尺寸系统（英制或公制），但这些尺寸可以直接输入到程序中，系统会完成尺寸的转换工作。

编程：

```
G70                   ;英制尺寸
G71                   ;公制尺寸
G700                  ;英制尺寸，也适用于进给率 F
G710                  ;公制尺寸，也适用于进给率 F
```

编程举例：

```
N10 G70 X10 Z30       ;英制尺寸
N20 X40 Z50           ;G70 继续生效
…
N80 G71 X19 Z17.3     ;开始公制尺寸
…
```

说明：系统根据所设定的状态把所有的几何值转换为公制尺寸或英制尺寸（这里刀具补偿值和可设定零点偏置值也作为几何尺寸）。同样，进给率 *F* 的单位分别为 mm/min 或 in/min。

基本状态可以通过机床数据设定。

本说明中所给出的例子均以基本状态为公制尺寸作为前提条件。

用 G70 或 G71 编程所有与工件直接相关的几何数据，比如：在 G0、G1、G2、G3、G33、CIP、CT 功能下的位置数据 X、Y、Z；插补参数 I、J、K（也包括螺距）；圆弧半径 CR；可编程的零点偏置（TRANS、ATRANS）；极坐标半径 RP。

所有其他与工件没有直接关系的几何数值，诸如进给率、刀具补偿、可设定的零点偏置，它们与 G70/G71 的编程无关。

但是 G700/G710 用于设定进给率 F 的尺寸系统（in/min、in/r 或者 mm/min、mm/r）。

（4）直线运动 G00、G01

① 快速定位 G00。

功能：轴快速移动指令 G0 用于快速定位刀具到指定的坐标位置，不对工件进行加工。常用于刀具进行加工前的空行程移动或加工完成后的快速退刀，以提高加工效率。可以在几个轴上同时执行快速移动，由此产生一线性轨迹。G00 为模态指令，其一直有效，直到被 G 功能组中其他的指令（G1、G2、G3、…）取代为止。

指令格式：G00　IP__;

在此，IP__如同 X__ Y __Z__，IP__可以是 *X*、*Y*、*Z* 三轴中的任意一个、两个轴或者是三个轴。

在绝对指令时，刀具以快速进给率移动到加工坐标系的指定位置，或在相对增量指令时，刀具以快速进给率从现在位置移动到指定距离的位置。

G00 快速定位指令在执行时，在地址 F 下编程的进给率无效，移动的速度可以通过机床参数进行设定(一般由机床制造商设定)。机床数据中规定每个坐标轴快速移动速度的最大值，一个坐标轴运行时就以此速度快速移动。如果快速移动同时在两个轴上执行，则移动速度为考虑所有参与轴的情况下所能达到的最大速度。

G00 快速定位指令在执行时，当 IP__为一个轴时，刀具是直线移动；当为两个或者三个轴时，刀具路径可以通过机床参数设定其 G00 是否执行插补运算，以确定刀具路径是直线还是折线。当机床参数设定 G00 执行插补时刀具路径为直线，当机床参数设定 G00 不执行插补时是折线。

例：某数控机床快速定位时 *X*、*Y* 轴的移动速度为 9600mm/min，如图 2-16 所示。

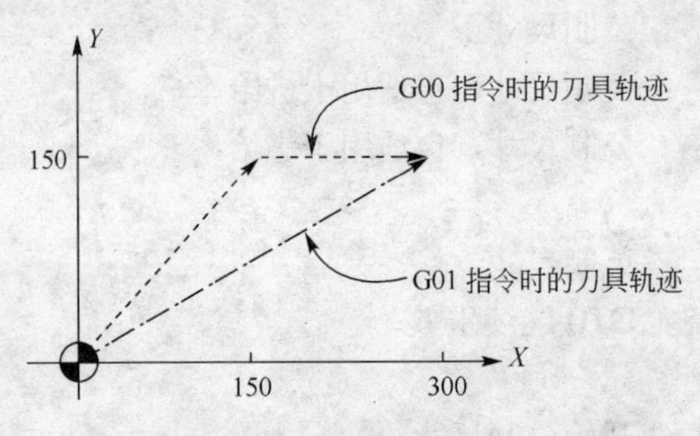

图 2-16　G00、G01 指令时的刀具轨迹

当使用指令 G00 G90 X300.0 Y150.0;时，*X* 轴移动的距离为 300，*Y* 轴移动的距离为 150，*X* 轴首先到达终点，刀具移动的轨迹如图 2-14 所示，是一条折线。

编程举例：

```
N10 G0 X100 Y150 Z65          ;直角坐标系
…
N50 G0 RP=16.78 AP=45         ;极坐标系
```

② G01 进给切削（直线插补）指令。

功能：G01 指令能使刀具以直线从起始点移动到指定的位置，以地址 F 下编程的进给速度运行。所有的坐标轴可以同时运行。当主轴转动时，使用 G01 指令可对工件进行切削加工。G01 一直有效，直到被 G 功能组中其他的指令（G0、G2、G3、…）取代为止。

指令格式：

```
G1 X…  Y…  Z…  F…             ;直角坐标系
G1 AP=…RP=…F…                 ;极坐标系
G1 AP=…RP=…Z…F…               ;柱面坐标系（3 维）
```

举例：

如图 2-16 所示，当使用指令 G01 G90 X300.0 Y150,0 F100；时，刀具运动按照进给速度 300mm/min 移动，轨迹是一条直线。

注意：使用 G01 指令，刀具轨迹是一条直线；使用 G00 指令，刀具轨迹路径通常不是直线，而是折线。G01 指令中，需要指定进给速度，而在 G00 指令中，不需要指定速度。

例：G01、G00 的使用（如图 2-17 所示）

```
ABS（G90）指令
ABC.MPF；
N1 G90 G54 G00 X20.0 Y20.0 S1000 M03;   【0→1】
N2 G01 Y50.0 F100;                      【1→2】
N3 X50.0 ;                              【2→3】
N4 Y20.0;                               【3→4】
N5 X20.0;                               【4→1】
N6 G00 X0 Y0 M05;                       【1→0】
N7 M02;
INC（G91）指令
ABC.MPF；
N1 G91 G54 G00 X20.0 Y20.0 S1000 M03;   【0→1】
N2 G01 Y30.0 F100;                      【1→2】
N3 X30.0 ;                              【2→3】
N4 Y-30.0;                              【3→4】
N5 X-30.0;                              【4→1】
N6 G00 X-20.0 Y-20.0 M05;               【1→0】
N7 M02;
```

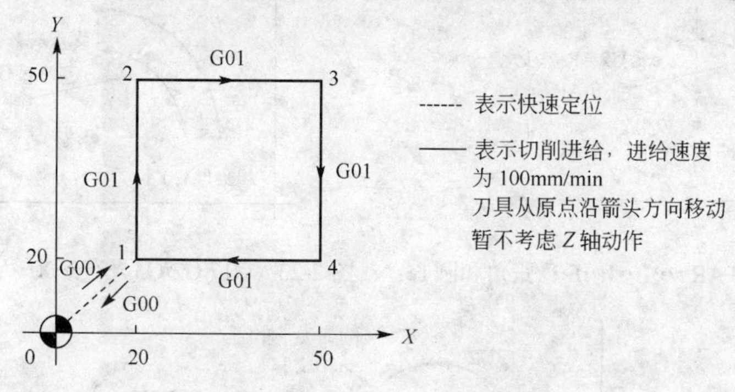

图 2-17　G01、G00 的使用

（5）圆弧插补 G02、G03（图 2-18）。

① 功能：刀具沿圆弧轮廓从起始点运行到终点，进给速度由编程的进给率 F 决定。运行方向由 G 功能定义：G2—顺时针方向；G3—逆时针方向。

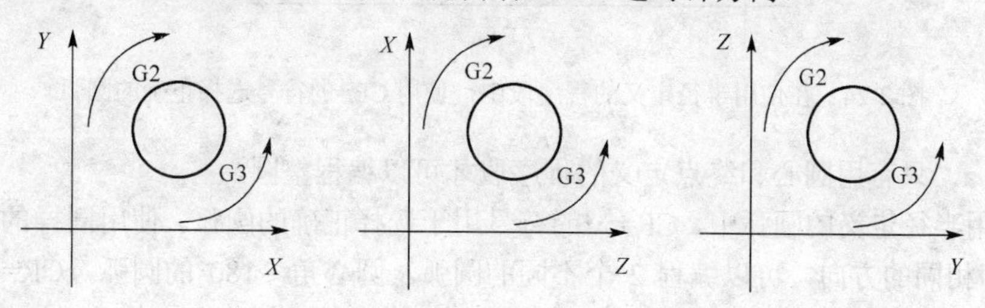

图 2-18　圆弧插补 G2/G3 在 3 个平面中的方向规定

G2/G3 为模态指令，一直有效，直到被 G 功能组中其他的指令（G0、G1、…）取代为止。

② 平面选择：由 G 代码选择圆弧插补平面、刀具半径补偿平面及钻孔平面，平面的确定如图 2-19 所示。

平面选择指令：

G17……*XY* 平面

G18……*ZX* 平面

G19……*YZ* 平面

提示：G17、G18、G19 平面，均是从 *Z*、*Y*、*X* 各轴的正方向向负方向观察进行确定。

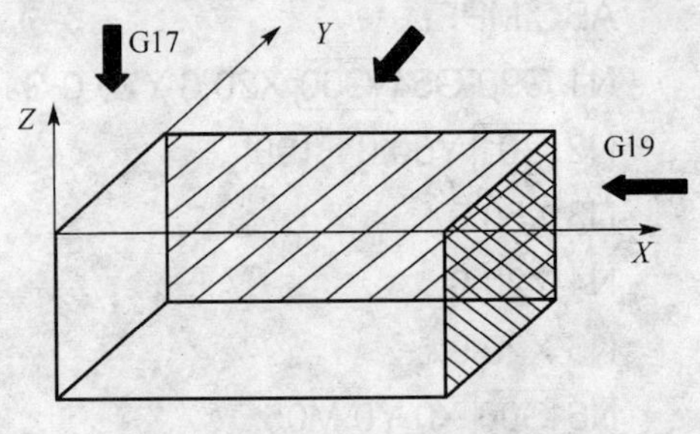

图 2-19 G17、G18、G19 平面

③ 圆弧指令格式（以 G17 平面为例）：如图 2-20～图 2-24 所示。

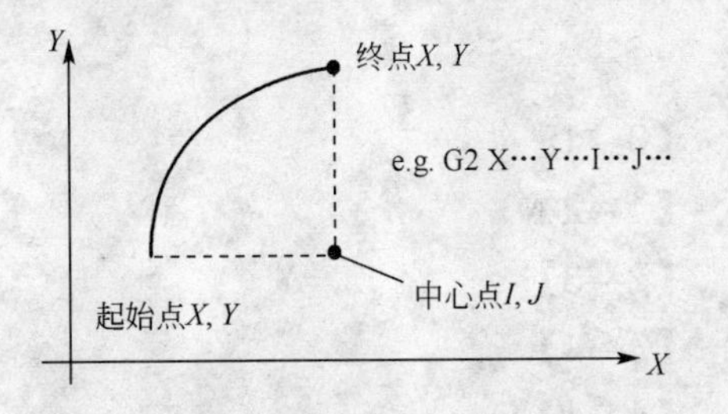

图 2-20 G17 G2/G3 X…Y…I…J… F…;圆心和终点

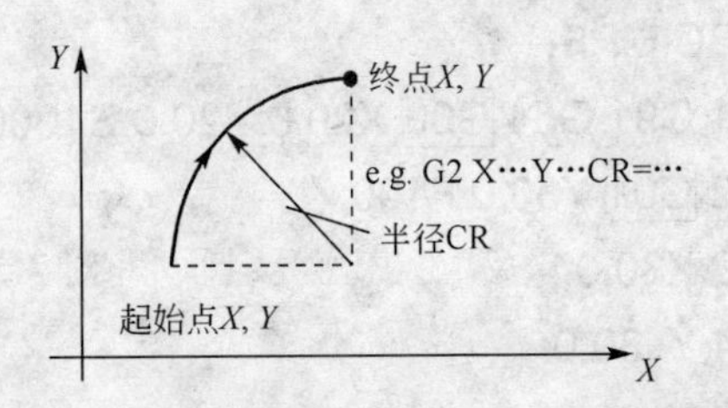

图 2-21 G17 G2/G3 CR=…X…Y…F…;半径和终点

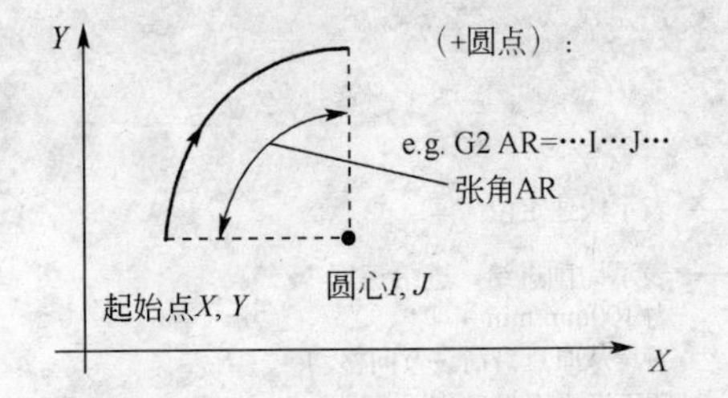

图 2-22 G17 G2/G3 AR=…I…J…F…;张角和圆心

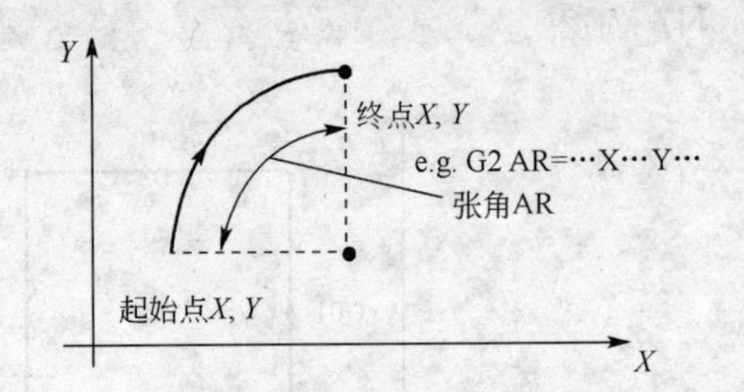

图 2-23 G17 G2/G3 AR=…X…Y…F…;张角和终点

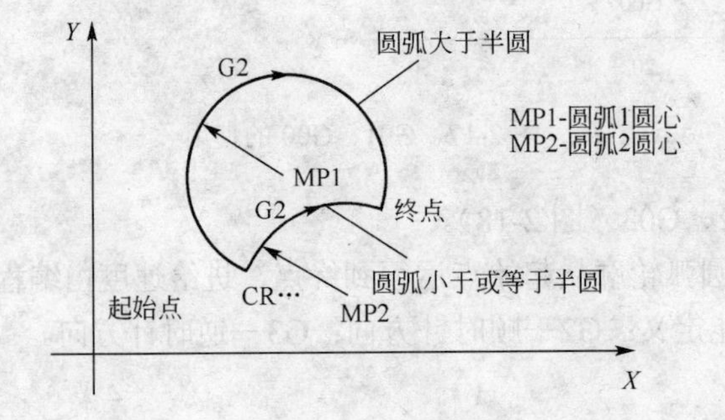

图 2-24 在使用半径定义的程序段中，使用 CR=的符号选择正确的圆弧

说明：a．只有用圆心和终点定义的程序段才可以编程整圆。

b．在用半径定义的圆弧中，CR=…的符号用于选择正确的圆弧。使用同样的起始点、终点、半径和相同的方向，可以编程 2 个不同的圆弧。圆心角≤180°的圆弧，CR=取正值；圆心角＞180°的圆弧，CR=取负值。

c．I、J、K 指令：加工圆弧的圆心和半径可以使用 I、J、K 指令表示，如图 2-25 所示。

I__是圆弧的始点 *A* 到圆弧中心矢量在 *X* 轴上的分量，I__的大小取决于分量的长度，方向由正或负决定，分量与 *X* 轴正向相同为正，反之，为负。

同理，J__是始点 *A* 到圆弧中心在 *Y* 轴上的分量，K__是始点到圆弧中心矢量在 *Z* 轴方向的分量。

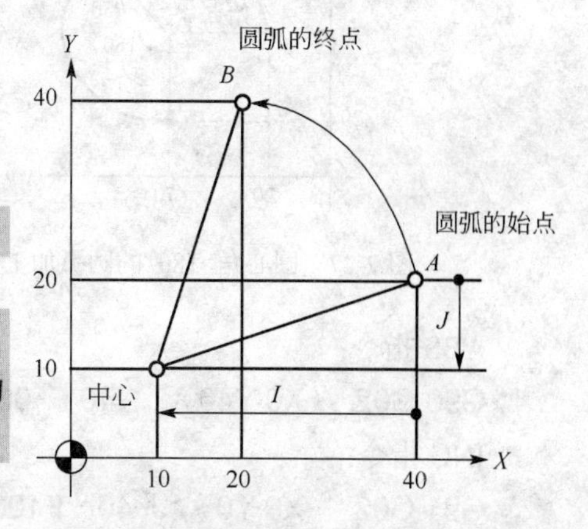

图 2-25　I、J 指令

④ 编程举例：

例：加工图 2-25 中 *A*—*B* 圆弧的 ABS 指令。

```
G90 G03 X20.0 Y40.0  I-30.0 J-10.0 F100;
```

其中：

X20.0 Y40.0　　*B* 点（圆弧的终点）的坐标

I-30.0 J-10.0　　*A* 点（圆弧的始点）到圆心的矢量

即：圆心绝对坐标值减去起点的绝对坐标值。

例：加工图 2-25 中 *A*—*B* 圆弧的 INC 指令。

```
G91 G03 X-20.0 Y20.0 I-30.0 J-10.0 F100;
```

其中：

X-20.0 Y20.0　　*B* 点（圆弧的终点）的坐标

I-30.0 J-10.0　　*A* 点（圆弧的始点）到圆心的矢量

同样是圆心绝对坐标值减去起点的绝对坐标值。

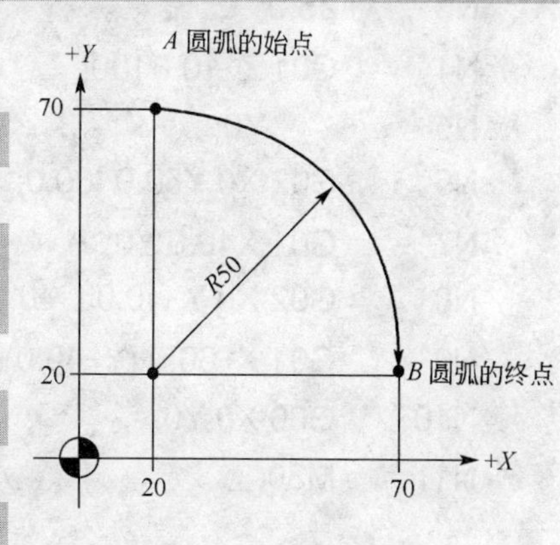

图 2-26　CR= 指令

例：加工图 2-26 中 *A*—*B* 圆弧的 ABS 指令。

```
G90 G02 X70.0 Y20.0 CR=50.0   F100;
```

其中：

X70.0 Y20.0　　*B* 点（圆弧的终点）的坐标

CR=50.0　　圆弧半径

例：加工图 2-26 中 *A*—*B* 圆弧的 INC 指令。

```
G91 G02 X50.0 Y-50.0 CR=50.0 F100;
```

其中：

X50.0 Y-50.0　*B* 点（圆弧的终点）的坐标

CR=50.0　圆弧半径

例：如图 2-27 所示，加工圆心角>180º 的圆弧。

ABS 指令：

```
G90 G02 X70.0 Y20.0 CR=-50.0 F100;
```

INC 指令：

```
G91 G02 X50.0 Y-50.0CR=-50.0 F100;
```

⑤ 整圆加工：整圆加工的始点和终点重合，如果使用 CR=指令，走刀路线无法确定，如图 2-28 所示。

因此，整圆加工一般使用 I、J、K 指令。

注意：I、J、K 指令主要用于整圆加工，亦可用于圆弧加工，圆弧在图纸上标注一般为半径，因此，圆弧加工多用 CR=指令。如果使用 CR=指令加工整圆，需要将整圆进行等分。

例：加工如图 2-29 所示的圆，*A* 点为始点，顺时针加工圆。

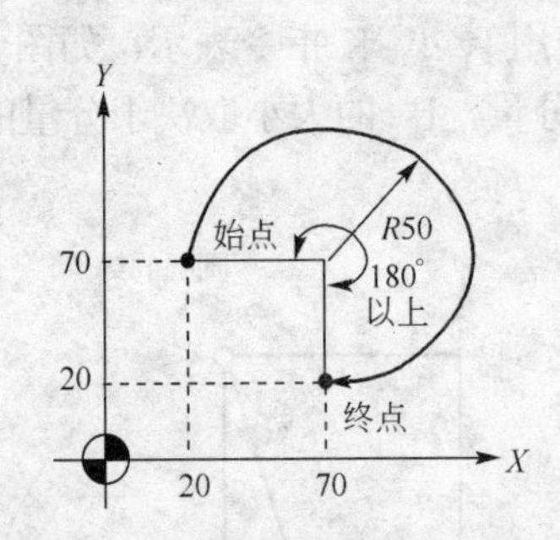

图 2-27　圆心角>180º 的圆弧加工

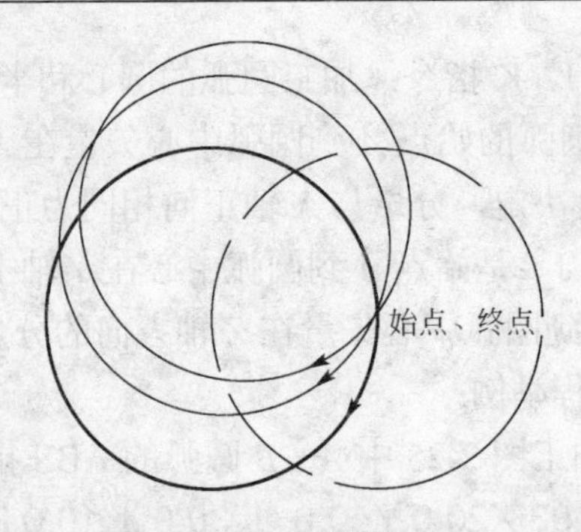

图 2-28　整圆加工

ABS 指令：

```
G90 G02 （X0 Y40） J–40 F100;
```

INC 指令：

```
G91 G02 （X0 Y0） J–40   F100;
```

例：如图 2-30 所示，刀具切削深度为 10，*Z* 轴的零点在工件的上表面。

```
ABC.MPF;
N1     G90 G54 G17 G00 X–60.0 Y–40.0 S1000 M03;
N2     Z100;                    刀具的安全位置距工件上表面 100mm
N3     Z5.0;                    切削的始点距工件上表面 5mm
N4     G01 Z–10 F100;
N5        Y0;
N6     G02 X0 Y60.0 I60.0;   或(CR=60.0)
N7     G01 X40.0 Y0;
N8     G02 X0 Y–40.0 I–40.0;或(CR=40.0)
N9     G01 X–60.0 (Y–40.0);
N10    G00 X0 Y0
N11    M30;
```

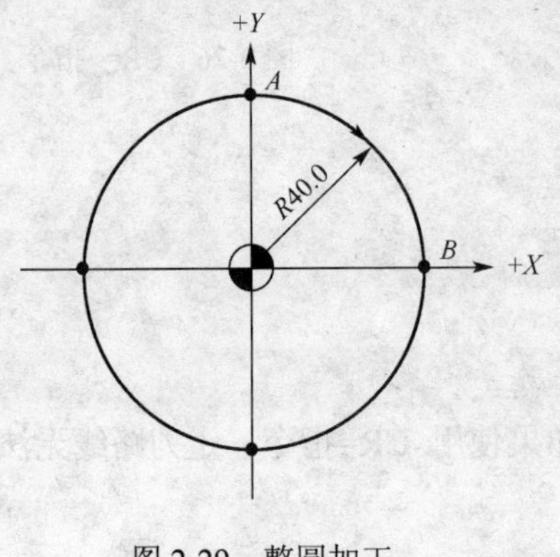

图 2-29　整圆加工

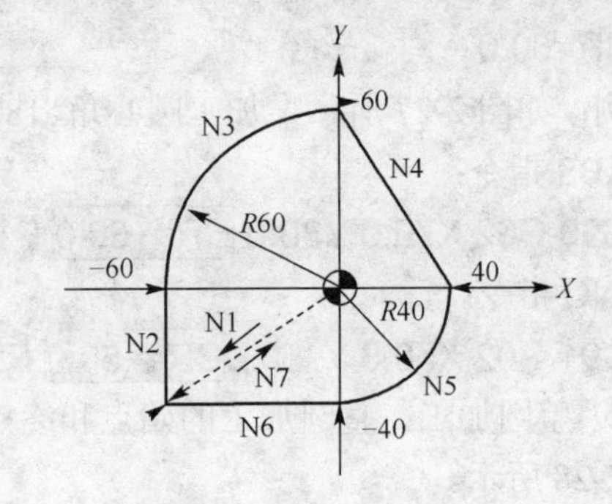

图 2-30　圆弧加工

例：如图 2-31 所示，刀具沿箭头方向移动，最后回到原点。

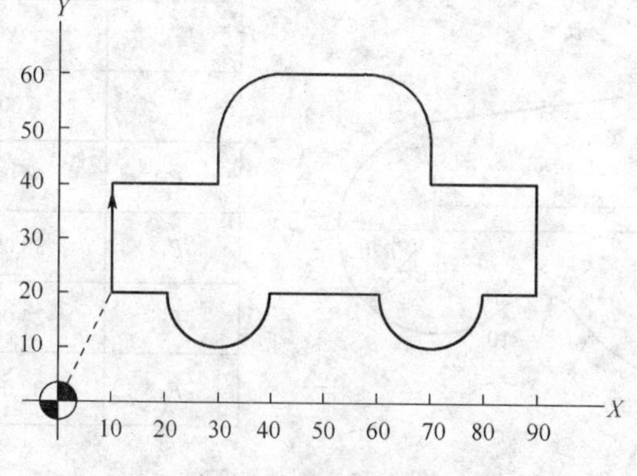

图 2-31 零件加工

```
ABC1.MPF(ABS);                          ABC1.MPF(INC);
G90 G54 G00 X10.0 Y20.0 S500 M03;       G91 G00 X10.0 Y20.0 S500 M03;
G01 (X10.0) Y40.0 F100;                 G01 Y20.0 F100;
X30.0 (Y40.0);                          X20.0;
(X30.0) Y50.0;                          Y10.0;
G02 X40.0 Y60.0 I10.0 (J0);             G02 X10.0 Y10.0 I10.0;
G01 X60.0 (Y60.0);                      G01 X20.0;
G02 X70.0 Y50.0 (I0) J–10.0;            G02 X10.0 Y–10.0 J–10.0;
G01 (X70.0) Y40.0;                      G01 Y–10.0;
X90.0 (T40.0);                          X20.0;
(X90.0) Y20.0;                          Y–20.0;
X80.0 (Y20.0);                          X–10.0;
G02 X60.0 (Y20.0) I–10.0 (J0);          G02 X–20.0 I–10.0;
G01 X40.0 (Y20.0);                      G01 X–20.0;
G02 X20.0 (Y20.0) I–10.0 (J0);          G02 X–20.0 I–10.0;
G01 X10.0 (Y20.0);                      G01 X–10.0;
G00 X0 Y0 M05;                          G00 X–10.0 Y–20.0 M05;
M30;                                    M30;
```

注意：直线、圆弧、二次曲线等几何元素间的连接点称为基点。基点可通过计算，亦可通过 CAD/CAM 软件由作图求得。

例：加工如图 2-32 所示轮廓。

```
ABC2.MPF(ABS);
G90 G54 G00 X–30.0 (Y0) S500 M03;
G02 X6.0 Y29.394 CR=30.0 F100;
G01 X54.0 Y19.596;
G02 X38.0 Y–16 CR=–20;
G03 X24.0 Y–18.0 CR=10.0;
G02 X–30.0 Y0 CR=30.0;
G00 X0 Y0 M05;
M30;
```

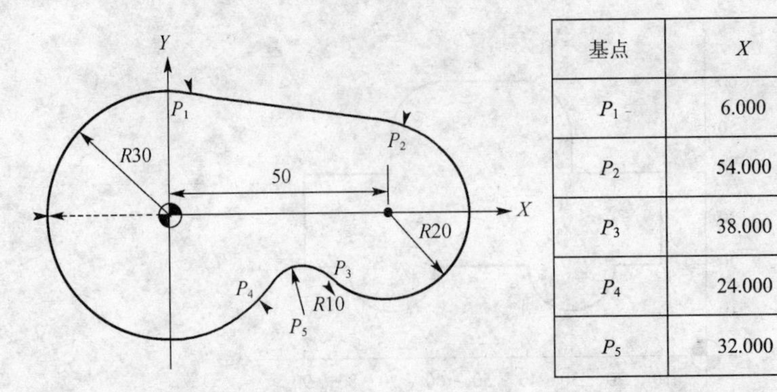

基点	X	Y
P_1	6.000	29.394
P_2	54.000	19.596
P_3	38.000	−16.000
P_4	24.000	−18.000
P_5	32.000	−24.000

图 2-32　圆弧加工

2.2.2　刀具长度补偿及刀具半径补偿

（1）刀具长度补偿的建立和取消（T__ D__）

1）使用刀具长度补偿的原因：在 NC 机床中，Z 轴的坐标是以主轴端面为基准。如果使用多把刀具，刀具长度存在差异，若在程序制作中，Z 轴的坐标以刀具的刀尖进行编程，则需要在程序中加上刀具的长度，这样程序可读性很差。

实际程序制作中为刀具设定轴向（Z 向）长度补偿，Z 轴移动指令的终点位置比程序给定值增加或减少一个补偿量。

在程序中使用刀具长度补偿功能，当刀具长度尺寸变化时（如刀具磨损），可以在不改动程序的情况下，通过改变补偿量达到加工尺寸。此外，利用该功能，可在加工深度方向上进行分层铣削，即通过改变刀具长度补偿值的大小，由多次运行程序而实现。

另外，利用该功能，可以空运行程序，检验程序的正确性，如图 2-33 所示。

T1	D1	D2	D3		D9
T2	D1				
T3	D1				
T6	D1	D2	D3		
T9	D1	D2			
T…	D1	D2			

图 2-33　刀具中刀具补偿号匹配

2）刀具长度补偿格式：

```
T  D
```

T 后跟数值为刀具号，D 后跟数值为刀具补偿号。

刀具补偿号 D：一个刀具可以匹配从 1～9 几个不同补偿的数据组（用于多个切削刃）。用 D 及其相应的序号可以编程一个专门的切削刃。 如果没有编写 D 指令，则 D1 自动生效。如果编程 D0，则刀具补偿值无效。

说明：系统中最多可以同时存储 64 个刀具补偿数据。

编程：

```
D…      ;刀具补偿号:1～9
D0      ;没有有效补偿值
```

① 补偿方向　不论在绝对或相对指令中，Z 轴移动的终点机械坐标值，为程序指定 Z 坐标值加工件坐标系中的 Z 坐标值加刀具补偿号 D 中的 Z 向补偿值。计算结果的坐标值成为终点机械坐标值。Z 轴移动的速度根据 G00、G01 指令来确定。

② 补偿值　其中 Z 为指令终点位置，T 为刀具号，D 为该刀具号 T 的刀补号的内存地址，用 D0～D9 来指定。在 D0～D9 内存地址所指的内存中，存储着刀具长度补偿的数值，用 T__D__来调用内存中刀具长度补偿的数值。

例：刀具长度补偿的使用如图 2-34 所示。

设 D1= 200 mm

N1 T1D1;	设定当前点 O 为程序零点
N2 G90 G00 Z10.0;	指定点 A，实到点 B
N3　　G01 Z0.0 F200 ;	实到点 C
N4　　　　Z10.0 ;	实际返回点 B

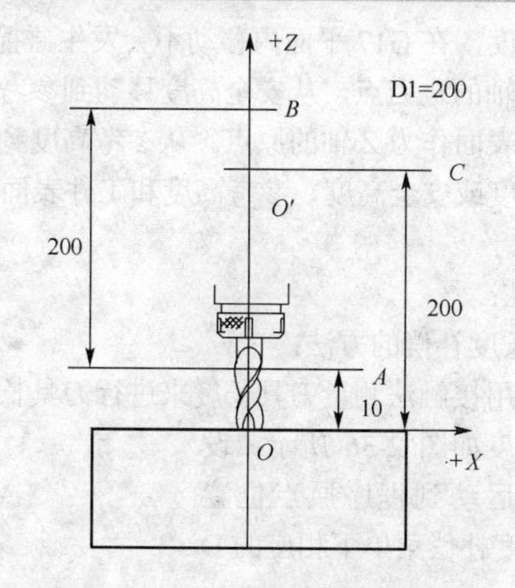

图 2-34　刀具长度补偿的使用

在机床上有时可用提高 Z 轴位置的方法来校验运行程序。

例：如图 2-35 所示，工件表面为 Z 轴的零点，程序中，第一次加工后的有关参数如下：深度：$10^{+0.1}_{0}$

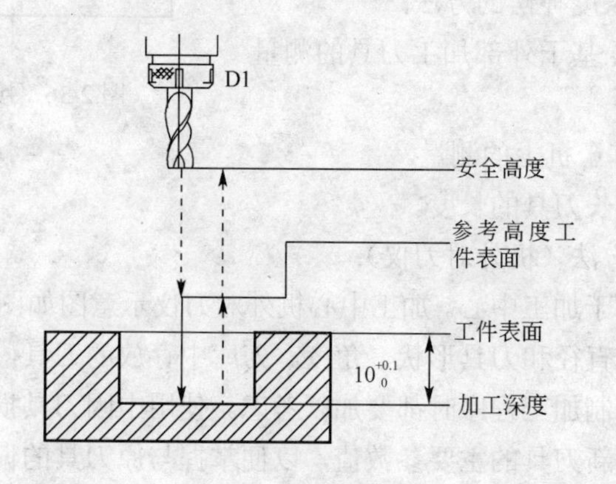

图 2-35　刀长补的应用

程序中的加工深度（按中差设置）：Z−10.05

切削加工后，测量深度：9.9

显然，深度没有达到要求，第二次加工时，应当更改刀长补的值，具体计算如下：

加工深度−测量深度=10.05−9.9=0.15

因此，为了达到加工深度，D1=−0.15

实际加工时，为了消除对刀误差和加工工艺条件的影响，第一次一般给刀具加上一个补偿值，并不加工到深度，加工后，根据测量深度更改补偿值。第一次加工的参数如下：

D1=1

程序中的加工深度（按中差设置）：*Z*−10.05

切削加工后，测量深度：8.9

第二次加工时，刀长补的值：9.05−8.9=0.15

D1=−0.15

提示：

安全高度：刀具在此高度，在G17平面内移动不会发生碰撞。

参考高度：一般作为*Z*轴的进刀点，从安全高度移动到参考高度一般采用快速移动。

工件表面：通常将工件表面作为*Z*轴的原点。从参考高度到加工深度按进给速度移动，返回时可快速移动到参考高度或安全高度，参考高度和工件表面的距离一般为 3～5mm，可根据工件表面情况而定。

3）刀具长度补偿的方法：

① 数控铣床上的刀具长度补偿的方法：

在数控铣床上，主要采用接触法测量刀具长度来进行刀具长度补偿。

使用接触法测量刀具长度如图 2-36 所示，设置过程就是使刀具的刀尖运动到程序原点位置（*Z*0）。在控制系统的刀具长度补偿菜单下相应的D补偿号里输入值。

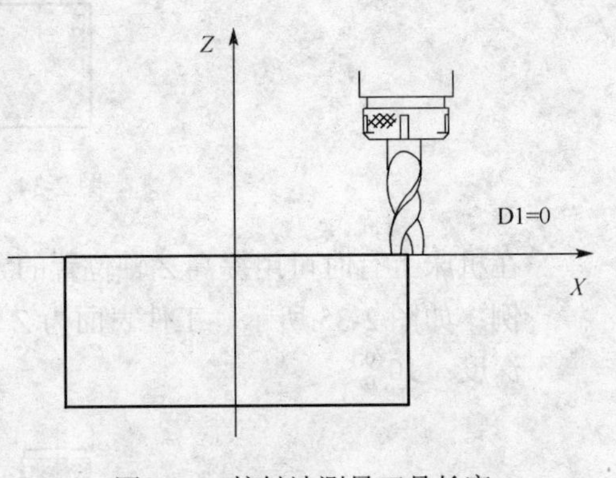

图 2-36 接触法测量刀具长度

例如，设置刀具长度的补偿值为 0，该刀具的补偿号为 D3，操作人员在补偿显示屏上的 T1D3 号里输入测量长度 0。

② 加工中心刀具长度补偿的方法：

预先设定刀具方法:基于外部加工刀具的测量装置（对刀仪）。

接触式测量方法:基于机上的测量。

主刀方法：基于最长刀具的长度。

a．预先设定刀具方法（机外对刀仪）：

机外对刀仪主要用于加工中心。加工中心机外对刀仪示意图如图 2-37 所示。机外对刀仪用来测量刀具的长度、直径和刀具形状、角度。刀库中存放的刀具，其主要参数都要有准确的值，这些参数值在编制加工程序时都要加以考虑。使用中因刀具损坏需要更换新刀具时，用机外对刀仪可以测出新刀具的主要参数值，以便掌握与原刀具的偏差，然后通过修改刀补值确保其正常加工。此外，用机外对刀仪还可测量刀具切削刃的角度和形状等参数，有利于提高加工质量。

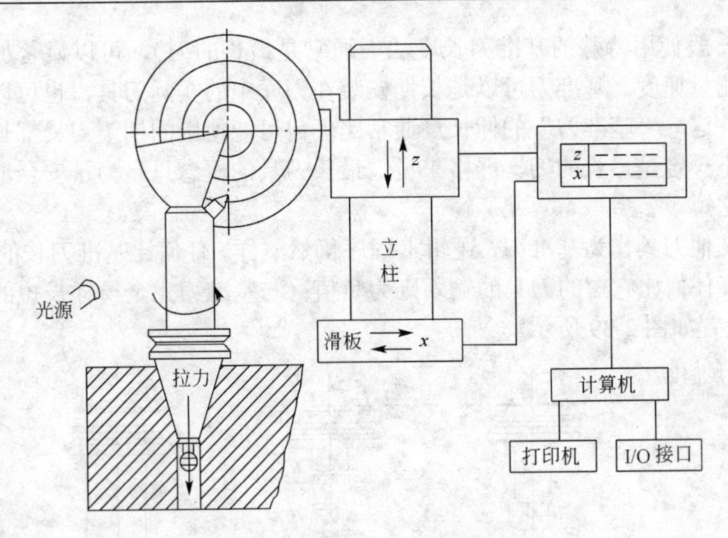

图 2-37　对刀仪示意图

对刀仪由下列三部分组成：

• 刀柄定位机构：对刀仪的刀柄定位机构与标准刀柄相对应，它是测量的基准，所以有很高的精度，并与加工中心的定位基准要求一样，以保证测量与使用的一致性。

• 测头与测量机构：测头有接触式和非接触式两种。接触式测头直接接触刀刃的主要测量点（最高点和最大外径点）；非接触式主要用光学的方法，把刀尖投影到光屏上进行测量。测量机构提供刀刃的切削点处的 Z 轴和 X 轴（半径）尺寸值，即刀具的轴向尺寸和径向尺寸。测量的读数有机械式（如游标刻线尺），也有数显或光学的。

• 测量数据处理装置：该装置可以把刀具的测量值自动打印出来，或与上一级管理计算机联网，进行柔性加工，实现自动修正和补偿。

使用刀具预调装置，操作人员将测量值输入补偿寄存器中，当加工工件时，不需要在机床上进行刀具长度检测。

b．用接触法测量刀具长度：

使用接触法测量刀具长度是一种常见方法，如图 2-38 所示，设置过程就是测量刀具从机床上某一点（基准）运动到程序原点位置（$Z0$）的距离。这一距离通常为负，通过 MDI 方式，将刀具长度参数输入刀具参数表，并被输入到控制系统的刀具长度补偿菜单下相应的 D 补偿号里。

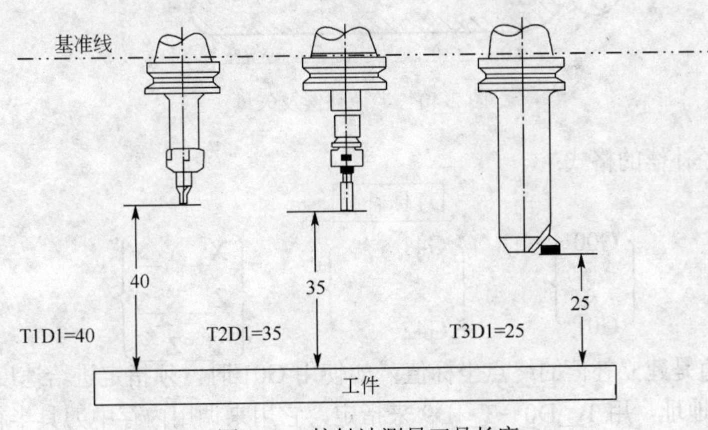

图 2-38　接触法测量刀具长度

主刀方法一般使用特殊的基准刀长度法（通常是最长的刀），可以显著加快使用接触测量法时的刀具测量速度。基准刀可以是长期安装在刀库中的实际刀具，也可以是长杆。在 Z 轴行程范围内，这一“基准刀”的伸长量通常比任何可能使用的期望刀具都长。

基准刀并不一定是最长的刀。严格来说，最长刀具的概念只是为了安全。它意味着其他所有刀具都比它短。

选择任何其他刀具作为基准刀，逻辑上程序仍然一样。任何比基准刀长的刀具的 H 补偿输入将为正值；任何比它短的刀具的输入则为负值；与基准刀完全一样长短的刀具的补偿输入为 0。主刀设置如图 2-39 所示。

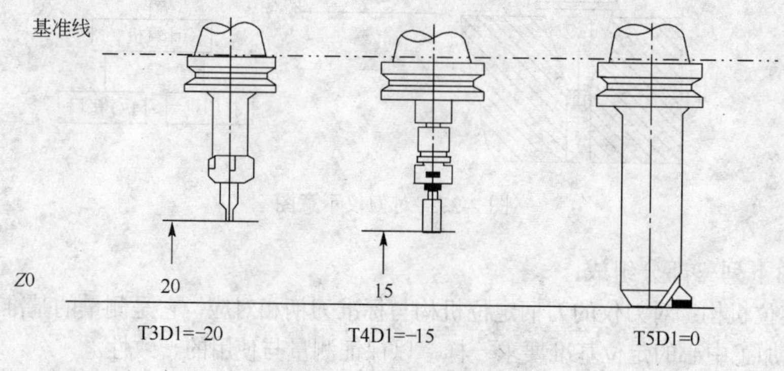

图 2-39 主刀设置法

（2）刀具半径补偿的建立和取消（G41、G42、G40）

为了用半径 R 的刀具切削一个用 A 表示的工件形状，如图 2-40 所示，刀具的中心路径需要离开 A 图形，刀具中心路径为 B，刀具这样离开切削工件形状的一段距离称为半径补偿（径补）。

半径补偿的值是一个矢量，这个值记忆在控制单元中，这个补偿值是为了知道在刀具方向作多少补偿，由控制装置的内部作出，从给予的加工图形中，以半径 R 来计算补偿路径。这个矢量在刀具加工时，依附于刀具，在编程时了解矢量的动作是非常重要的，矢量通常与刀具的前进方向成直角，方向是从工件指向刀具中心的方向。

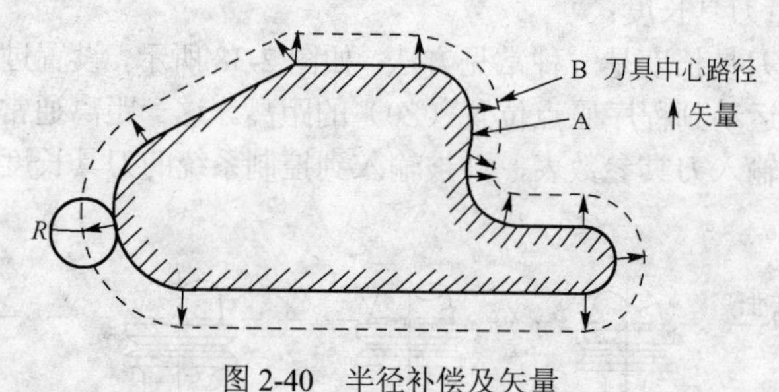

图 2-40 半径补偿及矢量

① 刀具半径补偿的格式：

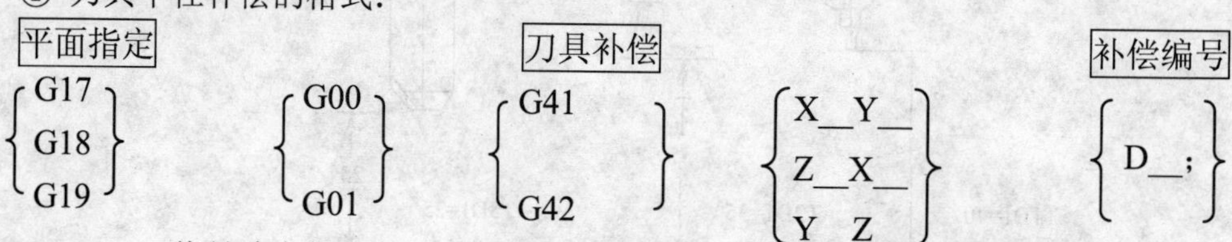

X、Y、Z 值是建立补偿的终点坐标值；如使用 G01 时，须指定进给速度 F_。

D 为刀补号地址，用 T__D0～T__D9 来指定，它用来调用内存中刀具半径补偿的数值。

② 刀具半径补偿 G41、G42：径补计算是在由 G17、G18、G19 决定的平面中执行，选择的平面称为补偿平面。例如，当选择 *XY* 平面时，程序中用 X、Y 执行补偿计算，作补偿矢量。在补偿平面外的轴（*Z* 轴）的坐标值不受补偿影响，用原来程序指令的值移动。

G17（*XY* 平面）　程序中用 *X*、*Y* 执行补偿计算，*Z* 轴坐标值不受补偿影响。

G18（*ZX* 平面）　程序中用 *Z*、*X* 执行补偿计算，*Y* 轴坐标值不受补偿影响。

G19（*YZ* 平面）　程序中用 *Y*、*Z* 执行补偿计算，*Z* 轴坐标值不受补偿影响。

在进行刀径补偿前，必须用 G17 或 G18、G19 指定刀径补偿是在哪个平面上进行。

刀补位置的左、右应是在补偿平面上顺着编程轨迹前进的方向进行判断的。刀具在工件的左侧前进为左补，用 G41 指令表示，如图 2-41 所示。刀具在工件的右侧前进为右补，用 G42 指令表示，如图 2-42 所示。

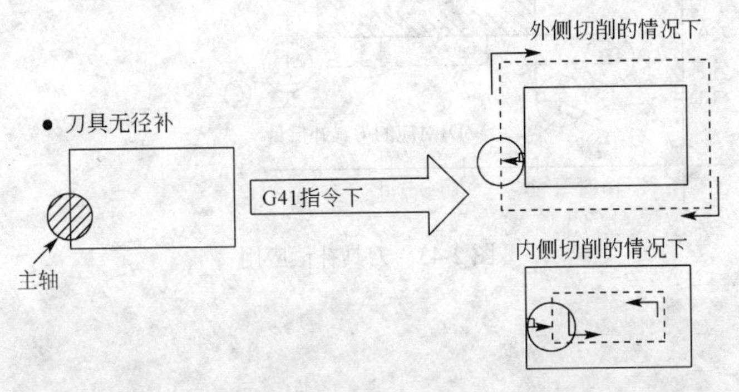

图 2-41　半径补偿 G41

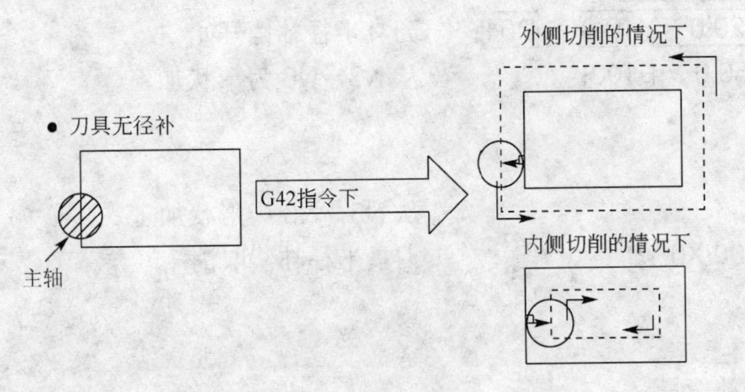

图 2-42　半径补偿 G42

③ 刀具半径 $\begin{Bmatrix} \text{G00} \\ \text{G01} \end{Bmatrix}$ $\begin{Bmatrix} \text{G40} \end{Bmatrix}$ $\begin{Bmatrix} \text{X\_\_ Y\_\_} \\ \text{Z\_\_ X\_\_} \\ \text{Y\_\_ Z\_\_} \end{Bmatrix}$ 补偿的取消格式：

刀具半径补偿在使用完成后需要取消，刀具半径补偿的取消通过刀具移动一段距离，使刀具中心偏移半径值。

提示：

- 径补的引入和取消要求应在 G00 或 G01 程序段，不要在 G02/G03 程序段上进行。
- 当径补数据为负值时，则 G41、G42 功效互换。
- G41、G42 指令不要重复规定，否则会产生一种特殊的补偿。
- G40、G41、G42 都是模态代码，可相互注销。

④ 刀具半径补偿的应用：

下面通过一个应用刀具半径补偿的实例，来讨论刀具半径补偿使用中应当注意的一些问题。

例：如图 2-43 所示为刀具补偿应用。

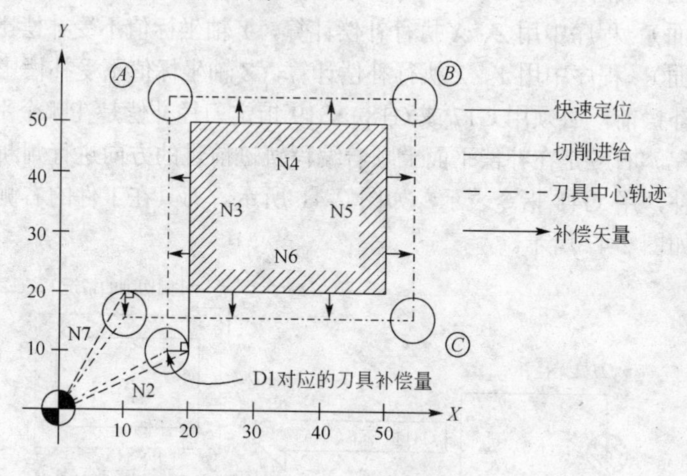

图 2-43 刀具补偿应用

```
ABC3.MPF;
N1  T01D01
N2G90G54 G17  G00 X0   Y0   S1000   M03;
N3  G41  X20.0  Y10.0   D01;      刀具半径补偿开始
N4  G01 Y50.0   F100;             从 N3～N6 为形状加工
N5  X50.0;
N6  Y20.0;
N7  X10.0;                        从 N3～N6 为形状加工
N8  G40 G00 X0 Y0                 刀具半径补偿取消
N9  M05;
N10 M30;
```

a. 刀具半径补偿量。

刀具半径补偿量的设定，是在呼出 D 代码后的画面内，手动（MDI）输入刀具半径补偿值。在本例中，程序中刀具半径补偿的 D 代码为 D1，刀具半径为 5，可在对应的“1”后（图 2-44），手动（MDI）输入刀具半径补偿量的值。其值设为 5。

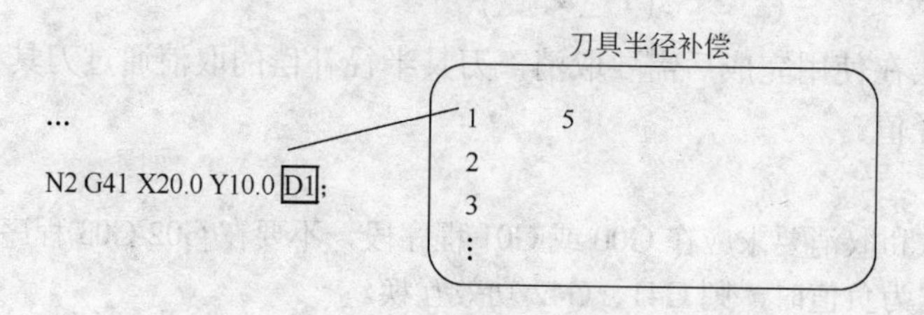

图 2-44 刀具补偿量的设置

利用同一个程序、同一把刀具，通过设置不同大小的刀具半径补偿值，逐步减少切削余量，可达到粗、精加工的目的（图 2-45）。

粗加工时的补偿量：$C=A+B$

精加工时的补偿量：$C=B$

式中　A——刀具的半径；

B——精加工余量；

C——补偿量。

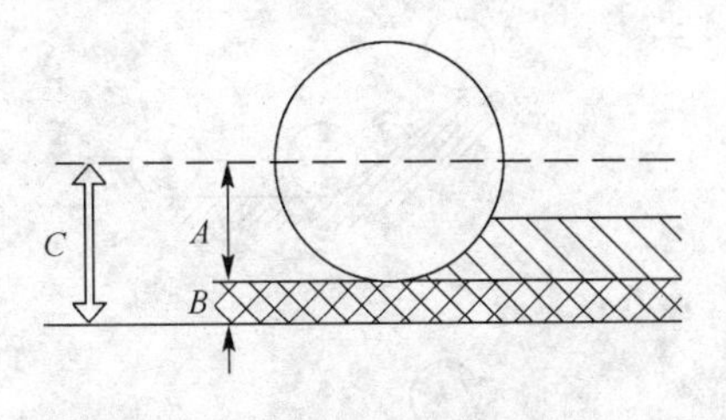

图 2-45　刀具半径补偿值的改变

b. 刀具半径补偿开始。

在取消模式下，当单段满足全部以下条件时刀具半径补偿开始执行，装置进入径补模式，称为径补开始单段。

G41 或 G42 已指令，或控制进入 G41 或 G42 模式。

刀具补偿的补偿量的号码不是 0。

在指令的平面上任何一轴（I、J、K 除外）的移动，指令的移动量不是 0。

在补偿开始单段，不能是圆弧指令（G02、G03），否则会产生报警，刀具会停止。

c. 刀具半径补偿中预读（缓冲）功能的使用。

在 CNC 技术发展的过程中，刀具半径偏置方法也在不断发展，它的发展可分为三个阶段，也就是现在所说的三种刀具偏置类型：A 类、B 类和 C 类。

A 类偏置：最老的方法，灵活性最差，程序中使用特殊向量来确定切削方向（G39、G40、G41、G42）。

B 类偏置：较老的方法，灵活性中等，程序中只使用 G40、G42 和 G41，但它不能预测刀具走向，因此可能会导致过切。

C 类偏置：当前使用的方法，灵活性最好。C 类刀具半径偏置（也称为交叉类半径补偿）是现代 CNC 系统中使用的类型。用 C 类补偿的程序中只使用 G40、G42 和 G41。

C 类补偿具有预读（缓冲）功能，可以预测刀具的运动方向，从而避免了过切。具有预读功能的控制器，一般只能预读几个程序段，有的只能预读一个程序段，有的可以预读两个或两个以上的程序段，先进的控制系统可以预读 1024 个程序段。本例中，假设只能预读两个程序段。

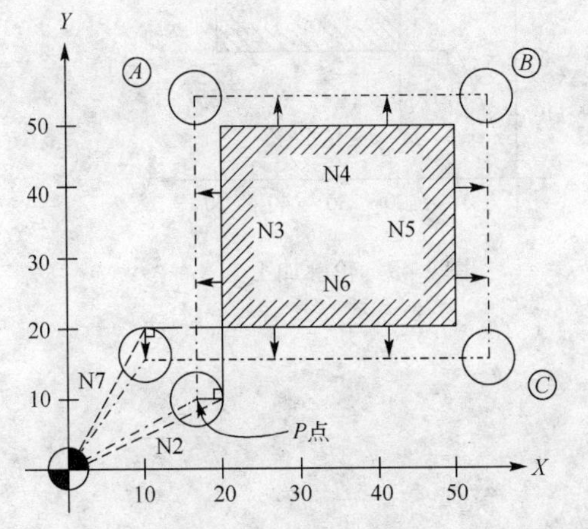

图 2-46　刀具半径偏置中预读（缓冲）功能的使用

刀具补偿指令从 N2 的 G41 开始，控制装置预先读 N3、N4 两个单段进入缓冲，N2 中的 X、Y 及 N3 中的 Y 确定了刀具补偿的始点 P（图 2-46），同时也给出了刀具在工件的左侧加工以及刀具前进的方向。

N3 中的 Y50.0 对刀具的前进方向及始点 P 确定非常重要。

d. 形状加工。

当进入补偿后，可用直线插补（G01）、圆弧插补（G02、G03）、快速定位（G00）指令。在第一个单段 N3 执行时，下两个单段 N4、N5 进入缓冲，当执行 N4 单段时，N5、N6 进入缓冲，依次进行。控制装置通过对单段的计算，可确定刀具中心的路径轨迹，及两个单段的交点 A、B、C。

常用的交点演算方式如图 2-47 所示。

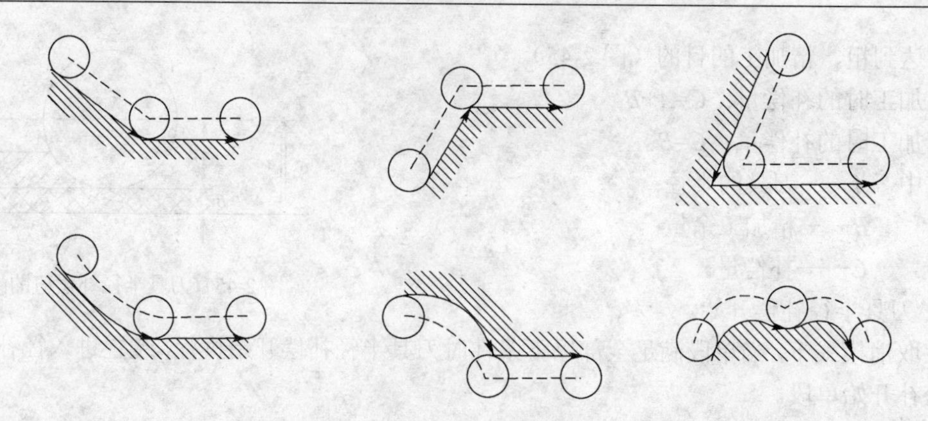

图 2-47　常用的交点演算方式

e. 刀具半径补偿取消。

刀具半径补偿必须在程序结束前指定，使控制系统处于取消模式。在取消模式矢量一定为 0，刀具中心路径与程序路径相重合。

本例中，N6 中指定了刀具中心终点的位置，N7 中用 G40 指定刀具补偿取消，刀具从 N6 指定的刀具中心终点位置向坐标原点移动，在移动中将刀具补偿取消（图 2-48）。

f. 刀具半径补偿的过切问题。

所谓过切，是指相对于编程路径对工件进行了过切（多切）和欠切（少切），它主要是由于刀具半径补偿的建立、应用、取消不当而造成的。编程中要避免此种情况发生。

下面继续通过图 2-48，重新编写程序，编程路径如图 2-49 所示，讨论刀具半径补偿使用中的过切问题。

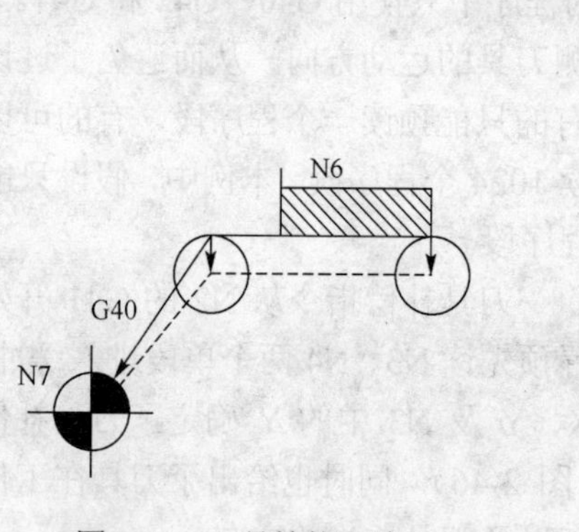

图 2-48　刀具补偿取消

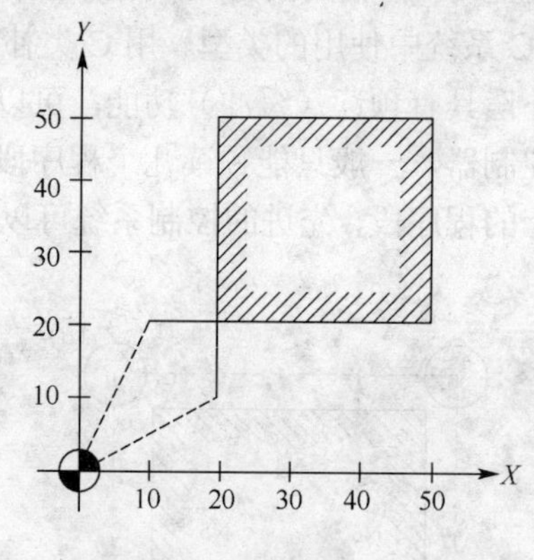

图 2-49　轮廓加工

例：

```
ABC4.MPF;
N1   T01D01
N2   G90 G54 G17 G00 X0 Y0 S1000 M03;
N3   G41 X20.0 Y10.0 D01;
N4   Z2.0;
N5   G01 Z-10.0 F100;
N6   Y50.0 F200;
```

```
N7  X50.0;
N8  Y20.0;
N9  X10.0;
N10 G00 Z100.0;
N11 G40 X0 Y0 M05;
N12 M30;
```

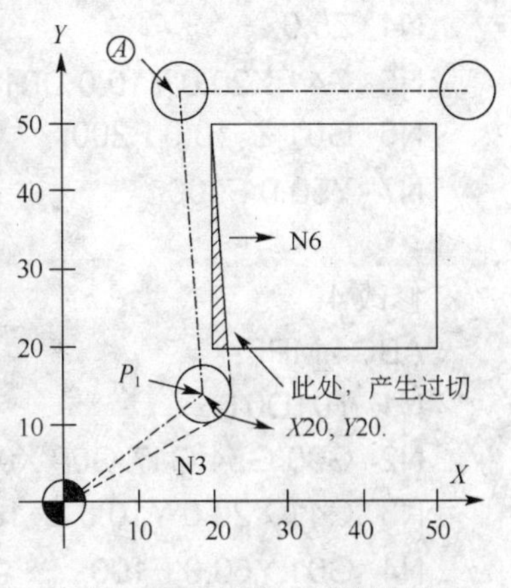

图 2-50　轮廓加工的过切

在执行 N3 单段时，后两个单段 N4、N5 已进入缓冲，但是，N4、N5 只确定了刀具的 *Z* 轴进给，并没有给出刀具 *XY* 平面的前进方向，N3 单段中的 G41 刀具补偿，使得刀具只能运动到 P_1 点（如图 2-50 所示）。当执行 N4 单段时，N6 单段进入缓冲，给出了 *Y*50.0，刀具从 P_1 点向 *A* 点移动，在此过程中会产生过切。

为了避免过切，以上程序亦可作如下修改：

修改 1：

```
ABC4.MPF;
N1  T01D01;
N2  G90 G54 G17 G00 X0 Y0 S1000 M03;
N3  G41 X20.0 Y10.0 D01;
N4  Z-10;                               从安全高度进到切削深度
N5  G01 Y50.0 F100;
N6  X50.0;
…
```

在上面的修改中，执行 N3 程序段时，后两个程序段 N4、N5 也进入缓冲寄存器存储。根据它们之间的关系，执行正确的偏置。

修改 2：

```
ABC4.MPF；
N1  T01D01；
N2  G90 G54 G17 G00 X0 Y0 Z100 S1000 M03；
N3  X20.0;
N4  Z5.0;
N5  G01 Z-10.0 F200;
N6  G41 Y10.0 D01;
N7  Y50.0 F100;
…
```

在刀具半径偏置前，执行 N3 程序段，刀具运动到绝对不干涉的辅助点，执行 N5 程序段，*Z* 轴进给到切削深度，然后加刀补。

修改 3：

```
ABC4.MPF；
N1  T01D01；
N2  G90 G54 G17 G00 X0 Y0 Z100 S1000 M03；
```

```
N4  Z5.0;                                    快速定位到 Z 轴的始点
N5  G41 X20.0 Y10.0 D01;
N6  G01 Z-10.0 F200;                         用 G01 切削到指定的深度
N7  Y50.0 F100;
…
```

修改 4：

```
ABC4.MPF；
N1  T01D01；
N2  G90 G54 G17 G00 X0 Y0 Z100 S1000 M03；
N3  G41 X20.0 Y10.0 Z-10.0 D01;              三轴同时移动，Z 轴补偿
N4  G01 Y50.0 F100;
…
```

修改 5（如图 2-51 所示）：

```
O0003；
ABC4.MPF；
N1  T01D01；
N2  G90 G54 G17 G00 X0 Y0 Z100 S1000 M03；
N3  G41 X20.0 Y9.0 Z-10.0 D01; 首先在进给方向建立刀补，然后 Z 轴进给到指定的深度
N4  Y10.0;
N5  Z2.0;
N6  G01 Z-10.0 F100;
N7  G01 Y50.0 F200;
N8  X50.0
…
```

当执行 N3 时，可确定刀具的切削点为 P_1（20，9），N4 的坐标点为 P_2（20，10），确定了刀具的前进方向，N4、N7 指令的刀具运动方向相同，刀具在工件的左侧切削。

P_2 点后的 N5、N6（Z 轴进给到切削深度），N7、N8 确定刀具的交点 A，可避免过切。

g. 刀具半径补偿应用的注意事项。

- 补偿量的变更。

一般补偿量的变更必须在取消模式中进行，如果在补偿模式中变更补偿量，新的补偿量的计算在单段终点进行（如图 2-52 所示）。

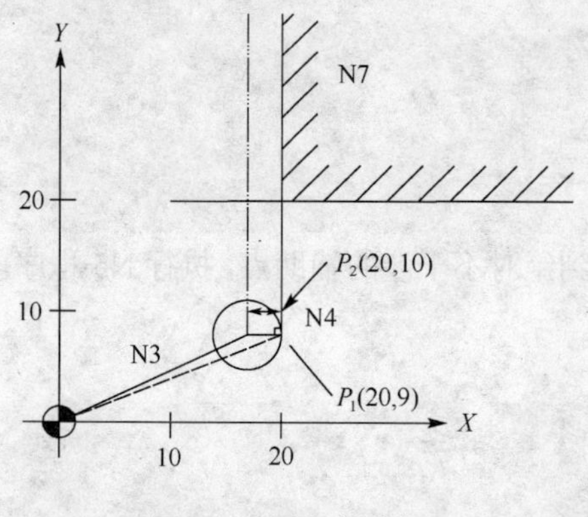

图 2-51　过切的避免

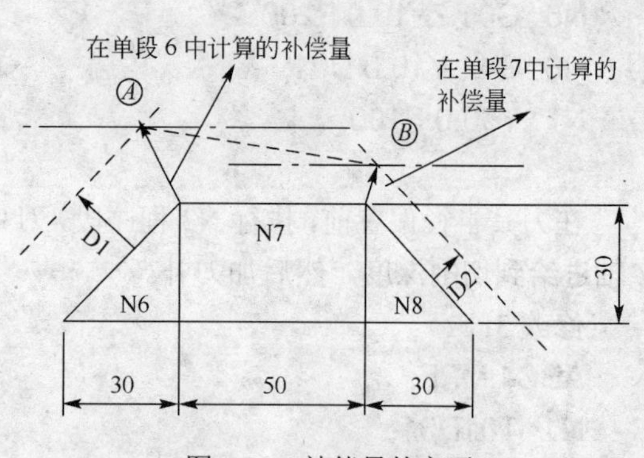

图 2-52　补偿量的变更

```
G91 G41 D01;
    …
N6  X30.0;
N7  X50.0 D02;
N8  X30.0 Y−30.0;
    …
```

交点 *A* 由 N6、N7 指令中给出的 D1 补偿量来确定。

交点 *B* 由 N7、N8 指令中给出的 D2 补偿量来确定。

- 补偿量的正负及刀具中心路径。

如果补偿量是负（−），在程序上 G41、G42 的图形分配彼此交换。结果，如果刀具中心沿工件外侧移动，它将会沿内侧移动，反之亦然。

- 刀具半径补偿的过切。

较刀具半径小的内圆弧加工时（图 2-53）：

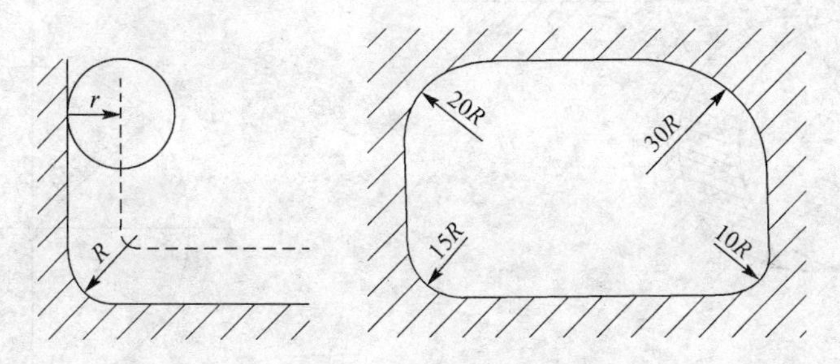

图 2-53　内圆弧加工

当转角半径小于刀具半径时，刀具的内侧补偿将会产生过切。

为了避免过切，内侧圆弧的半径 *R* 应该大于刀具半径与剩余余量之和。外侧圆弧加工时，不存在过切的问题。

内侧圆弧的半径 $R \geqslant$ 刀具半径 r+剩余余量，图 2-53 所示的形状，为了避免过切，刀具的半径应小于图中最小的圆弧半径，即小于 10*R*。

较刀具半径小的沟槽加工时：

如图 2-54 所示，因为刀具半径补偿强制刀具中心路径向程序路径反方向移动，会产生过切。

技巧：建立刀具半径补偿，使用 G00 或 G01 指令使得刀具移动，刀具移动的长度一般要大于刀具的半径补偿值。通过移动一定的长度使刀具的中心相对编程路径偏移半径补偿值，否则半径补偿无法建立。

例：加工如图 2-55 所示的内圆，工件表面为 *Z* 轴原点，安全高度为 100，参考高度（*Z* 轴进刀点）2，加工深度为 10。刀具从圆心起刀，采用圆弧切入和切出。程序分别使用绝对和增量。

```
ABC5.MPF(ABS);
T01D01
G90 G54 G17 G00 X0 Y0 S500 M03;    快速移动到原点，主轴正转，转速 500
G0 Z100.0 ;                        在安全高度建立刀长补
```

```
Z2.0;                              快速移动到Z轴进刀点
G01 Z-10.0 F100;                   按进给速度，到达加工深度
G41 X20.0 Y-20.0 D01;              建立刀具半径补偿
G03 X40.0 Y0 I120.0;               圆弧切入
I-40.0;                            加工整圆
X20.0 Y20.0 R20.0;                 圆弧切出
G00 Z100.0;                        快速移动到安全高度
G40 X0 Y0 M05;                     取消刀具半径补偿、刀长补，主轴停转
M30;
```

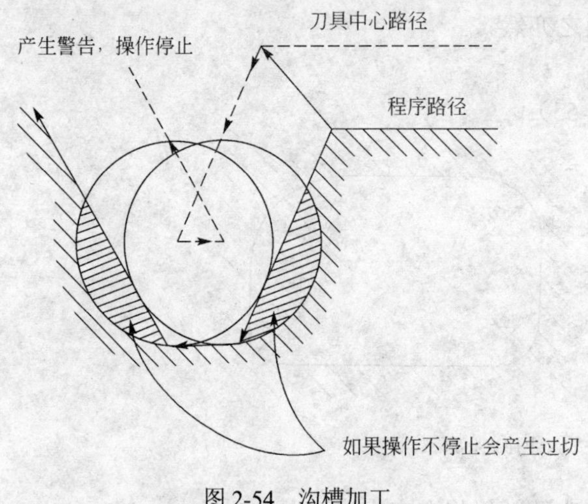

图 2-54 沟槽加工

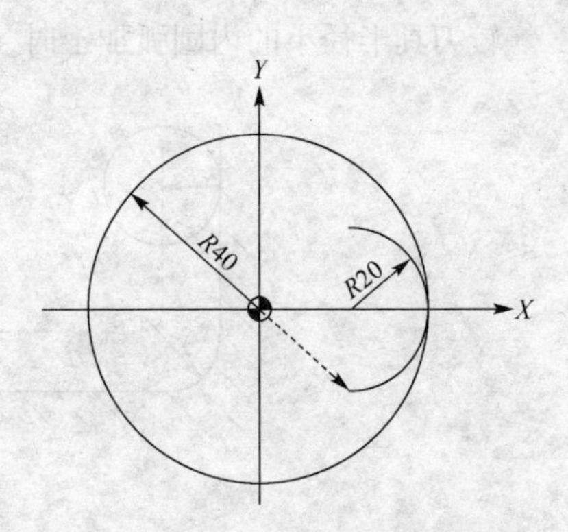

图 2-55 内圆铣削

以上程序亦可使用增量编程：

```
ABC5.MPF (INC);
T01D01
G90 G54 G17 G00 X0 Y0 S500 M03;
G0 Z100.0;
G91 Z-98.0;
G01 Z-120 F100;
G41 X20.0 Y-20.0 D01;
G03 X20.0 Y20.0 CR=20.0;
I-40.0;
X-20.0 Y20.0 CR=20.0;
G00 Z110.0;
G40 X-20.0 Y-20.0 M05;
M30;
```

例：加工如图 2-56 所示的矩形内侧，工件表面为 *Z* 轴原点，安全高度为 100，参考高度（*Z* 轴进刀点）2，加工深度为 10。刀具从圆心起刀，采用圆弧切入和切出。

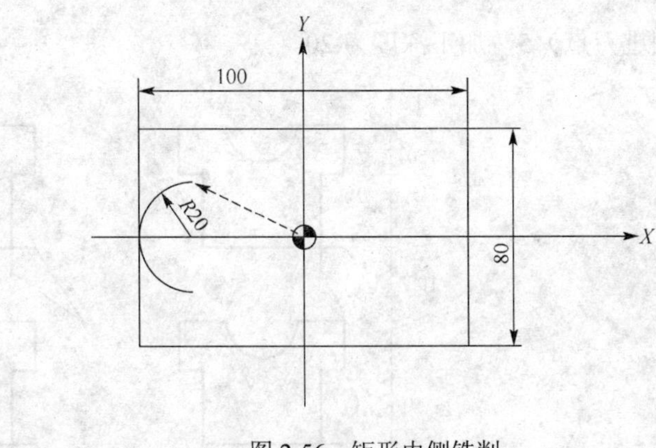

图 2-56　矩形内侧铣削

```
ABC6.MPF(ABS);
T1D1
G90 G54 G17 G00 X0 Y0 S500 M03;
G0 Z100.0 ;
Z2.0;                                   刀具半径补偿使用前，快速移动到 Z 轴进刀点
G41 X−30.0 Y20.0 D1;
G01 Z−5.0 F100;
G03 X−50.0 Y0 CR=20.0;
G01 Y−40.0;
X50.0;
Y40.0;
X−50.0;
Y0;
G03 X−30.0 Y−20.0 CR=20.0;
G00 Z100.0;
G40 X0 Y0 M05;
M30;
```

技巧：精加工时，轮廓内侧一般采用逆时针方向铣削，半径补偿使用 G41，轮廓外侧一般采用顺时针方向铣削，半径补偿使用 G41，保证加工面为顺铣，提高工件表面的加工质量。

对于封闭的内轮廓，一般采用圆弧切入、切出，保证接刀点（进刀点）光滑。对于外轮廓，可采用切线切入、切出，切线可以是直线或者圆弧。

本例中，轮廓尺寸 100×80，设刀具半径为 10。如果单边余量为 5，加工时粗、精加工量分别为 3、2，使用程序进行粗加工时，刀具的半径补偿值为 D1=12。如图 2-57 所示，具体计算如下：

D1=刀具半径+单边余量=10+2=12

当运行程序，设 D1=12 时，刀具偏离最终面 12，但刀具实际尺寸为 10，剩余加工量 2。

当精加工时，D1=10，剩余的 2 加工余量将被切除。

例：使用子程序调用，加工如图 2-58 所示的图形外侧，工件表面为 *Z* 轴原点，安全高度为 100，参考高度（Z 轴进刀点）5，加工深度为 20。

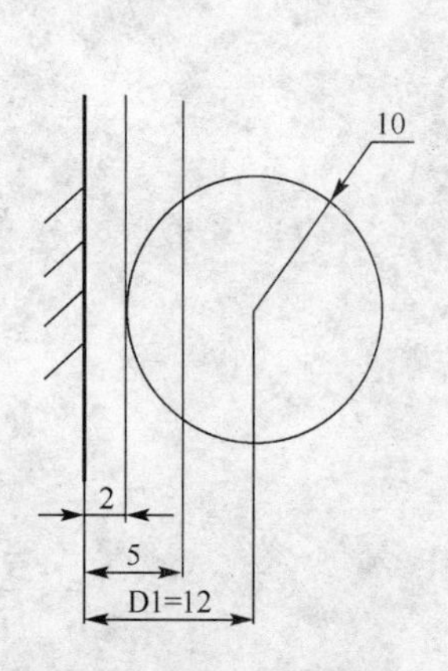

图 2-57 内轮廓加工

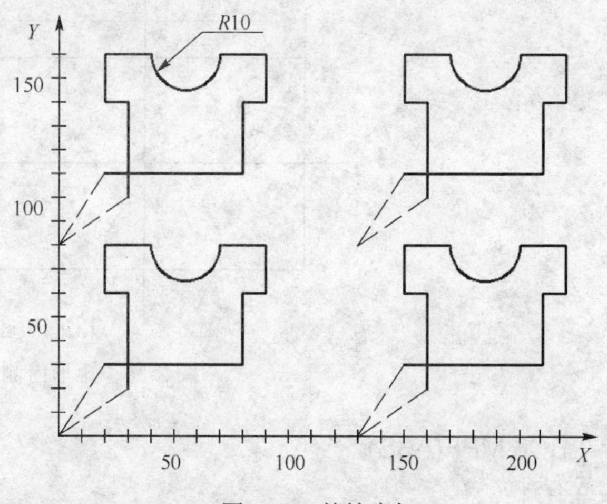

图 2-58 外轮廓加工

主程序：

```
ABC7.MPF(MAIN );
T01D01
G40G90 G54 G17 G00 X0 Y0 S500 M03;    定位到工件坐标系原点
G0 Z100.0;
L001;                                 调用子程序，加工左下工件外形
G90 G00 X130.0 Y0;                    定位于右下工件外形的起点
L001;                                 调用子程序，加工右下工件外形
G90 G00 X0 Y80.0;                     定位于左上工件外形的起点
L001;                                 调用子程序，加工左上工件外形
G90 G00 X130.0 Y80.0;                 定位于右上工件外形的起点
L001;                                 调用子程序，加工右上工件外形
G90 G49 G00 X0 Y0 M05;
M30;
```

子程序：

```
L001.SPF(SUB );
G91 G00 Z-98.0;                       使用增量坐标编程
G41 X30.0 Y20.0 D1;                   使用左补，保证顺铣
G01 Z-22.0 F100;
Y40.0;
X-10.0;
Y20.0;
X20.0;
G03 X20.0 CR=10.0;
G01 X20.0;
Y-20.0;
```

```
X-10.0;
Y-30.0;
X-50.0;
G00 Z120.0;
G40 X-20.0 Y-30.0;                    快速定位到图形的起点
RET;                                  返回主程序
```

技巧：多件相同图形的加工通常采用子程序调用，子程序中一般采用增量坐标。多件相同图形的加工亦可建立多个工件坐标系的方法进行编程。

本例中，采用直线作为切线，进行切入和切出。

例：使用子程序调用，加工如图 2-59 所示的图形外侧，工件表面为 Z 轴原点，安全高度为 100，参考高度（Z 轴进刀点）2，加工深度为 15。顺时针加工工件外形。

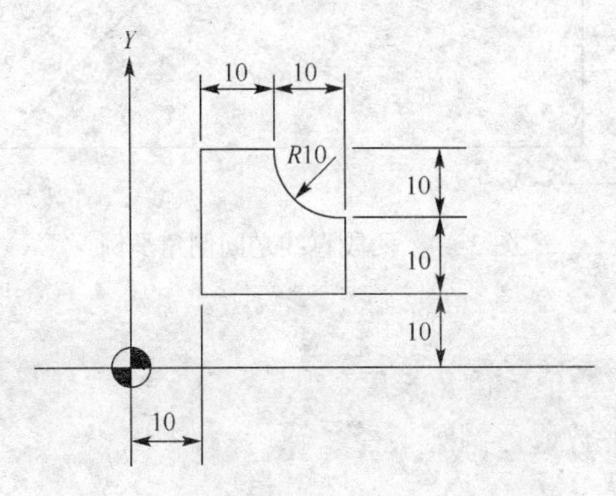

图 2-59　外形加工

主程序：

```
ABC8.MPF(MAIN);
G40G90 G54 G17 G00 X0 Y0 S500 M03;
G0 Z100.0;
Z2.0;
G01 Z0 F100;
L002 P3;                              调用子程序
G90 G49 G00 Z100.0 M05;
M30;

L002.SPF(SUB );
G91Z-5.0;
G01G41.0Y5.0D1;                       从X10，Y5.0 处开始建立刀具半径补偿
Y25.0;
X10.0;
G03X10.0Y-10.0CR=10.0;
G01Y-10.0;
X-25.0;
```

```
G40X-5.0Y-10.0;
RET;
```

2.2.3 轮廓定义编程辅助

（1）倒圆、倒角（如图 2-60 所示）。

功能：在当前的平面 G17～G19 中的一个轮廓拐角处可以插入倒角或倒圆，指令 CHF=…或者 RND=…与加工拐角的轴运动指令一起写入到程序段中。

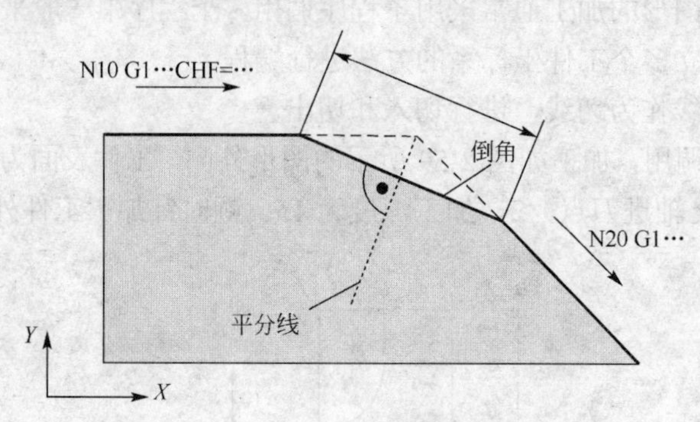

图 2-60 两段直线之间倒角举例

编程：

```
CHF=…；插入倒角，数值：倒角长度
RND=…；插入倒圆，数值：倒圆半径
```

说明：

在程序段中若轮廓长度不够，则会自动地削减倒角和倒圆的编程值。

在下列情况下，不插入倒角/倒圆：如果连续编程的程序段超过 3 段没有运行指令；如果更换平面。

倒角 CHF=：直线轮廓之间、圆弧轮廓之间以及直线轮廓和圆弧轮廓之间切入一直线并倒去棱角。

编程举例（如图 2-59 所示）：

```
N10 G1 X… CHF=5；倒角 5mm
N20 X… Y…
```

倒圆 RND=：直线轮廓之间、圆弧轮廓之间以及直线轮廓和圆弧轮廓之间切入一圆弧，圆弧与轮廓进行切线过渡。

倒圆编程举例如图 2-61 所示：

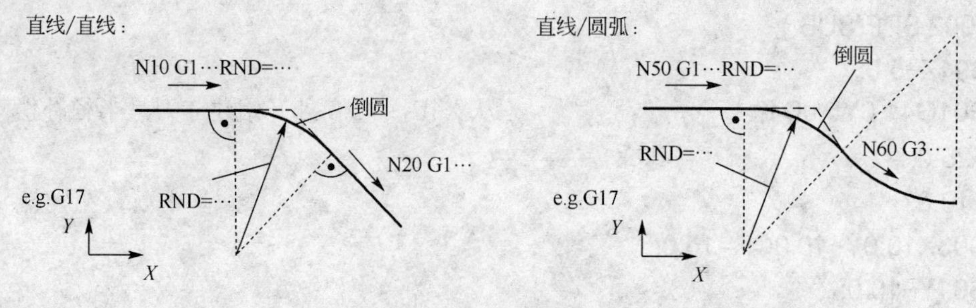

图 2-61 倒圆举例

```
N10 G1 X… RND=8        ;倒圆，半径 8mm
N20 X… Y…
…
N50 G1 X… RND=7.3      ;倒圆，半径 7.3mm
N60 G3 X… Y…
```

（2）轮廓定义编程

功能：如果从图纸中无法看出轮廓终点坐标，则可以用角度确定一条直线。在任何一个轮廓拐角处都可以插入倒圆和倒角。在拐角程序段中写入相应的指令 CHR=…或者 RND=…。

可以在含有 G0 或 G1 的程序段中使用轮廓定义编程。

理论上讲，可以使任意多的直线程序段发生关联，并且在其之间插入倒圆或倒角。在这种情况下，每条直线必须通过点和/或角度参数明确定义。

编程（图 2-62）：

```
ANG=…  ;定义直线的角度参数
CHR=…  ;插入倒角;值：倒角边长
RND=…  ;插入倒圆;值：圆角半径
```

角度 ANG=：如果在平面中一条直线只给出一终点坐标，或者几个程序段确定的轮廓仅给出其最终终点坐标，则可以通过一个角度参数来明确地定义该直线。该角度始终指与 Z 轴的夹角（一般情况下在平面 G18 中）。角度以逆时针方向为正方向。

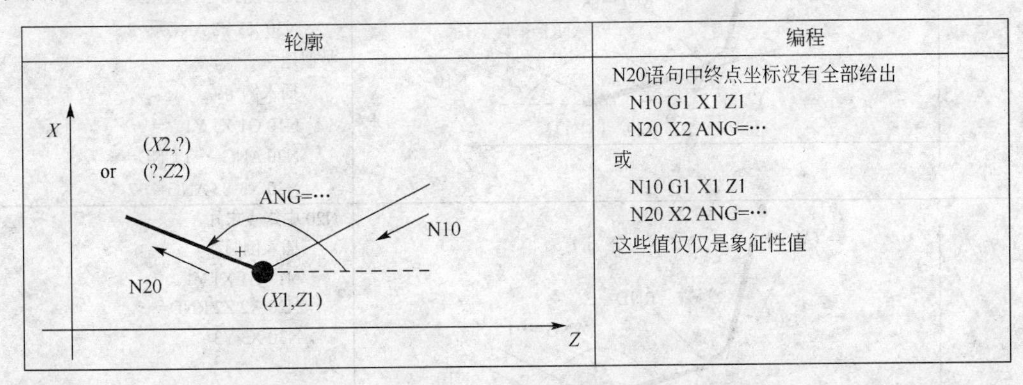

图 2-62 在 G17 平面中定义直线的角度参数

倒角 CHR=：在拐角处的两段直线之间插入一段直线，编程值就是倒角的直角边长，如图 2-63 所示。

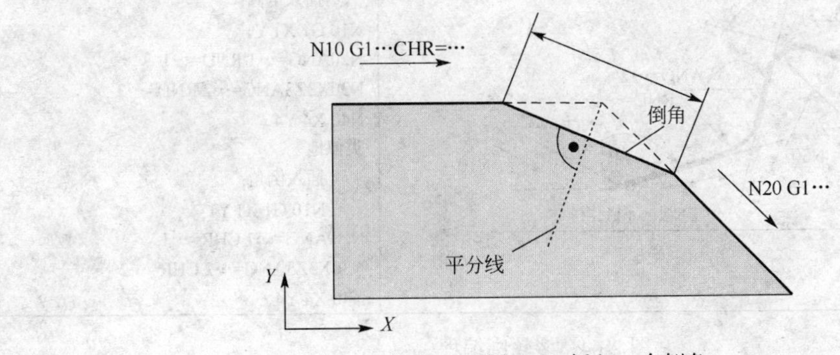

图 2-63 用 CHR 插入一个倒角

编程：

```
N20 中终点未知    N10 G1 X1 Y1
N20 X2 ANG=…
```

或：

```
N10 G1 X1 Y1
N20 Y2 ANG=…
```

倒圆 RND=：在拐角处的两段直线之间插入一个圆弧，并使它们的切线相连。

G17 平面中多程序段轮廓举例如图 2-64 所示。

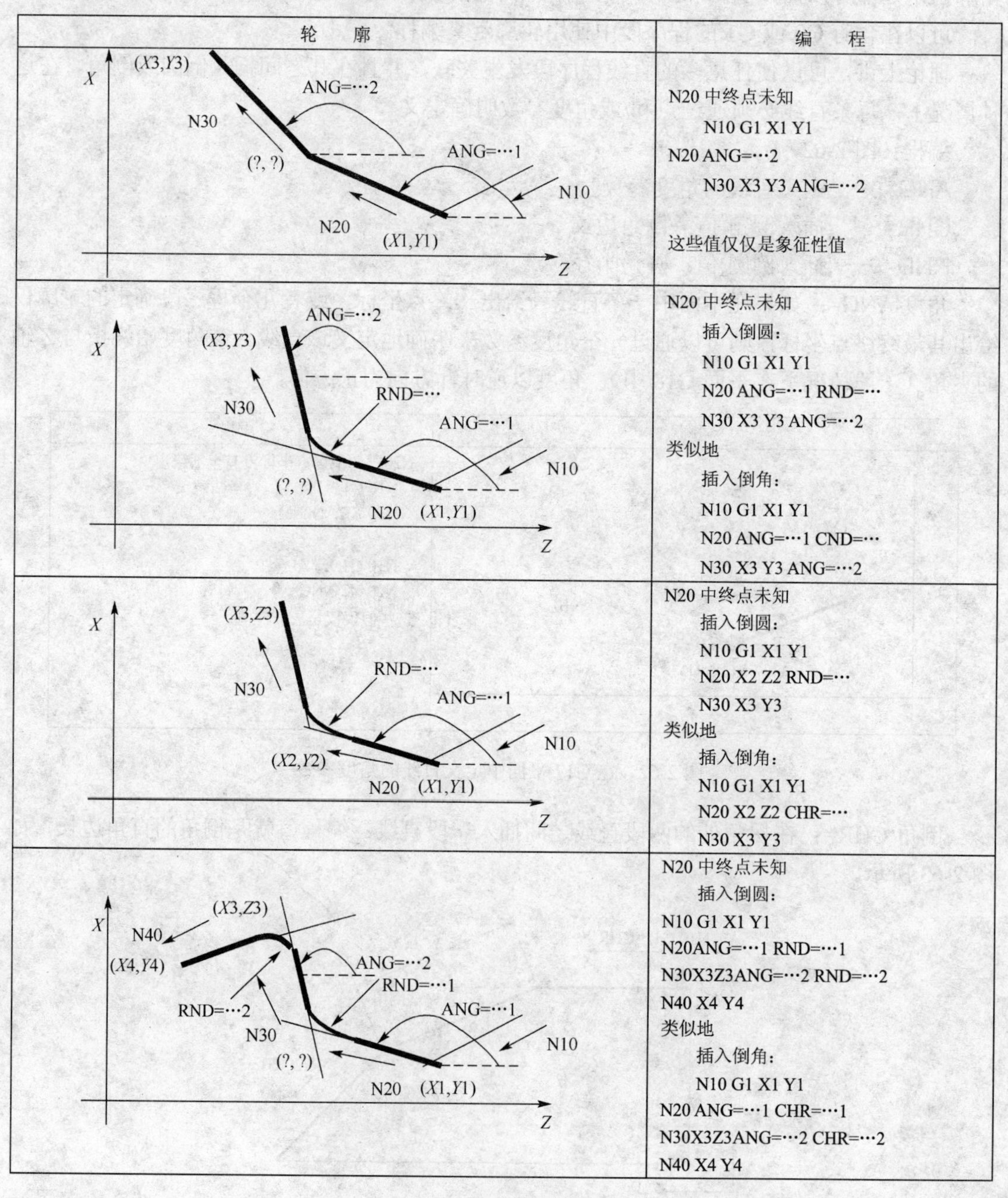

轮　廓	编　程
	N20 中终点未知 N10 G1 X1 Y1 N20 ANG=…2 N30 X3 Y3 ANG=…2 这些值仅仅是象征性值
	N20 中终点未知 插入倒圆： N10 G1 X1 Y1 N20 ANG=…1 RND=… N30 X3 Y3 ANG=…2 类似地 插入倒角： N10 G1 X1 Y1 N20 ANG=…1 CND=… N30 X3 Y3 ANG=…2
	N20 中终点未知 插入倒圆： N10 G1 X1 Y1 N20 X2 Z2 RND=… N30 X3 Y3 类似地 插入倒角： N10 G1 X1 Y1 N20 X2 Z2 CHR=… N30 X3 Y3
	N20 中终点未知 插入倒圆： N10 G1 X1 Y1 N20ANG=…1 RND=…1 N30X3Z3ANG=…2 RND=…2 N40 X4 Y4 类似地 插入倒角： N10 G1 X1 Y1 N20 ANG=…1 CHR=…1 N30X3Z3ANG=…2 CHR=…2 N40 X4 Y4

图 2-64　多轮廓编程

说明：在当前的平面 G17～G19 中执行“轮廓定义编程”功能，在该功能有效时不可以改变平面。

注意：

如果在一个程序段中同时编程了半径和倒角，则不管编程的顺序如何，则仅插入半径。

除了轮廓定义编程之外，还有用 CHF=定义的倒角。在这种情况下，该值为倒角斜边长度，而非用 CHR=定义的倒角直角边长。

2.2.4　蓝图编程（SIEMENS 数控系统特有）

功能：为了快速、可靠地编制零件程序，系统提供了不同的轮廓元素。编程时，只需要在屏幕格式中填入必要的参数。

利用轮廓屏幕格式可以编程如下的轮廓元素或轮廓段：

- 直线段，有终点坐标或角度大小；
- 圆弧段，有圆心坐标、半径大小和终点坐标；
- 直线-直线轮廓段，有角度大小和终点坐标；
- 直线-圆弧轮廓段，用切线过渡：由角度、半径和终点坐标计算；
- 直线-圆弧轮廓段，任意过渡：由角度、圆心和终点坐标计算；
- 圆弧-直线轮廓段，用切线过渡：由角度、半径和终点坐标计算；
- 圆弧-直线轮廓段，任意过渡：由角度、圆心和终点坐标计算；
- 圆弧-圆弧轮廓段，用切线过渡：由圆心、半径和终点坐标计算；
- 圆弧-圆弧轮廓段，任意过渡：由圆心、半径和终点坐标计算；
- 圆弧-直线-圆弧轮廓段，用切线过渡；
- 圆弧-圆弧-圆弧轮廓段，用切线过渡；
- 直线-圆弧-直线轮廓段，用切线过渡。

首次打开轮廓屏幕时或执行一个光标动作后，必须告知系统相应轮廓段的起始点，如图 2-65 所示，其他所有的动作将参考该点。

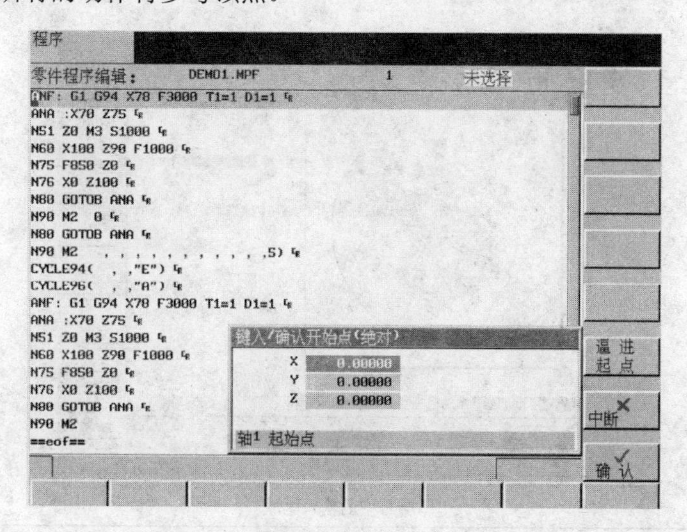

图 2-65　确定起始点

直线段编程帮助如图 2-66 所示。

以绝对值（ABS）、增量值（INC）（相对于起始点）或者极坐标值（POL）输入直线的终点。当前的设定值在关联的屏幕中显示。也可以通过一个坐标和轴与直线间的角度定义终点。

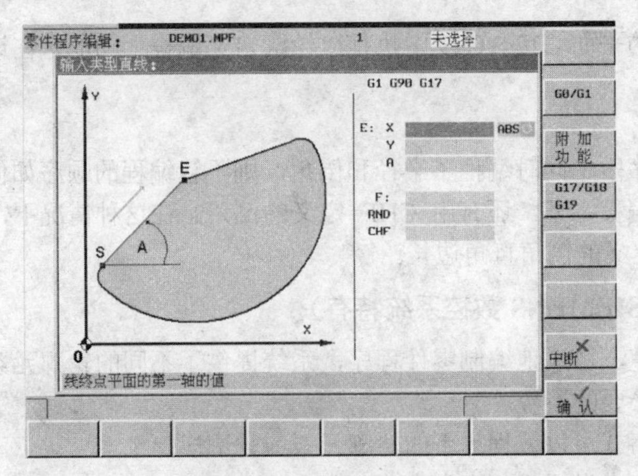

图 2-66　直线段编程

如果使用极坐标计算终点，还需要极点到终点（在区域 1 中输入）间的矢量长度，以及矢量与极点间的角度（在区域 2 中输入）。前提是极点已经事先定义。该极点一直有效，直到定义了新此极点。

G0/G1：如果选择了此功能，选择的程序段将以快速进给率进给，或者按照编程的进给率进给。

附加功能：必要时，可以在区域中输入附加功能。使用空格、逗号或引号将命令分开。

G17/G18/G19：该功能可选择相应的加工平面 G17(*XY*)、G18(*ZX*)或 G19(*YZ*)。轴名称将根据所选的平面相应变化。

OK：按“OK”软键将接受所有定义在零件程序中的命令。

选择“退出”将不保存设定值而退出关联屏幕。

此功能用来计算两条直线间的中间点，定义第二条直线的终点坐标以及每条直线的角度，如图 2-67 所示。

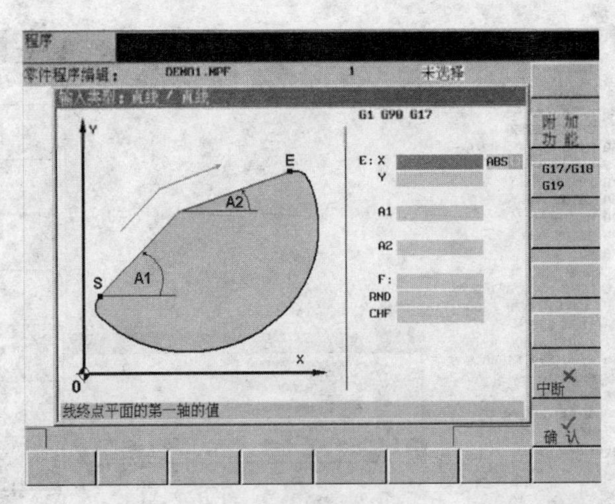

屏幕中的输入区域

直线 2 的终点	E	输入直线 2 的终点坐标
直线 1 角度	A1	角度值在 0～360°，逆时针方向
直线 2 角度	A2	角度值在 0～360°，逆时针方向
进给率	F	进给率

图 2-67　自动确定中间点

在该关联屏幕中，使用终点和中心点坐标可以创建圆弧程序，如图 2-68 所示。

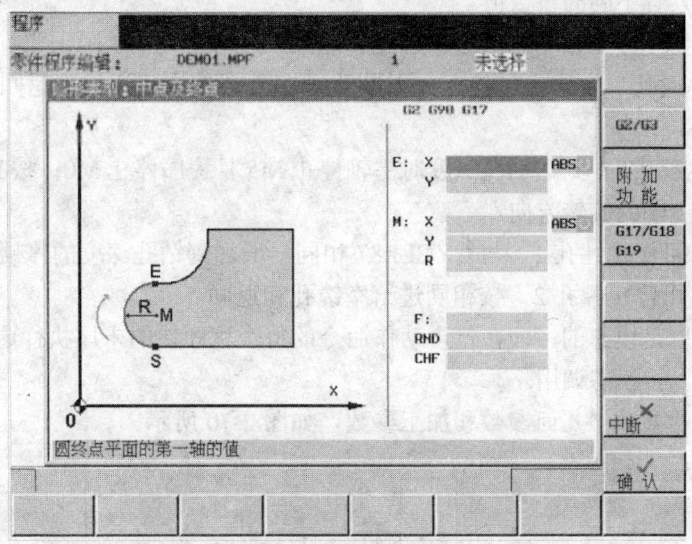

图 2-68　创建圆弧段

G2/G3 :使用此软键将旋转方向从 G2 切换到 G3，G3 将显示，再次按该软键则切换回 G2。

此功能将计算直线和圆弧间的切线过渡，直线必须由起始点和角度定义，圆弧必须由半径和终点定义，如图 2-69 所示。

计算任意过渡角度的中间点时，POI 软键功能将显示中间点的坐标。

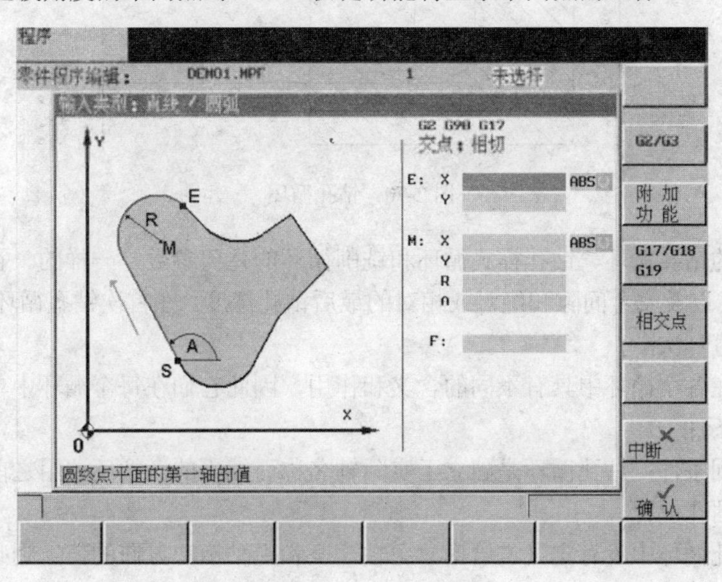

图 2-69　切线过渡

2.2.5　孔加工固定循环指令及选用

（1）概述

钻孔循环是用于钻孔、镗孔、攻螺纹的，按照 DIN66025 定义的动作顺序。这些循环以具有定义的名称和参数表的子程序的形式来调用。用于镗孔的循环有三个，它们包括不同的技术程序，因此具有不同的参数值。

CYCLE85　铰孔 1　按不同进给率镗孔和返回。

CYCLE86　镗孔　定位主轴停止，返回路径定义，按快速进给率返回，主轴旋转方向定义。

CYCLE87　铰孔 2　到达钻孔深度时主轴停止 M5 且程序停止 M0；按 NC START 继续，快速返回，定义主轴的旋转方向。

CYCLE88　可停止镗孔 1　与 CYCLE87 相同，增加到钻孔深度的停顿时间。

CYCLE89　可停止镗孔 2　按相同进给率镗孔和返回。

钻孔循环可以是模态的，即在包含动作命令的每个程序块的末尾执行这些循环。用户写的其他循环也可以按模态调用。

有两种类型的参数：几何参数和加工参数，如图 2-70 所示。

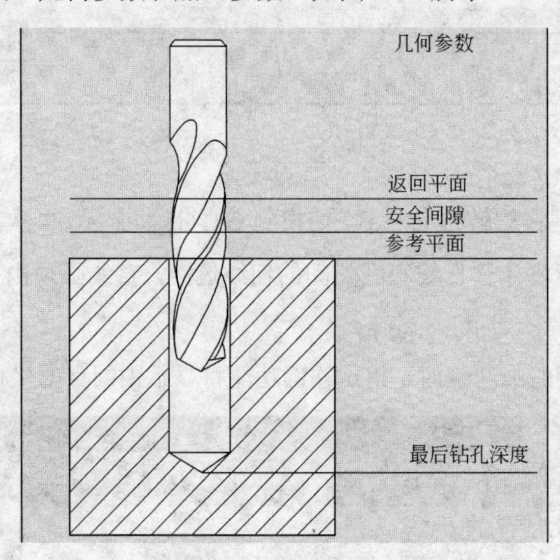

图 2-70　钻孔循环

用于所有的钻孔循环、钻孔样式循环和铣削循环的几何参数是一样的。它们定义参考平面和返回平面，以及安全间隙和绝对或相对的最后钻孔深度。在首次钻孔循环 CYCLE82 中，几何参数只赋值一次。

加工参数在各个循环中具有不同的含义和作用，因此它们在每个循环中单独编程。

（2）前提条件

调用和返回条件：钻孔循环是独立于实际轴名称而编程的。循环调用之前，在前部程序必须使之到达钻孔位置。

如果在钻孔循环中没有定义进给率、主轴速度和主轴旋转方向的值，则必须在零件程序中给定。

循环调用之前，有效的 G 功能和当前数据记录在循环之后仍然有效。

（3）钻孔、中心孔-CYCLE81（如图 2-71 所示）。

编程：

```
CYCLE81(RTP，RFP，SDIS，DP，DPR)
```

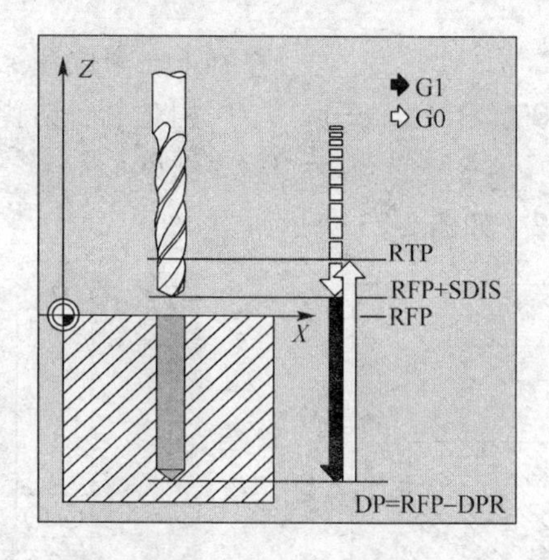

图 2-71　钻孔、中心孔-CYCLE81

参数：

RTP：Real　后退平面（绝对）。

RFP：Real　参考平面（绝对）。

SDIS：Real　安全间隙（无符号输入）。

DP：Real　最后钻孔深度（绝对）。

DPR：Real　相当于参考平面的最后钻孔深度（无符号输入）。

功能：刀具按照编程的主轴速度和进给率钻孔直至到达输入的最后的钻孔深度。

操作顺序：

循环执行前已到达位置：钻孔位置是所选平面的两个坐标轴中的位置。

循环形成以下的运动顺序：

- 使用 G0 回到安全间隙之前的参考平面。
- 按循环调用前所编程的进给率（G1）移动到最后的钻孔深度。
- 使用 G0 返回到退回平面。

其他说明：

如果一个值同时输入给 DP 和 DPR，最后钻孔深度则来自 DPR。如果该值不同于由 DP 编程的绝对值深度，在信息栏会出现“深度：符合相对深度值”。

如果参考平面和返回平面的值相同，不允许深度的相对值定义，将输出错误信息 61101 “参考平面定义不正确”且不执行循环。如果返回平面在参考平面后，即到最后钻孔深度的距离更小时，也会输出此错误信息。

编程举例：钻孔、中心孔如图 2-72 所示。

使用此钻孔循环可以钻 3 个孔，可使用不同的参数调用它，钻孔轴始终为 *Z* 轴。

```
N10 G0 G17 G90 F200 S300 M3        技术值定义
N20 D3 T3 Z110                     接近返回平面
N30 X40 Y120                       接近初始钻孔位置
N40 CYCLE81(110，100，2，35)       使用绝对最后钻孔深度、安全间隙以及不完整的参
                                   数表调用循环
N50 Y30                            移到下一个钻孔位置
N60 CYCLE81(110，102，35)          无安全间隙调用循环
N70 G0 G90 F180 S300 M03           技术值定义
```

```
N80 X90                              移到下一个位置
N90 CYCLE81(110，100，2，  ，65)     使用相对最后钻孔深度、安全间隙调用循环
N100 M02                             程序结束
```

（4）台阶钻孔-CYCLE82（如图 2-73 所示）。

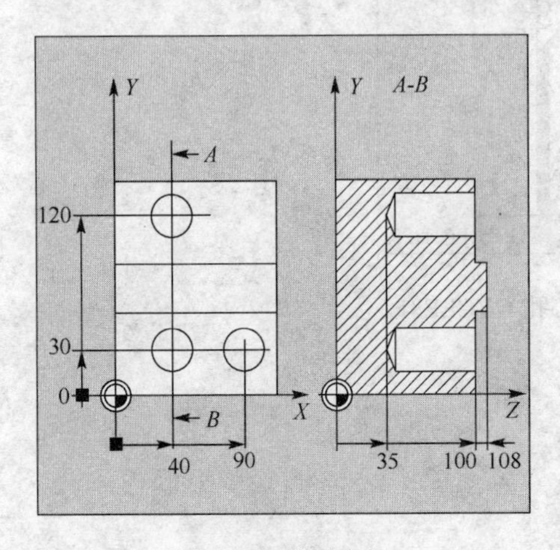

图 2-72 编程实例

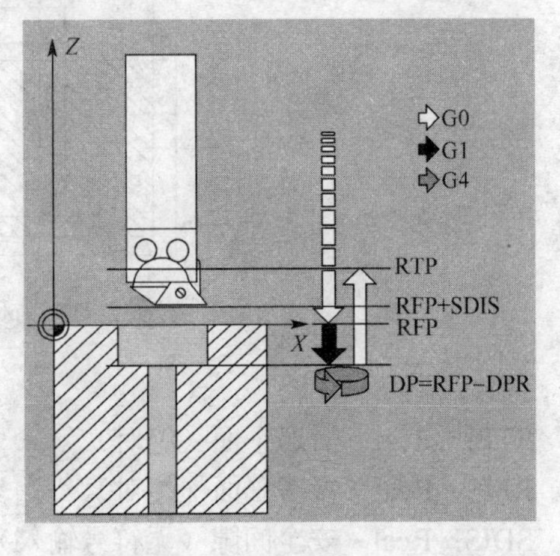

图 2-73 台阶钻孔-CYCLE82

编程：

```
CYCLE82(RTP，RFP，SDIS，DP，DPR，DTB)
```

参数：

RTP：Real 后退平面（绝对）。

RFP：Real 参考平面（绝对）。

SDIS：Real 安全间隙（无符号输入）。

DP：Real 最后钻孔深度（绝对）。

DPR：Real 相当于参考平面的最后钻孔深度（无符号输入）。

DTB：Real 最后钻孔深度时的停顿时间（断屑），单位为 s。

功能：刀具按照编程的主轴速度和进给率钻孔直至到达输入的最后的钻孔深度。

（5）深孔钻孔-CYCLE83

编程：

```
CYCLE83(RTP，RFP，SDIS，DP，DPR，FDEP，FDPR，DAM，DTB，DTS，FRF，VARI)
```

参数：

FDEP：Real 起始钻孔深度（绝对值）。

FDPR：Real 相当于参考平面的起始钻孔深度（无符号输入）。

DAM：Real 递减量（无符号输入）。

DTB：Real 最后钻孔深度时的停顿时间（断屑）。

DTS：Real 起始点处和用于排屑的停顿时间，只在 VARI=1（排屑）时执行。

FRF：Real 起始钻孔深度的进给率系数（无符号输入） 值范围：0.001～1，该系数只适用于循环中的首次钻孔深度。

VARI：Int 加工类型：断屑=0；排屑=1。

功能：刀具以编程的主轴速度和进给率开始钻孔直至定义的最后钻孔深度。

深孔钻削是通过多次执行最大可定义的深度并逐步增加直至到达最后钻孔深度来实现的。

钻头可以在每次进给深度完以后退回到参考平面+安全间隙用于排屑，或者每次退回1mm 用于断屑。

操作顺序：

循环启动前到达位置：钻孔位置在所选平面的两个进给轴中。

循环形成以下动作顺序：

深孔钻削排屑时（VARI=1）：

• 使用 G0 回到安全间隙之前的参考平面。

• 使用 G1 移动到起始钻孔深度，进给率来自程序调用中的进给率，它取决于参数 FRF（进给率系数）。

• 在最后钻孔深度处的停顿时间（参数 DTB）。

• 使用 G0 返回到安全间隙之前的参考平面，用于排屑。

• 起始点的停顿时间（参数 DTS）。

• 使用 G0 回到上次到达的钻孔深度，并保持预留量距离。

• 使用 G1 钻削到下一个钻孔深度（持续动作顺序直至到达最后钻孔深度）。

• 使用 G0 返回到退回平面。

深孔钻削断屑时（VARI=1）：如图 2-74 所示。

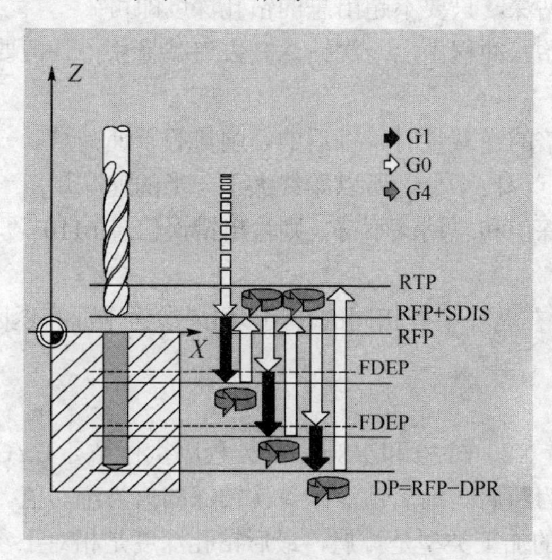

图 2-74　深孔钻孔-CYCLE83 排屑(VARI=1)

深孔钻削断屑时（VARI=0）：如图 2-75 所示。

• 用 G0 返回到安全间隙之前的参考平面。

• 用 G1 钻孔到起始深度，进给率来自程序调用中的进给率，它取决于参数 FRF（进给率系数）。

• 最后钻孔深度的停顿时间（参数 DTB）。

• 使用 G1 从当前钻孔深度后退 1mm，采用调用程序中的编程的进给率（用于断屑）。

• 用 G1 按所编程的进给率执行下一次钻孔切削（该过程一直进行下去，直至到达最终钻削深度)。

- 用 G0 返回到退回平面。

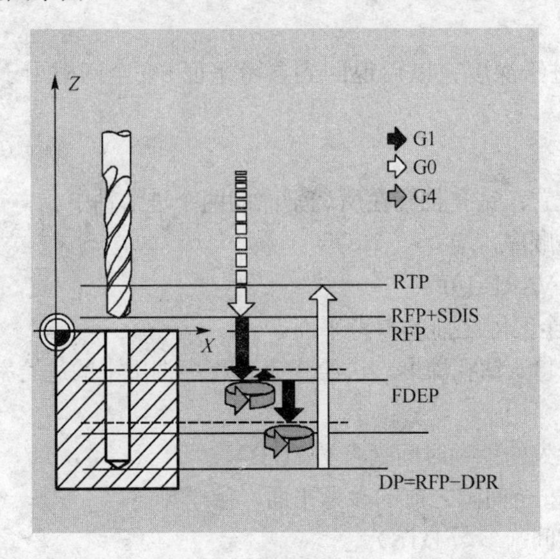

图 2-75 深孔钻孔-CYCLE83 断屑(VARI=0)

说明:钻孔深度是以最后钻孔深度、首次钻孔深度和递减量为基础,在循环中按如下方法计算出来的:

- 首先,进行首次钻深,只要不超出总的钻孔深度即可。
- 从第二次钻深开始,冲程由上一次钻深减去递减量获得,但要求钻深大于所编程的递减量。
- 当剩余量大于两倍的递减量时,以后的钻削量等于递减量。
- 最终的两次钻削行程被平分,所以始终大于一半的递减量。
- 如果第一次的钻深值和总钻深不符,则输出错误信息 61107“首次钻深定义错误”,而且不执行循环程序。

参数 FDPR 和 DPR 在循环中有相同的作用。如果参考平面和返回平面的值相等,首次钻深则可以定义为相对值。

编程举例:

在 *XY* 平面中的位置 X80 Y120 和 X80 Y60 处程序执行循环 CYCLE83。首次钻孔时,停顿时间为零且加工类型为断屑。最后钻深和首次钻深的值为绝对值。第二次循环调用中编程的停顿时间为 1s,选择的加工类型是排屑,最后钻孔深度是相对于参考平面的。这两种加工方式下的钻孔轴都是 *Z* 轴,如图 2-76 所示。

```
N10 G0 G17 G90 F50 S500 M4        技术值的定义
N20 D1 T12                        接近返回平面
N30 Z155
N40 X80 Y120                      返回首次钻孔位置
N50 CYCLE83 (155,150,1,5,0,100, ,20,0,0,1,0)调用循环,深度参数
                                                          的值为绝对值
N60 X80 Y60                       回到下一次钻孔位置
```

N70 CYCLE83 (155，150，1，，145，，50，20，1，1，0.5，1)	调用含最后钻孔深度和首次钻孔深度定义的循环，安全间隙为 1mm，进给率系数为 0.5
N80 M30	程序结束

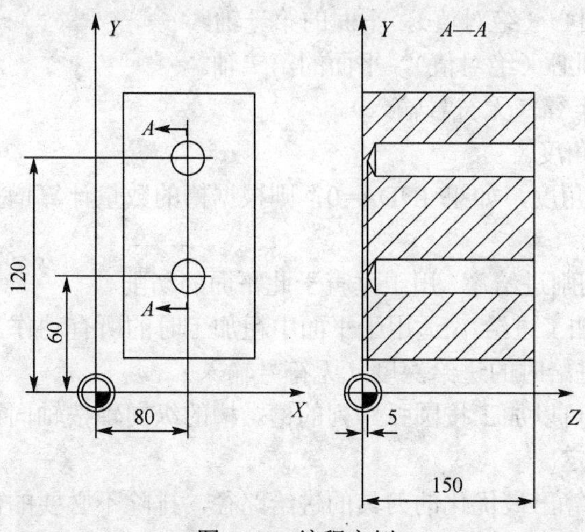

图 2-76　编程实例

2.2.6　铣削加工固定循环指令及选用

（1）圆弧槽-LONGHOLE（如图 2-77 所示）。

循环调用前必须定义刀具补偿。否则，循环将终止并出现报警 61000“无有效的刀具补偿”。

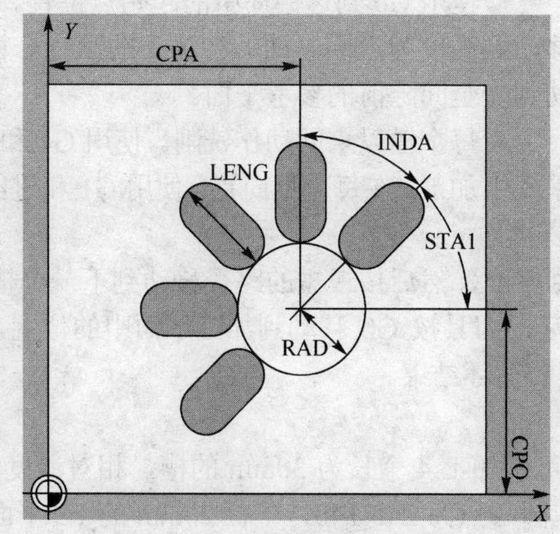

图 2-77　圆弧槽-LONGHOLE

编程：

LONGHOLE(RTP，RFP，SDIS，DP，DPR，NUM，LENG，CPA，CPO，RAD，STA1，INDA，FFD，FFP1，MID)

参数：

RTP：Real　退回平面（绝对值）。

RFP：Real　参考平面（绝对值）。

SDIS：Real　安全间隙（无符号输入）。

DP：Real　槽深（绝对值）。

DPR：Real　相对于参考平面的槽深（无符号输入）。

NUM：integer　槽的数量。

LENG：real　槽长（无符号输入）。

CPA：real　圆弧圆心（绝对值），平面的第一轴。

CPO：real　圆弧圆心（绝对值），平面的第二轴。

RAD：real　圆弧半径（无符号输入）。

STA1：real　起始角度。

INDA：real　增量角度，如果 INDA=0，则根据槽的数量计算增量角，以便使槽在圆弧上平均分布。

FFD：real　深度切削进给率 ,用于垂直于此平面的切削。

FFP1：real　表面加工进给率,适用于平面中粗加工时的所有动作。

MID：real　每次进给时的进给深度（无符号输入）。

功能：使用此循环可以加工按圆弧排列的槽。槽的纵向轴按轴向调准。和凹槽相比，该槽的宽度由刀具直径确定。

在循环内部，会计算出最优化的刀具的进给路径，排除不必要的停顿。如果加工一个槽需要几次深度切削，则在终点交替进行切削。沿槽的纵向轴的进给的路径在每次切削后改变它的方向。进行下一个槽的切削时，循环会搜索最短的路径。

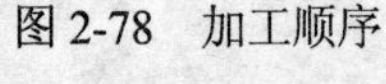

图 2-78　加工顺序

操作顺序：起始位置可以是任何位置，只要刀具能够到达每个槽而不发生碰撞。

循环形成以下动作顺序（如图 2-78 所示）：

• 使用 G0 到达循环中的起始点位置。在轴形成的当前平面中，移动到高度为返回平面的待加工的第一个槽的下一个终点，然后移动到安全间隙前的参考平面。

• 每个槽以来回动作铣削。使用 G1 和 FFP1 下编程的进给率在平面中加工。在每个反向点，使用 G1 和进给率切削到下一个加工深度，直到到达最后的加工深度。

• 使用 G0 退回到返回平面，然后按最短的路径移动到下一个槽的位置。

• 最后的槽加工完以后，刀具按 G0 移动到加工平面中的位置，该位置是最后到达的位置并在图 2-78 中定义，然后循环结束。

编程举例：

加工槽：利用此程序可以加工 4 个长为 30mm 的槽，相对深度为 23mm（槽底到参考平面的距离），这些槽分布在圆心点为 *Z*45 *Y*40，半径 20mm 的 *YZ* 平面的圆上。起始角是 45°，相邻角为 90°。最大切削深度为 6mm，安全间隙 1mm，如图 2-79 所示。

```
N10 G19 G90 D9 T10 S600 M3        技术值定义
N20 G0 Y50 Z25 X5                 移动到起始位置
N30 LONGHOLE(5，0，1，，23，4，30，40，45，20，45，90，100，320，6)循环调用
N40 M02                           循环结束
```

（2）圆弧槽-SLOT1（如图 2-80 所示）。

编程：

```
SLOT1(RTP，RFP，SDIS，DP，DPR，NUM，LENG，WID，CPA，CPO，RAD，STA1，INDA，FFD，FFP1，MID，CDIR，FAL，VARI，MIDF，FFP2，SSF)
```

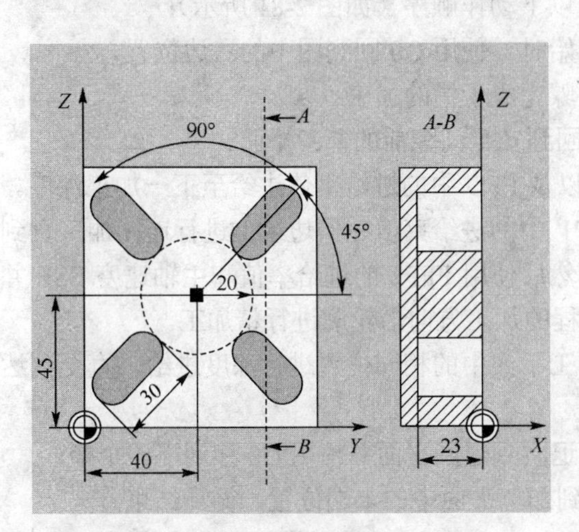

图 2-79　编程实例

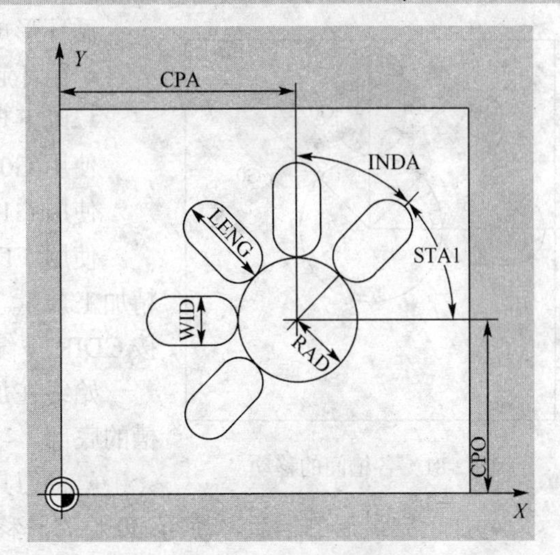

图 2-80　圆弧槽-SLOT1

参数：

RTP：Real　返回平面（绝对值）。

RFP：Real　参考平面（绝对值）。

SDIS：Real　安全间隙（无符号输入）。

DP：Real　槽深（绝对值）。

DPR：Real　相当于参考平面的槽深（无符号输入）。

NUM：Integer　槽的数量。

LENG：Real　槽长（无符号输入）。

WID：Real　槽宽（无符号输入）。

CPA：Real　圆弧中心点（绝对值），平面的第一轴。

CPO：Real　圆弧中心点（绝对值），平面的第二轴。

RAD：Real　圆弧半径（无符号输入）。

STA1：Real　起始角。

INDA：Real　增量角。

FFD：Real　深度进给率。

FFP1：Real　端面加工进给率。

MID：Real　一次进给最大深度（无符号输入）。

CDIR; Integer　加工槽的铣削方向值：2（用于 G2）；3（用于 G3）。

FAL：Real　槽边缘的精加工余量（无符号输入）。

VARI：Integer　加工类型 值：0=完整加工；1=粗加工；2=精加工。

MIDF：Real　精加工时的最大进给深度。

FFP2：Real　精加工进给率。

SSF：Real　精加工速度。

功能：SLOT1 循环是一个综合的粗加工和精加工循环。使用此循环可以加工环形排列槽。槽的纵向轴按放射状排列。和加长孔不同，定义了槽宽的值。

循环要求铣刀带端面齿，刀刃超过刀具中心(DIN844)。

操作顺序：起始位置可以是任何位置，只要刀具能够到达每个槽而不发生碰撞。

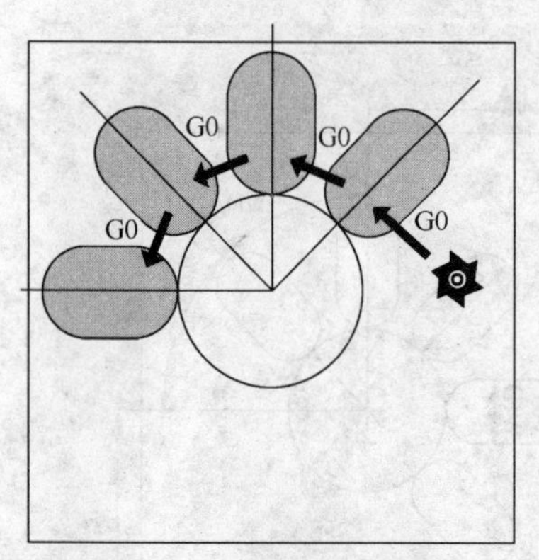

图 2-81 各槽间的移动

循环形成以下动作顺序（如图 2-81 所示）：

- 循环起始时，使用 G0 回到图中的右边位置。
- 以下步骤完成了槽的加工：

使用 G0 回到安全间隙前的参考平面。

使用 G1 以及 FFD 中的进给率值进给至下一加工深度。

使用 FFP1 中的进给率值在槽边缘上进行连续加工直到精加工余量。然后使用 FFP2 的进给率值和主轴速度 SSF 并按 CDIR 下编程的加工方向沿轮廓进行精加工。

始终在加工平面中的相同位置进行深度进给，直至到达槽的底部。

- 将刀具退回到返回平面并使用 G0 移到下一个槽。
- 加工完最后的槽后，使用 G0 将刀具移到加工平面中的末端位置，循环结束。

2.3 加工中心换刀编程指令

2.3.1 加工中心换刀的方式和条件

加工中心是由数控机床和自动换刀装置（automatic tool changer，简称 ATC）组成的。ATC 由存放刀具的刀库和换刀机构组成。刀具交换的相关指令主要有以下几个。

（1）自动原点复归

机床参考点（R）是机床上一个特殊的固定点，该点一般位于机床原点的位置，可用 G28 指令很容易地移动刀具到这个位置。在加工中心上，机床参考点一般为主轴换刀点，使用自动原点复归主要用来进行刀具交换准备。

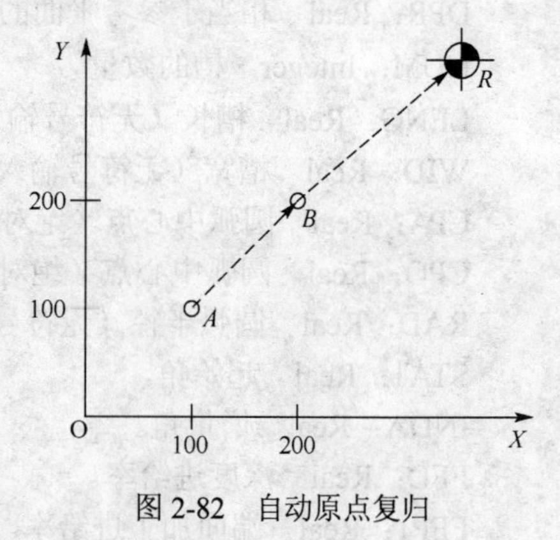

图 2-82 自动原点复归

格式：G91/（G90） G74 X__Y__Z__;

X__Y__Z__是一个用绝对或增量值指定的中间点坐标。

G74 指令的动作过程如图 2-82 所示：

首先在指令轴上将刀具以快速移动速度向中间点（X__Y__Z__）定位，然后从中间点以快速移动的速度移动到原点。如果没有设定机械锁定，原点复归后灯会亮。

① 增量指令（ABS）：

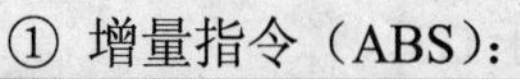

```
A→B→R
G91 G74 X100.0 Y100.0;
```

② 绝对指令：

```
A→B→R
G90 G74 X200.0 Y200.0;
```

（2）刀具交换条件

机械手与主轴的换刀共有五个动作，如图2-83所示，分别是：机械手首先顺时针旋转抓刀（同时抓主轴换刀点和主轴上的刀具）；机械手臂向外移动，拔刀；机械手旋转180°换刀；机械手臂向内移动，将下一把刀具装入主轴（装刀），将原主轴上的刀具装入主轴换刀点上的刀座中；机械手主臂旋转，返回至换刀前的初始位置，机械手复位。

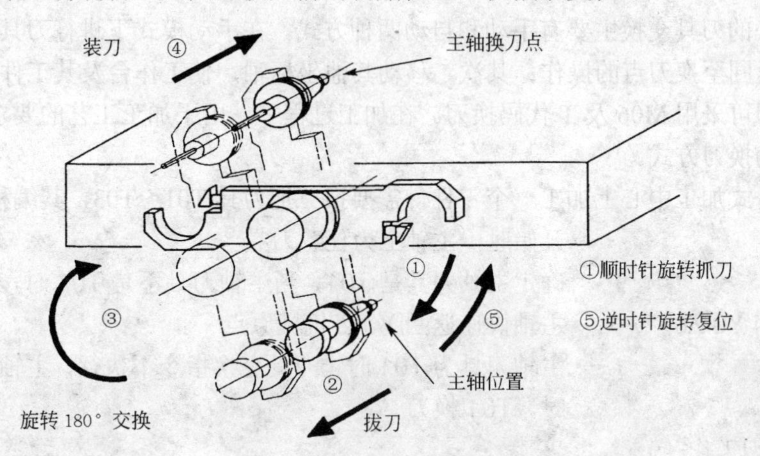

图2-83 刀臂式换刀机械手换刀动作

加工中心在进行刀具交换之前，必须将主轴回到换刀点（由G28指令执行）；另外下一把刀应当处在主轴换刀点位置。

例：卧式加工中心主轴可做*Y*、*Z*轴方向移动，刀具交换的条件是:

*Y*轴与*Z*轴完成机械原点的返回，*X*轴与*B*轴可以是任意位置。

编程：G91 G74Y0 Z0;

例：立式加工中心主轴可做*Z*轴移动，刀具交换的条件是:

*Z*轴完成机械原点的返回，*X*轴与*Y*轴可以是任意位置。

编程：G91 G74 Z0;

2.3.2 加工中心刀具参数载入的方法

在程序第一个程序段编写T□□D□□。

2.3.3 加工中心换刀编程指令

刀具交换主要由两条指令完成，分别为刀具准备指令T和换刀指令M06。

（1）刀具准备T□□

格式：T□□

□□表示刀具号，取值为00～99。

T□□表示需要交换的下一把刀具移动到机床的主轴换刀点，准备换刀。

加工中心常常需要没有任何刀具的空主轴，为此，就要指定一个空刀位，需要用一个唯一的编号指定它。如果刀位或主轴上没有刀具，那么就必须使用一个空刀具号。

空刀的编号必须选择一个比所有最大刀具号还大的数。例如，如果一个加工中心有24个刀具刀位，那么空刀应该定为T25或者更大的数。一般将空刀号定为T功能格式内最大的值。例如，在两位数格式下，空刀应定为T99，三位数格式则定为T999，这样的编号便于记忆并且在程序中也很显眼。

空刀编号使用 T00 需要注意。在加工中心上，所有尚未编号的刀具都被登记为 T00。一般在不会造成任何歧义的情况下才使用 T00。

（2）换刀指令 M06

M06 表示将主轴换刀点的刀具和主轴上的刀具进行交换。在使用 M06 指令前首先需要使用 T□□指令和自动原点复归。

加工中心的刀具交换主要有手动和自动两种方式。在手动模式下进行刀具的交换，首先是进行主轴返回至换刀点的操作；其次，移动其他坐标轴，使工作台及其工件与换刀动作不发生干涉；即可采用 M06 及 T 代码换刀。在加工过程中，由于加工工艺的要求需要换刀时，一般采用自动换刀方式。

例：在卧式加工中心上加工一个零件，需要换三把刀具 T01～T03，其编程如下：

```
O××××;                开始时，主轴上为任意刀具
T01;                  确定主轴刀具是 T01，当主轴刀具不是 T01 时，T01 刀具准备
G91 G74 Y0 Z0;        主轴快速返回 Y、Z 机械原点
M06;                  主轴刀具为 T01 时，刀具交换指令不执行，主轴刀具不是 T01
                      时，T01 换刀
（…T01 刀工作…）
T02;                  T02 准备，移送到主轴换刀点，准备换刀
G91 G74 G00 Y0 Z0;    主轴快速返回 Y、Z 原点，主轴回到换刀位置
M06;                  刀具交换，T02 安装到主轴上
（…T02 刀工作…）
T03;                  T03 准备，移送到主轴换刀点，准备换刀
G91 G74 G00 Y0 Z0;
M06;                  执行刀具交换指令，T03 安装到主轴上
（…T03 刀工作…）
G91 G74 Y0 Z0;
G74 B0;
M30;                  加工结束
```

技巧：当加工中心停止工作时，为了保护主轴，主轴上不需要有刀具。可使用空刀进行换刀。

2.3.4 加工中心刀具监控的语言指令

（1）刀具监控概述：

功能：刀具监控可以通过机床数据激活。可以监控有效刀具刀沿的以下方面：刀具寿命监控；工件计数监控。

以上的监控功能可以同时生效。

优先通过操作实现刀具监控的控制/数据输入。另外，也可以编程这些功能。

监控计数器：每个监控功能都有监控计数器。监控计数器在设定值大于零到零的范围中运行。

如果监控计数器值小于或等于零时，则被认为已到达极限值，将产生报警并输出接口信号。

监控类型和状态的系统变量：

- $TC__TP8[t]-刀具号为 t 的刀具状态

位 0=1：刀具有效

　=0：刀具未激活

位 1=1：刀具已激活

　=0：刀具未激活

位 2=1：刀具已取消

　=0：刀具未取消

位 3：保留

位 4=1：到达警示极限值

　=0：未到达

- $TC__TP9[t]-刀具号为 t 的刀具监控功能类型

　=0：无监控

　=1：被监控刀具的寿命

　=2：被监控刀具的计数

这些系统变量可以在 NC 程序中读/写。

刀具监控数据如下：

```
$TC__MOP1[t,d]：预警示极限值，刀具寿命以 min 计算，REAL 0.0
$TC__MOP2[t,d]：刀具寿命剩余时间，REAL 0.0
$TC__MOP3[t,d]：计数预警示极限值，INT 0
$TC__MOP4[t,d]：计数剩余，INT   0
…
$TC__MOP11[t,d]：所需刀具寿命，REAL 0.0
$TC__MOP13[t,d]：所需计数，REAL
```

有效刀具的系统变量：通过系统变量可以在 NC 程序中读取以下内容：$P__TOOLNO-有效刀具号 T；$P__TOOL-有效刀具的有效 D 号。

（2）刀具寿命监控

监控当前有效的刀沿的寿命（当前有效刀具的有效刀沿）。

一旦轨迹轴移动（G1,G2,G3,…但不使用 G0），此刀沿的剩余寿命($TC__MOP2[t,d])即被更新。如果在加工过程中，刀沿的剩余寿命由“刀具寿命预警示极限值”($TC__MOP1[t,d])管理，同时设置接口信号到 PLC。

如果刀具剩余寿命小于或等于零，则输出报警，同时设置另一个接口信号。然后，刀具状态变成“无效”且不能再次编程，直到“无效”状态被取消。因此，操作人员需采取措施，更换刀具或确保可用于加工的刀具存在。

$A__MONIFACT 系统变量：

使用$A__MONIFACT 系统变量（REAL 数据类型）可以让监控时钟变慢或变快。

可以在刀具使用前设定此系数，如根据使用的工件材料考虑不同的磨损量。

系统上电后，复位/程序结束，$A__MONIFACT 系数是 1. 0；实际时间有效。

系统变量举例：

$A__MONIFACT=1　　实际时间 1min=刀具寿命减少 1min

$A__MONIFACT=0.1 实际时间 1min=刀具寿命减少 0.1min

$A__MONIFACT=5 实际时间 1min=刀具寿命减少 5min

使用 RESETMON()更新设定值：

功能 RESETMON（状态，t,d,mon）将实际值设为给定值：用于某个刀具的所有刀沿或只对于一个刀沿；用于所有的监控类型或只对于某一个监控类型。

传输参数：

INT	状态	指令执行状态
	=0	成功执行
	=-1	定义为 D 号的刀沿不存在
	=-2	定义为 T 号的刀具不存在
	=-3	指定的刀具 t 不提供监控功能
	=-4	监控功能未激活，即指令不执行
INT	t	内部 T 号
	=0	用于所有刀具
	<>0	用于此刀具(t<0:生成绝对值/t/)
INT	d	选项：刀具号为 t 的刀具的 D 号
	>0	用于此 D 号
	没有 d/=0	刀具 t 的所有刀沿
INT	mon	选项：用于监控类型的位译码参数(值等于$TC__TP9)：

=1：寿命时间

=2：计数

没有监控或=0：所有有效的监控功能的实际值被设为给定值。

2.4 数控铣和加工中心高级编程

2.4.1 子程序编程与应用

（1）应用

原则上讲，主程序和子程序之间并没有区别。如果程序包含固定的加工路线或多次重复的图形的话，这样的加工路线或图形可以编成单独的程序作为子程序。这样在工件上不同的部位实现相同的加工，或在同一部位实现重复加工，大大简化编程。 子程序位于主程序中适当的地方，在需要时进行调用、运行。

子程序的一种形式就是加工循环，加工循环包含一般通用的加工工序，诸如螺纹切削、坯料切削加工等。通过给规定的计算参数赋值就可以实现各种具体的加工，如图 2-84 所示。

（2）结构

子程序的结构与主程序的结构一样，在子程序中也是在最后一个程序段中用 M2 结束子程序运行。子程序结束后返回主程序。程序结束除了用 M2 指令外，还可以用 RET 指令。RET 要求占用一个独立的程序段。用 RET 指令结束子程序、返回主程序时不会中断 G64 连续路径运行方式，用 M2 指令则会中断 G64 运行方式，并进入停止状态。

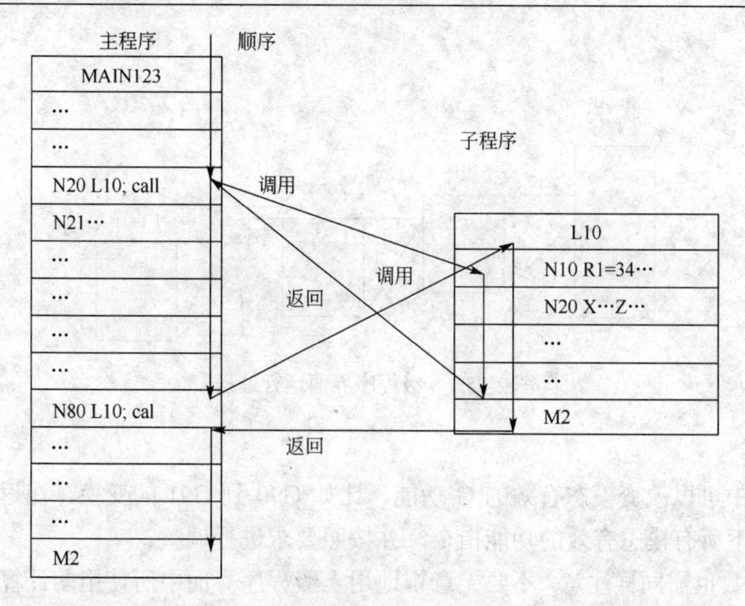

图 2-84　举例：两次调用子程序

（3）子程序程序名

为了方便地选择某一子程序，必须给子程序取一个程序名。程序名可以自由选取，但必须符合以下规定：开始两个符号必须是字母；其他符号为字母、数字或下划线；最多 16 个字符；没有分隔符。

其方法与主程序中程序名的选取方法一样。

举例：FRAME7

另外，在子程序中还可以使用地址字 L…，其后的值可以有 7 位（只能为整数）。

注意：地址字 L 之后的每个零均有意义，不可省略。

举例：L128 并非 L0128 或 L00128！

以上表示 3 个不同的子程序。

注释：子程序名 LL6 专门用于刀具更换。

（4）子程序调用

在一个程序中（主程序或子程序）可以直接用程序名调用子程序。子程序调用要求占用一个独立的程序段。

举例：

```
N10 L785        ;调用子程序 L785
N20 LFRAME7     ;调用子程序  LFRAME7
```

（5）程序重复调用次数 P…

如果要求多次连续地执行某一子程序，则在编程时必须在所调用子程序的程序名后地址 P 下写入调用次数，最大次数可以为 9999(P1～P9999)。

举例：

```
N10 L785 P3     ;调用子程序 L785，运行 3 次
```

（6）嵌套深度

子程序不仅可以从主程序中调用，也可以从其他子程序中调用，这个过程称为子程序的嵌套。子程序的嵌套深度可以为 8 层，也就是四级程序界面（包括主程序界面），如图 2-85

所示。

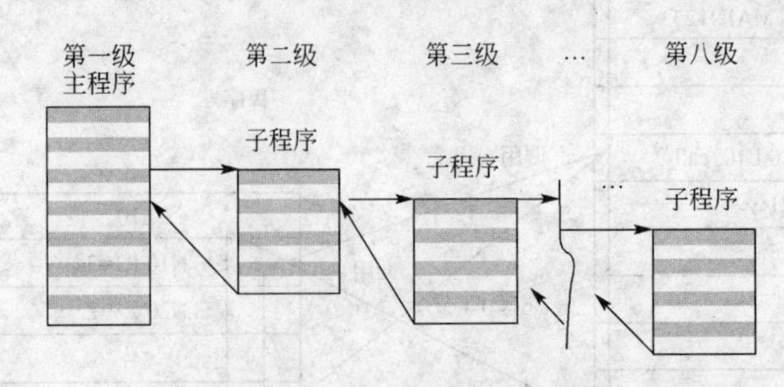

图 2-85　8 级程序界面运行过程

注意：

在子程序中可以改变模态有效的 G 功能，比如 G90 到 G91 的变换。在返回调用程序时请注意检查一下所有模态有效的功能指令，并按照要求进行调整。

对于 R 参数也需同样注意，不要无意识地用上级程序界面中所使用的计算参数来修改下级程序界面的计算参数。西门子循环要求最多 4 级程序。

（7）调用加工循环

功能：循环是指用于特定加工过程的工艺子程序，比如用于钻削、坯料切削或螺纹切削等。循环在用于各种具体加工过程时只要改变参数就可以。

程序举例：

```
N10  CYCLE83(110,90,…)      ;调用循环 83；单独程序段
…
N40 RTP=100 RFP=95.5        ;设置循环 82 的传送参数
N50 CYCLE82(RTP ,RFP ,…)    ;调用循环 82，单独程序段
```

（8）模态调用子程序

功能：在有 MCALL 指令的程序段中调用子程序，如果其后的程序段中含有轨迹运行，则子程序会自动调用。该调用一直有效，直到调用下一个程序段。

用 MCALL 指令模态调用子程序的程序段以及模态调用结束指令均需要一个独立的程序段。

比如可以使用 MCALL 指令来方便地加工各种排列形状的孔。

编程举例：

应用举例：行孔钻削

```
N10 MCALL CYCLE82(…)        ;钻削循环 82
N20 HOLES1(…)               ;行孔循环，在每次到达孔位置之后，使用传送参数执行
                            CYCLE82(…)循环
N30 MCALL                   ;结束 CYCLE82(…)的模态调用
```

2.4.2　机床坐标系选择（G53、G500、G153）

工件装夹—可设定的零点偏置：G54～G59，G500，G53，G153，如图 2-86 所示。

功能：可设定的零点偏置给出工件零点在机床坐标系中的位置（工件零点以机床零点为基准偏移）。当工件装夹到机床上后求出偏移量，并通过操作面板输入到规定的数据区。程序

可以通过选择相应的 G 功能 G54～G59 激活此值。

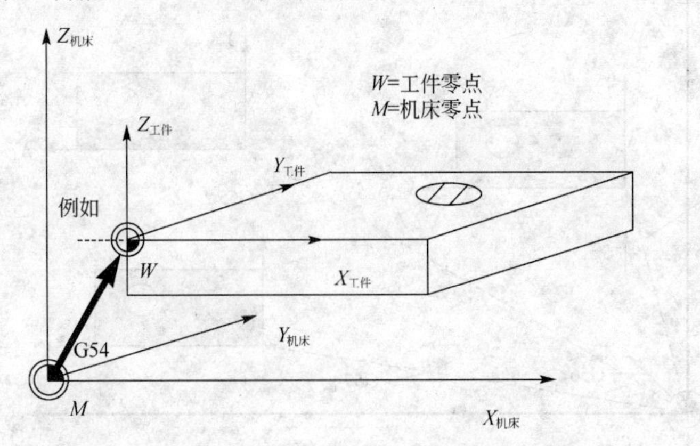

图 2-86　可设定的零点偏置

说明：可以通过对某机床轴设定一个旋转角，使工件成一角度装夹。该旋转角可以在 G54～G59 激活时同时有效。

编程：

```
G54     ;第一可设定零点偏置
G55     ;第二可设定零点偏置
G56     ;第三可设定零点偏置
G57     ;第四可设定零点偏置
G58     ;第五可设定零点偏置
G59     ;第六可设定零点偏置
G500    ;取消可设定 零点偏置—模态有效
G53     ;取消可设定零点偏置—程序段方式有效。可编程的零点偏置也一起取消
G153    ;如同 G53，取消附加的基本框架
```

编程举例（如图 2-87 所示）：

```
N10 G54…            ;调用第一可设定零点偏置
N20 L47             ;加工工件 1，在此作为 L47
N30 G55…            ;调用第二可设定零点偏置
N40 L47             ;加工工件 2，在此作为 L47
N50 G56…            ;调用第三可设定零点偏置
N60 L47             ;加工工件 3，在此作为 L47
N70 G57…            ;调用第四可设定零点偏置
N80 L47             ;加工工件 4，在此作为 L47
N90 G500 G0 X…      取消可设定零点偏置
```

2.4.3　可编程坐标系零点偏移（TRANS ATRANS）

功能：如果工件上在不同的位置有重复出现的形状或结构，或者选用了一个新的参考点，在这种情况下，就需要使用可编程零点偏置，由此就产生一个当前工件坐标系，新输入的尺寸均是在该坐标系中的数据尺寸，如图 2-88 所示，可以在所有坐标轴中进行零点偏移。

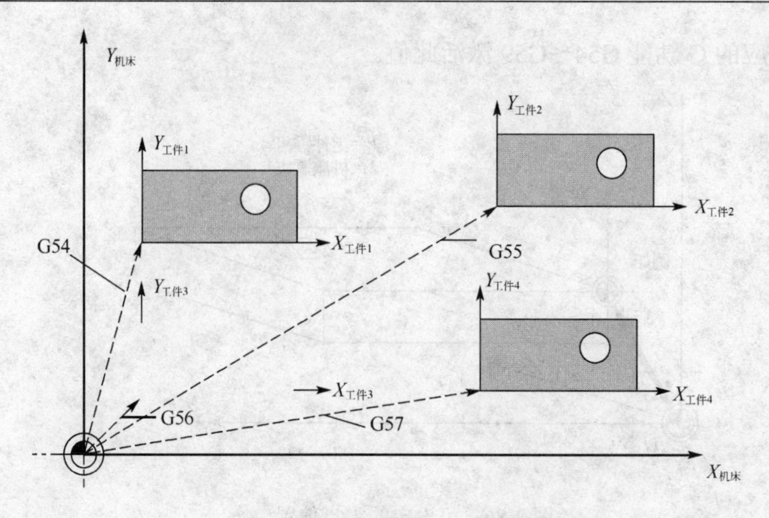

图 2-87　在钻削/铣削时几个可能的夹紧方式

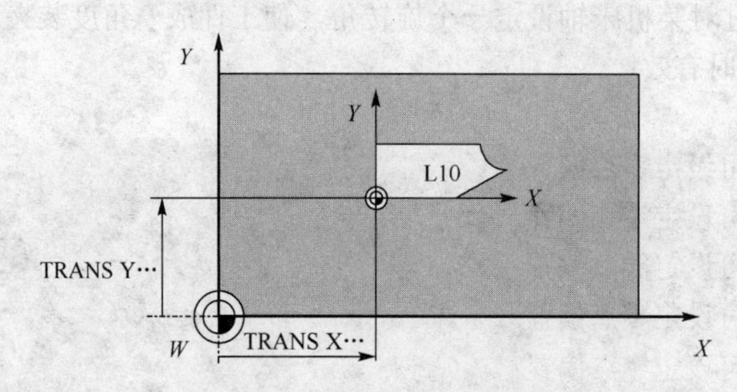

图 2-88　可编程零点偏移举例

编程：

```
TRANS X…Y…Z…   ;可编程的偏移，清除所有有关偏移、旋转、比例系数、镜像的指令
ATRANS X…Y…Z…  ;可编程的偏移，附加于当前的指令
TRANS          ;不带数值，清除所有有关偏移、旋转、比例系数、镜像的指令
```

TRANS/ATRANS 指令要求一个独立的程序段。

编程举例：

```
N20 TRANS X20 Y15…   ;可编程零点偏移
N30 L10              ;子程序调用，其中包含待偏移的几何量
 …
N70 TRANS            ;取消偏移
```

2.4.4　极坐标、极点定义（G110、G111、G112）

功能：通常情况下，使用直角坐标系（*X*，*Y*，*Z*），但工件上的点也可以用极坐标定义。如果一个工件或一个部件，当其尺寸以到一个固定点（极点）的半径和角度来设定时，往往就使用极坐标系，如图 2-89 所示。

平面：极坐标同样以所使用的平面 G17～G19 为基准平面。

也可以设定垂直于该平面的第 3 根轴的坐标值，在此情况下，可以作为柱面坐标系编程 3 维的坐标尺寸。

极坐标半径 RP=…：极坐标半径定义该点到极点的距离。该值一直保存，只有当极点发生变化或平面更改后才需重新编程。

极坐标角度 AP…：极角是指与所在平面中的横坐标轴之间的夹角（比如 G17 中 *X* 轴）。该角度可以是正角，也可以是负角。该值一直保存，只有当极点发生变化或平面更改后才需重新编程。

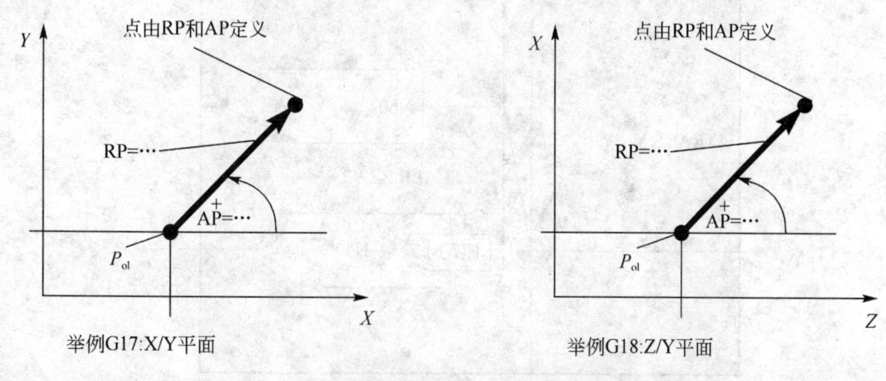

图 2-89　在不同平面中的正方向及坐标半径和极角

极点定义和编程：

G110 ;极点定义，相对于上次编程的设定位置（在平面中，比如 G17）。

G111 ;极点定义，相对于当前工件坐标系的零点（在平面中，比如 G17）。

G112 ;极点定义，相对于最后有效的极点，平面不变。

说明：

- 当一个极点已经存在时，极点也可以用极坐标定义。
- 如果没有定义极点，则当前工件坐标系的零点就作为极点使用。

编程举例：

```
N10 G17                          ;X/Y 平面
N20 G111 X17 Y36                 ;在当前工件坐标系中的极点坐标
N80 G112 AP=45 RP=27.8           ;新的极点，相对于上一个极点，作为一个极坐标
N90…AP=12.5 RP=47.679            ;极坐标
N100…AP=26.3 RP=7.344 Z4         ;极坐标和 Z 轴（=柱面坐标）在极坐标中运行
```

可以把用极坐标编程的位置作为用直角坐标编程的位置运行：G0－快速移动线性插补；G1－带进给率线性插补；G2－顺时针圆弧插补；G3－逆时针圆弧插补。

2.4.5　可编程比例缩放（SCALE、ASCALE）

功能：用 SCALE、ASCALE 可以为所有坐标轴编程一个比例系数，按此比例使所给定的轴放大或缩小。当前设定的坐标系用作比例缩放的参照标准，如图 2-90 所示。

编程：

```
SCALE X…Y… Z…     ;可编程的比例系数，清除所有有关偏移、旋转、比例系数、镜像
                   的指令
ASCALE X…Y… Z…    ;可编程的比例系数，附加于当前的指令
SCALE             ;不带数值：清除所有有关偏移、旋转、比例系数、镜像的指令
```

SCALE、ASCALE 指令要求一个独立的程序段。

说明：

- 图形为圆时，两个轴的比例系数必须一致。
- 如果在 SCALE/ASCALE 有效时编程 ATRANS，则偏移量也同样被比例缩放。

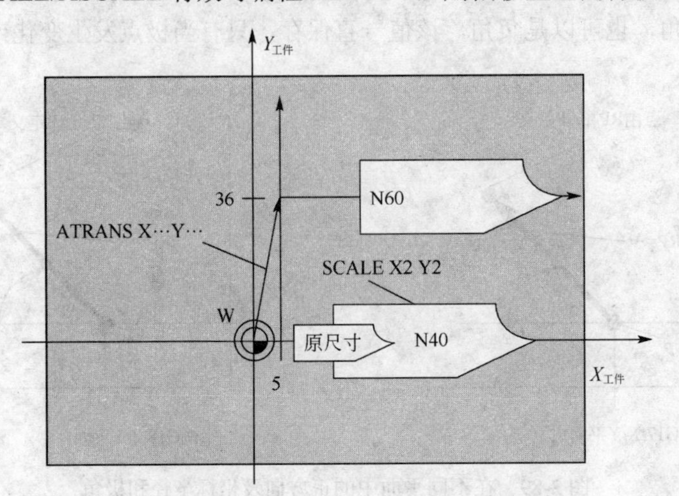

图 2-90　比例和偏置（举例）

编程举例：

```
N10 G17                 ;X/Y 平面
N20 L10                 ;编程的轮廓－原尺寸
N30 SCALE X2 Y2
N40 L10                 ;X 轴和 Y 轴方向的轮廓放大 2 倍
N50 ATRANS X2.5 Y18     ;值也按比例
N60 L10                 ;轮廓放大和偏置
```

2.4.6　可编程坐标系旋转（ROT、AROT）

功能：在当前的平面 G17 或 G18 或 G19 中执行旋转，值为 RPL=…，单位是（°），如图 2-91 所示。

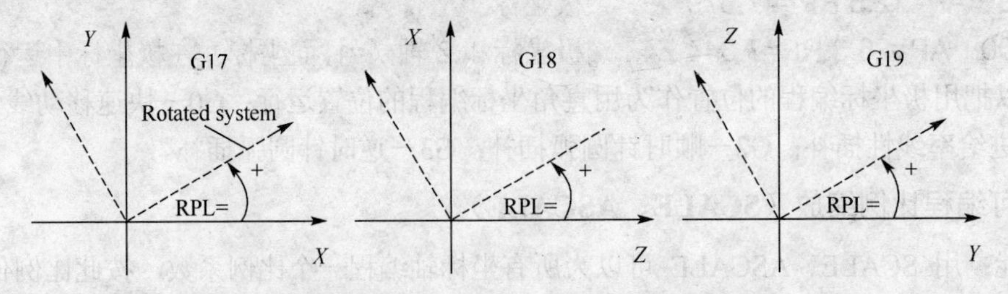

图 2-91　在不同的平面中旋转角正方向的定义

编程：

```
ROT RPL=…               ;可编程旋转，删除以前的偏移、旋转、比例系数和镜像指令
AROT RPL=…              ;可编程旋转，附加于当前的指令
ROT                     ;没有设定值，删除以前的偏移、旋转、比例系数和镜像指令
```

ROT/AROT 指令要求一个独立的程序段。

编程举例（如图 2-92 所示）：

```
N10 G17…                    ;X/Y 平面
N20 Trans X20 Y10           ;可编程的偏置
N30 L10                     ;子程序调用，含有待偏移的几何量
N40 TRANS X30 Y26           ;新的偏移
N50 AROT RPL=45             ;附加旋转 45°
N60 L10                     ;子程序调用
N70 TRANS                   ;删除偏移和旋转
    …
```

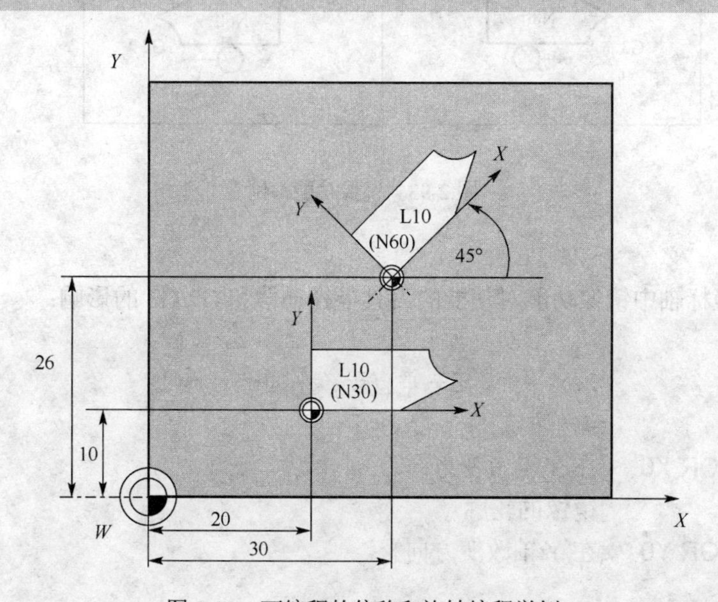

图 2-92 可编程的偏移和旋转编程举例

2.4.7 可编程的镜像（MIRROR、AMIRROR）

功能：用 MIRROR 和 AMIRROR 可以以坐标轴镜像工件的几何尺寸。编程了镜像功能的坐标轴，其所有运动都以反向运行，如图 2-93 所示。

编程：

```
MIRROR X0 Y0 Z0    ;可编程的镜像功能，清除所有有关偏移、旋转、比例系数、镜像
                    的指令
AMIRROR X0 Y0 Z0   ;可编程的镜像功能，附加于当前的指令
MIRROR             ;不带数值，清除所有有关偏移、旋转、比例系数、镜像的指令
```

MIRROR/AMIRROR 指令要求一个独立的程序段。坐标轴的数值没有影响，但必须要定义一个数值。

说明：

- 在镜像功能有效时已经使能的刀具半径补偿（G41/G42）自动反向。
- 在镜像功能有效时旋转方向 G2/G3 自动反向。

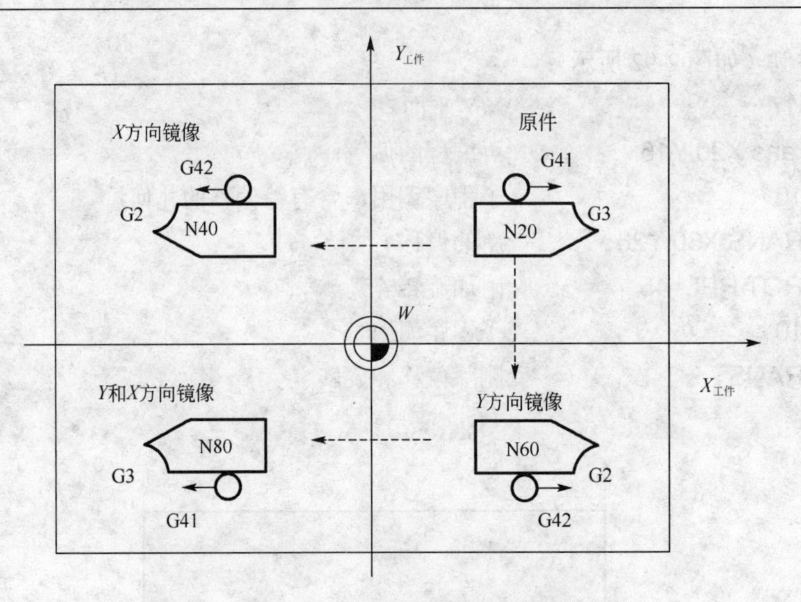

图 2-93 镜像功能举例

编程举例：

在不同的坐标轴中镜像功能对使能的刀具半径补偿和 G2/G3 的影响：

```
…
N10 G17             ;X/Y 平面，Z一垂直于该平面
N20 L10             ;编程的轮廓，带 G41
N30 MIRROR X0       ;在 X 轴改变方向
N40L10              ;镜像的轮廓
N50 MIRROR Y0       ;在 Y 轴改变方向
N60 L10
N70 AMIRROR X0      ;再次镜像，又回到 X 方向
N80L10              ;轮廓镜像两次
N90 MIRROR          ;取消镜像功能
…
```

2.4.8 可编程的工作区域限制（G25、G26、WALIMON、WALIMOF）

功能：可以用 G25/26 定义所有轴的工作区域，规定哪些区域可以运行，哪些区域不可以运行。当刀具长度补偿有效时，指刀尖必须要在此区域内；否则，刀架参考点必须在此区域内。坐标值以机床为参照系，如图 2-94 所示。

可以在设定参数中分别规定每个轴和每个方向其工作区域限制的有效性。

除了通过 G25/G26 在程序中编程这些值之外，也可以通过操作面板在设定数据中输入这些值。

为了使能或取消各个轴和方向的工作区域限制，可以使用可编程的指令组 WALIMON/WALIMOF。

编程：

```
G25 X…  Y…Z…        ;工作区域下限
 G26 X…  Y…Z…       ;工作区域上限
```

```
WALIMON                 ;工作区域限制使能
WALIMOF                 ;工作区域限制取消
```

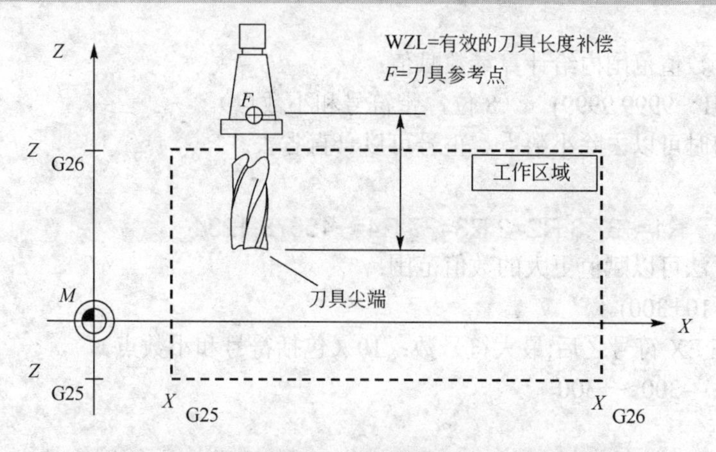

图 2-94　可编程的工作区域限制，2 个尺寸举例

说明：

• 使用 G25、G26 加工时，必须通过机床数据 20080：AXCONF__CHANAX__ NAME__TAB 定义通道轴名称。这些名称可以和 MD20060:AXCONF__GEOAX__NAME__TAB 中定义的几何轴不同。

• G25/G26 可以与地址 S 一起，用于限定主轴转速。

• 坐标轴只有在回参考点之后工作区域限制才有效。

编程举例：

```
N10 G25 X10 Y-20 Z30        ;工作区域限制下限值
N20 G26 X100 Y110 Z300      ;工作区域限制上限值
N30 T1 M6
N40 G0 X90 Y100 Z180
N50 WALIMON                 ;工作区域限制使能
…                           ;仅在工作区域内
N90 WALIMOF                 ;工作区域限制取消
```

2.5　用户参数化编程

2.5.1　变量的概念

计算参数 R

功能：要使一个 NC 程序不仅适用于特定数值下的一次加工，或者必须要计算出数值，这两种情况均可以使用计算参数。可以在程序运行时由控制器计算或设定所需要的数值；也可以通过操作面板设定参数数值。如果参数已经赋值，则它们可以在程序中对由变量确定的地址进行赋值。

（1）概念

变量代表一个地址，可以存储不同的数值或字符。变量可以被赋值，变量之间可以进行运算。在西门子数控系统中用 R__表示变量。

（2）编程

```
R0=…～R299=…
```

（3）赋值

可以在以下数值范围内给计算参数赋值：

±(0.000 0001～9999 9999)　（8 位，带符号和小数点）。

在取整数值时可以去除小数点。正号可以一直省去。

举例：

```
R0=3.5678   R1=-37.3 R2=2 R3=-7 R4=-45678.1234
```

用指数表示法可以赋值更大的数值范围：

±(10–300～10+300)。

指数值写在 EX 符号之后;最大符号数：10（包括符号和小数点）。

EX 值范围：–300～+300

例如：

```
R0=-0.1EX-5      ;意义：R0=-0.000 001
R1=1.874EX8      ;意义：R1=187 400 000
```

注释：一个程序段中可以有多个赋值语句;也可以用计算表达式赋值。

（4）给其他的地址赋值

通过给其他的 NC 地址分配计算参数或参数表达式，可以增加 NC 程序的通用性。

可以用数值、算术表达式或 R 参数对任意 NC 地址赋值。但对地址 N、G 和 L 例外。

赋值时在地址符之后写入符号“=”。

赋值语句也可以赋值一负号。

给坐标轴地址（运行指令）赋值时，要求有一独立的程序段。

例如：

```
N10 G0 X=R2      ;给 X 轴赋值
```

（5）参数的计算

在计算参数时也遵循通常的数学运算规则。圆括号内的运算优先进行。另外，乘法和除法运算优先于加法和减法运算。角度计算单位为(°)。如表 2-4、表 2-5 所示。

表 2-4　SIEMENS 参数编程中的数学运算符

+	加号
–	减号
*	乘号
/	除号，注意：（TypeINT）/（TypeINT）=（TypeREAL），如 3/4=0.75
DIV	除号，仅用于改变类型 INT
MOD	模数除法（仅用于 INT 类型），会产生 INT 除法的余数,如 3MOD4=3
:	链操作符（用于 FRAME 变量）

表 2-5　SIEMENS 参数编程中的比较或逻辑运算符

==	等于	<<	字符串
<>	不等于	AND	逻辑与
<	小于	OR	逻辑或
>	大于	NOT	逻辑非
>=	大于或等于	XOR	逻辑异或
<=	小于或等于		

（6）示例

编程举例：R 参数

```
N10 R1=R1+1                ;由原来的 R1 加上 1 后得到新的 R1
N20 R1=R2+R3 R4=R5-R6 R7=R8*R9 R10=R11/R12
N30 R13=SIN(25.3)          ;R13 等于正弦 25.3°
N40 R14=R1*R2+R3           ;乘法和除法运算优先于加法和减法运算
        R14=(R1*R2)+R3
N50 R14=R3+R2*R1           ;与 N40 一样
N60 R15=SQRT(R1*R1+R2*R2) ;
```

编程举例:坐标轴赋值

```
N10 G1 G91 X=R1 Z=R2 F300
N20 Z=R3
N30 X=-R4
N40 Z=-R5
 …
```

2.5.2　参数化程序函数

表 2-6 为参数化程序函数。

表 2-6　参数化程序函数

SIN()	正弦	ABS()	绝对数
COS()	余弦	POT()	平方
TAN()	正切	TRUNC()	舍位到整数
ASIN()	反正弦	ROUND()	舍入到整数
ATAN()	反正切	LN()	自然对数
SQRT()	平方根	EXP()	指数函数

2.5.3　转移和循环

（1）程序跳转

① 标记符—程序跳转目标。

功能：标记符或程序段号用于标记程序中所跳转的目标程序段，用跳转功能可以实现程序运行分支。

标记符可以自由选取，但必须由 2～8 个字母或数字组成，其中开始两个符号必须是字母或下划线。

跳转目标程序段中标记符后面必须为冒号。标记符位于程序段段首。如果程序段有段号，则标记符紧跟着段号。

在一个程序段中，标记符不能含有其他意义。

程序举例：

```
N10 MARKE1:G1 X20 ;MARKE1 为标记符，跳转目标程序段
 …
 TR789:G0 X10 Z20  ;TR789 为标记符，跳转目标程序段没有段号
N100…              ;程序段号可以是跳转目标
```

② 绝对跳转。

功能：NC 程序在运行时以写入时的顺序执行程序段。

程序在运行时可以通过插入程序跳转指令改变执行顺序。

跳转目标只能是有标记符的程序段。此程序段必须位于该程序之内。

绝对跳转指令必须占用一个独立的程序段。

格式：

```
GOTOF   Label        ;向前跳转（向程序结束的方向跳转）
 GOTOB   Label       ;向后跳转（向程序开始的方向跳转）
```

Label 为字符串，用于标记符或程序段号。

举例：

```
ABC10.MPF
N10
…
…
N20 GOTOF MARKE0; 跳转到标记 MARKE0
…
…
…
…
…
N50 MARKE0：  R1 = R2+R3;
…
…

N51 GOTOF MARKE1; 跳转到标记 MARKE1
G0   X…    Z…
…
MARKE2：       X… Z…
N100        M2    ;end of program
MARKE1：       X… Z…
N150 GOTOB MARKE2; 跳转到标记 MARKE2
```

③ 有条件跳转。

功能：用 IF-条件语句表示有条件跳转。如果满足跳转条件（也就是值不等于零），则进行跳转。跳转目标只能是有标记符的程序段。该程序段必须在此程序之内。

有条件跳转指令要求一个独立的程序段。在一个程序段中可以有许多个条件跳转指令。

使用了条件跳转后有时会使程序得到明显的简化。

编程：

```
IF 条件 GOTOF Label     ;条件满足则向前跳转（向程序结束的方向跳转）
IF 条件 GOTOB Label     ;条件满足则向后跳转（向程序开始的方向跳转）
```

编程举例：

```
N10 IF R1 GOTOF MARKE1              ;R1 不等于零时，跳转到 MARKE1 程序段
…
N100 IF R1>1 GOTOF MARKE2           ;R1 大于 1 时，跳转到 MARKE2 程序段
…
N1000 IF R45==R7+1 GOTOB MARKE3 ;R45 等于 R7 加 1 时，跳转到 MARKE3 程序段
…
```

注意：一个程序段中有多个条件跳转，如：N20 IF R1==1 GOTOB MA1 IF R1==2 GOTOF MA2 … 时，第一个条件实现后就进行跳转。

（2）循环

在西门子数控系统中无专用的循环指令，不过可以通过绝对跳转构造无限循环，然后用条件跳转指令跳出循环。例如：

```
N10 T1D1
N20G0G54G90G40X0Y0S1000M03
N30G0Z5
N40R1=0
N50 IF(R1<-20)GOTOF N90
N60 G01Z=R1 F50
N70 R1=R1-5
N80 GOTOB N50
N90 G0Z5
N100 M5
N110 M02
```

2.5.4　参数化程序的调用

在西门子数控系统中调用参数化程序前，应先进行参数变量的赋值，否则会产生错误。赋值后程序就可以执行了。参数化程序既可以是子程序，也可以是主程序，程序调用时和普通程序一样。

2.5.5　参数化程序加工实例

在图 2-95 所示位置处加工孔。

已知：

起始角：　30°　　R1

圆弧半径：32mm　R2

位置间隔：10°　　R3

点数：　　11　　R4

圆心位置，*Z* 轴方向：50mm　R5

圆心位置，*X* 轴方向：20mm　R6

程序示例：

```
ABC10.MPF
N10 R1=30 R2=32 R3=10 R4=11 R5=50 R6=20 ;赋初始值
```

```
N20 MA1:G0 Z=R2*COS(R1)+R5 X=R2*SIN(R1)+R6 ;坐标轴地址的计算及赋值
N30 R1=R1+R3 R4=R4-1
N40 IF R4>0 GOTOB MA1
N50 M2
```

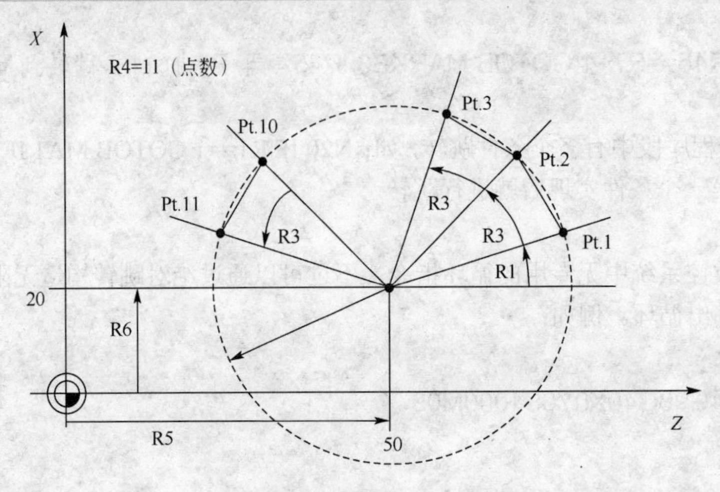

图 2-95 圆周上加工孔

程序说明：在程序段 N10 中给相应的计算参数赋值。在 N20 中进行坐标轴 *X* 和 *Z* 的数值计算并进行赋值。

在程序段 N30 中 R1 增加 R3 角度；R4 减小数值 1。

如果 R4>0，则重新执行 N20，否则运行 N50。

加工半球面如图 2-96 所示。

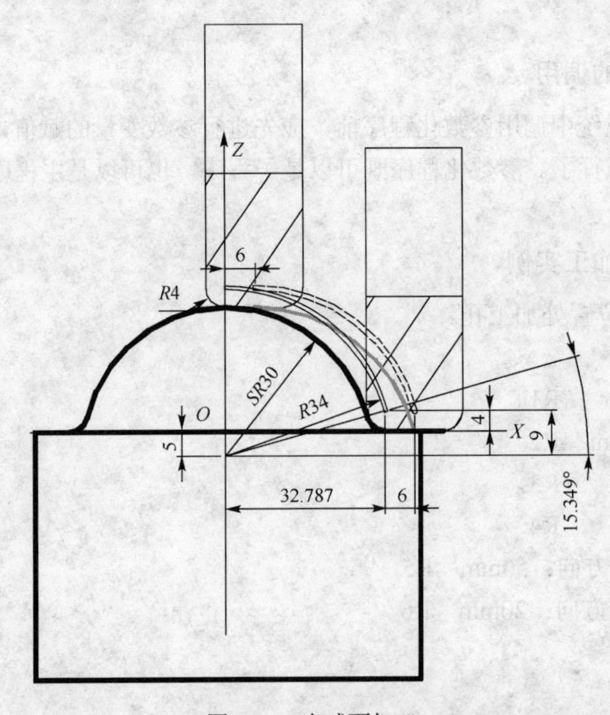

图 2-96 半球面加工

（1）分析

铣球程序一般采用自动编程来实现，但是，利用宏程序强大的功能同样也可以实现，而且程序更加简洁。

（2）编程思路

铣球可以认为是多个铣圆的组合。

（3）排刀分布

有两种方案，一是按 *Z* 向分布，二是按圆心角分布。从保证表面质量来看，最佳方案为按圆心角分布。

（4）圆弧起点计算（从 *X* 正向开始起刀）

刀具根部 *R*4 的圆心在 *XZ* 平面的运动轨迹为与 *R*30 等距的圆 *R*34（见图 2-96 中空心实线轨迹），刀尖点上 4mm 处的轨迹（即空心虚线轨迹）为空心实线轨迹沿 *X* 正向平移 6mm，刀尖点坐标为空心虚线轨迹沿 *Z* 轴向下平移 4mm（即粗灰实线轨迹）。

起始角度=ARCSIN（(5+4）/34）=15.349º

起始位置 *X* 值=34*COS（15.349）+6=38.787

起始位置 *Z* 值=0 （通用表达式=34*sin（15.349）−5−4）

（5）变量定义

```
R1 为圆心角，(15.349，90)
R2 为刀尖中心 X 值，=34*COS[R1]+6
R3 为刀尖中心 Z 值，=34*SIN[R1]−5−4
```

（6）程序示例

```
ABC11.MPF
T01D01
M03S3000;
G00G90G54Z100.;
R1=15.349
X50.Y0;
Z10.;
LABEL:R2=34*COS(R1)+6;
R3=34*SIN(R1)−5−4;
G01Z=R3F900;
X=R2;
G02X=R2 Y0 I=−R2J0;
R1=R1+1;
IF R1<=90 GOTOB LABEL
G00Z100.;
M30;
```

第 3 章　数控铣和加工中心编程应用

3.1　平面铣削

零件的平面有非加工平面和加工平面两种。加工平面就是有一定的精度要求和粗糙度要求的平面，需通过机械加工途径来获得。平面类零件是数控铣削加工对象中最主要、也是较简单的一类，一般只需用三轴数控铣床的两轴联动（即两轴半坐标加工）就可以加工。

3.1.1　平面和台阶面铣削加工

端铣法的顺铣和逆铣：

端铣时，根据铣刀和工件之间的相对位置不同而分为对称铣削和非对称铣削。

对称铣削：对称铣削时，工件处于铣刀中间，如图 3-1（a）所示。铣削时，刀齿在工件的前半部分为逆铣，此时纵向的水平分力 F_L 与进给方向相反；刀齿在工件的后半部分为顺铣，F_L 与进给方向相同。在对称铣削时，当铣削层宽度 B 较小和铣刀齿数少时，由于 F_L 在方向上的交替变化，另外，横向的水平分力 F_L 较大，对窄长的工件易造成变形和弯曲。所以，只有工件宽度 B 接近铣刀直径时才采用对称铣削。

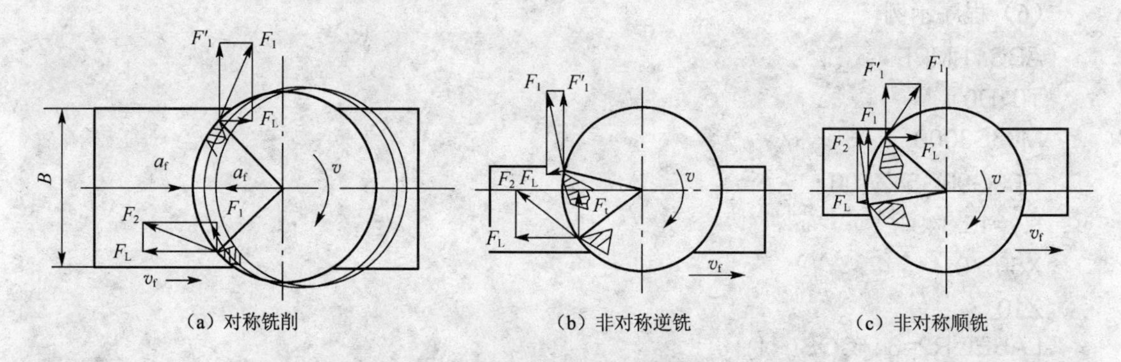

（a）对称铣削　（b）非对称逆铣　（c）非对称顺铣

图 3-1　端铣法的顺铣和逆铣

非对称铣削：非对称铣削时工件的铣削宽度偏在铣刀一边，它分为顺铣和逆铣两种。当逆铣部分占的比例大时，如图 3-1（b）所示，称为非对称逆铣，各个刀齿的 F_L 之和与进给方向相反，所以不会拉动工件。端铣时，刀刃切入工件虽由薄到厚，但不等于从零开始，对刀齿的冲击反而小，工件所受的垂直分力与铣削方式无关。

非对称逆铣通常需要对工件施加较大的夹紧力。铣削铸件、锻件以及热轧零件时，建议采用逆铣。当进行精加工或由于刀具较长而可能引起颤振和降低表面精度时，也建议采用逆铣。

当顺铣部分占的比例大时，如图 3-1（c）所示，称为非对称顺铣，因为各个刀齿上的 F_L 之和与进给方向相同，故易拉动工件。

非对称顺铣，通常需要对工件施加较小的夹紧力。铣削薄零件、难以装夹的零件以及加工硬化的材料时，建议采用顺铣。另外，顺铣可以使加工痕迹和表面脱落降至最低。

平面铣削的进刀方式：

平面铣削进刀方式可分为五种，分别为一刀式铣削、双向多次切削、单侧顺铣、单侧逆铣、顺铣法。

对于大平面，如果铣刀的直径大于工件的宽度，铣刀能够一次切除整个大平面。因此在同一深度不需要多次走刀。一般采用一刀式铣削。

如果铣刀的直径相对比较小，不能一次切除整个大平面，因此在同一深度需要多次走刀。走刀常见的几种方法为双向多次切削、单侧顺铣、单侧逆铣、顺铣法，且每一种方法在特定环境下具有不同的加工条件。

大平面铣削参数：

最典型的大平面铣削为图3-2所示的大平面双向多次切削，其中的铣削参数共有八个，它们分别为：切削方向，截断方向，切削间距，切削间的移动方式，截断方向的超出量，切削方向的超出，进刀，退刀引线长度。这八个参数中包含了其他的几种大平面铣削方法的所有参数。一般为了编程方便，取截断方向工件两侧的超出量相同，切削间距平均分配。

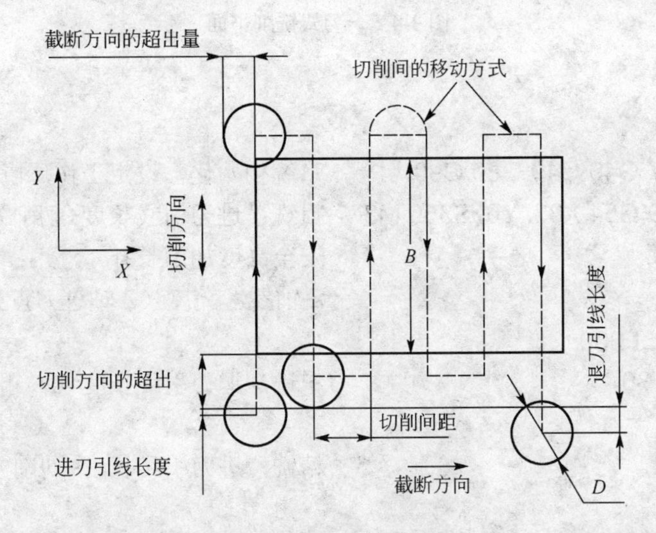

图3-2　大平面铣削参数

(1) 一刀式铣削

一刀式铣削平面，它实际上是对称铣削平面。一刀式铣削的切削参数主要有：切削方向，截断方向，切削方向的超出，进刀、退刀引线长度。一刀式铣削分为粗铣和精铣，粗、精铣的切削参数有所不同，刀具走刀路线有所不同，如图3-3（a）所示。粗铣，铣刀不需要完全铣出工件，图3-3（b）为精铣，铣刀需要完全铣出工件。

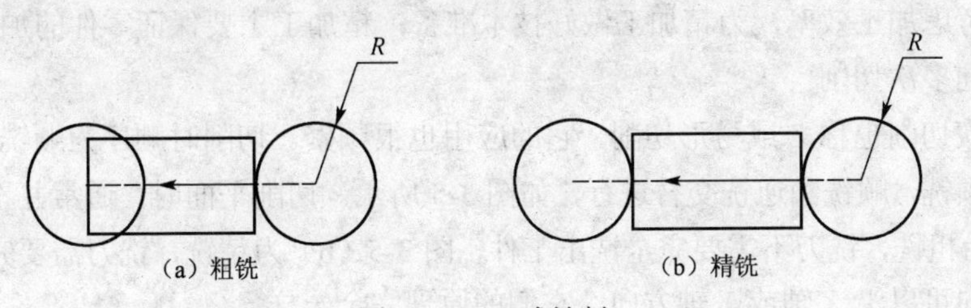

图3-3　一刀式铣削

粗铣时的主要参数要求如下：

进刀引线长度+切削方向的超出>R，一般取 R+（3～5），退刀引线长度+切削方向的超出≥0，一般取 0。

精铣时的主要参数要求如下：

进刀引线长度+切削方向的超出>R，退刀引线长度+切削方向的超出>R。一般取 R+（3～5）。

（2）举例

如图 3-4 所示，铣削 100×50 平面，采用一刀式铣削。粗铣深度 3，精铣深度 2。

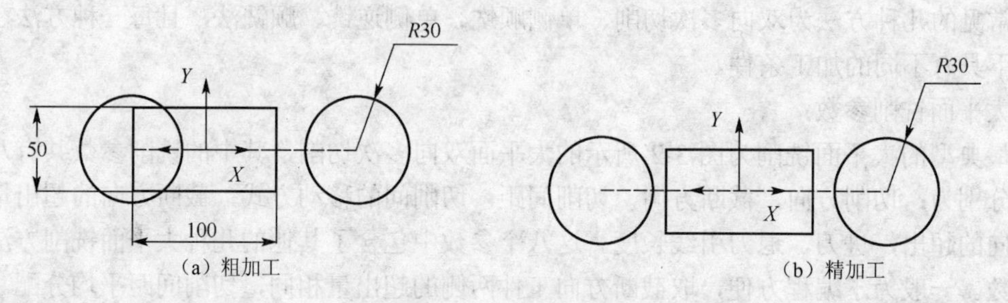

图 3-4　一刀式铣削平面

```
ABC20.MPF
N100 T1D1
N102 G0 G17 G40 G49 G80 G90          系统初始化，设定工作环境
N106 G0 G90 G54 X83. Y0. S350 M3     粗铣：进刀引线长度+切削方向的超出=33
N108 G0 Z50.                         安全高度加刀长补
N110 Z3.                             Z 轴参考高度（Z 轴进刀点）
N112 G1 Z–3. F200.
N114 X–50. F80                       粗铣，退刀引线长度=0，粗铣加工完成
N118 G0 Z50.
N120 X83.                            精铣，进刀引线长度+切削方向的超出=33
N122 Z3.
N124 G1 Z–5. F200.
N126 X–83. F80                       精铣，退刀引线长度+切削方向的超出=33
N130 G0 Z50.
N132 M5
N134 M30
```

提示：粗、精铣退刀引线长度+切削方向的超出值不同，主要由粗、精加工的特点决定，粗加工主要考虑加工效率，为精加工做好技术准备；精加工主要保证零件的加工质量。

（3）双向多次切削

双向多次切削也称 Z 或弓形切削，它的应用也很频繁。切削时顺序为顺铣改为逆铣，或者逆铣改为顺铣，顺铣和逆铣交替进行，如图 3-5 所示。切削平面时，通常并不推荐使用它。图 3-5（a）为粗铣，铣刀不需要完全铣出工件，图 3-5（b）为精铣，铣刀需要完全铣出工件。

切削方向可以沿 X 轴或 Y 轴方向，它们的原理完全一样。

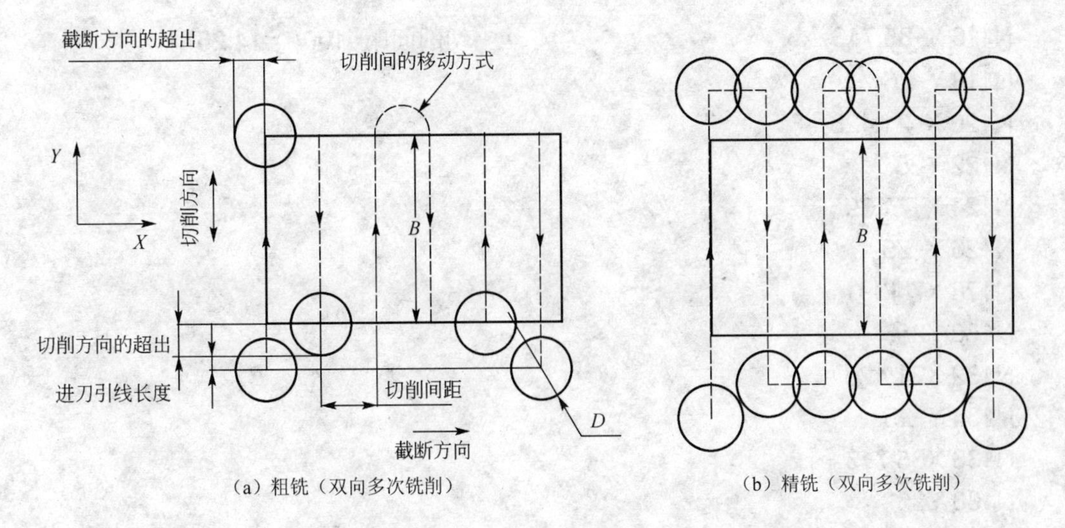

(a) 粗铣（双向多次铣削） (b) 精铣（双向多次铣削）

图 3-5 双向多次铣削

双向多次切削除了与一刀式铣削的主要参数相同以外，还包括以下几个主要参数：切削间距、切削间的移动方式、截断方向的超出量，粗、精铣时，切削间距<D（刀具直径），切削间的移动方式为了编程方便一般为直线，截断方向的超出量为了编程方便一般取 50%D。

例：如图 3-6 所示，铣削 100×50 平面，立铣刀直径为ϕ20，采用双向多次切削。粗铣深度 3，精铣深度 2。

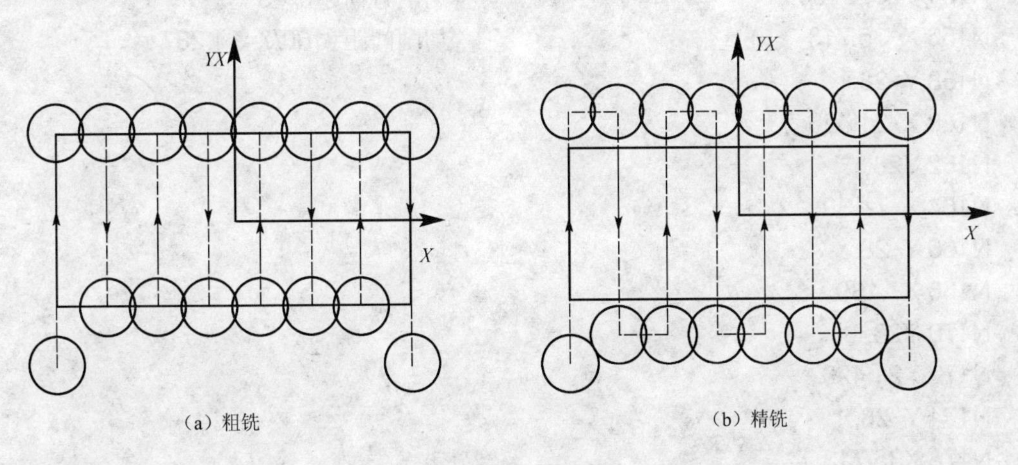

(a) 粗铣 (b) 精铣

图 3-6 双向多次切削

```
ABC21.MPF
N100 T1D1
N102 G0 G17 G40 G90
N106 G0 G90 G54 X-50.0 Y-38. S800 M3    粗铣：进刀引线长度+切削方向的超出=13
N108 G0 Z50.
N110 Z3.
N112 G1 Z-3. F200.
N114 Y25. F80.
```

```
N116 X-35.713                    切削间距=100/7=14.287
N118 Y-25.
N120 X-21.426
N122 Y25.
N124 X-7.139
N126 Y-25.
N128 X7.139
N130 Y25.
N132 X21.426
N134 Y-25.
N136 X35.713
N138 Y25.
N140 X50.0
N142 Y-38.                       粗铣完成
N144 G0 Z50.
N148 X-50. Y-38.                 开始精铣加工
N150 Z3.
N152 G1 Z-5. F200.
N154 Y28. F100                   切削方向超出=3
N156 X-35.713                    切削间距=100/7=14.287
N158 Y-28.
N160 X-21.426
N162 Y28.
N164 X-7.139
N166 Y-28.
N168 X7.139
N170 Y28.
N172 X21.426
N174 Y-28.
N176 X35.713
N178 Y28.
N180 X50.
N182 Y-38.
N186 G0 Z50.                     精铣加工完成
N188 M5
N190 M30
```

技巧：切削间距一般可按总长度/间隔次数来计算。

（4）单侧顺铣、逆铣

单侧顺铣、逆铣的进刀点在一根轴的同一位置上，切削到长度后，刀具抬刀，在工件上方移动改变另一根轴的位置。这是平面铣削最为常见的方法，单侧铣削分为顺铣和逆铣，图

3-7 为单侧顺铣，单侧逆铣只需要将进刀位置移到工件的另一侧。单侧铣削需要频繁的快速返回运动，导致效率很低。

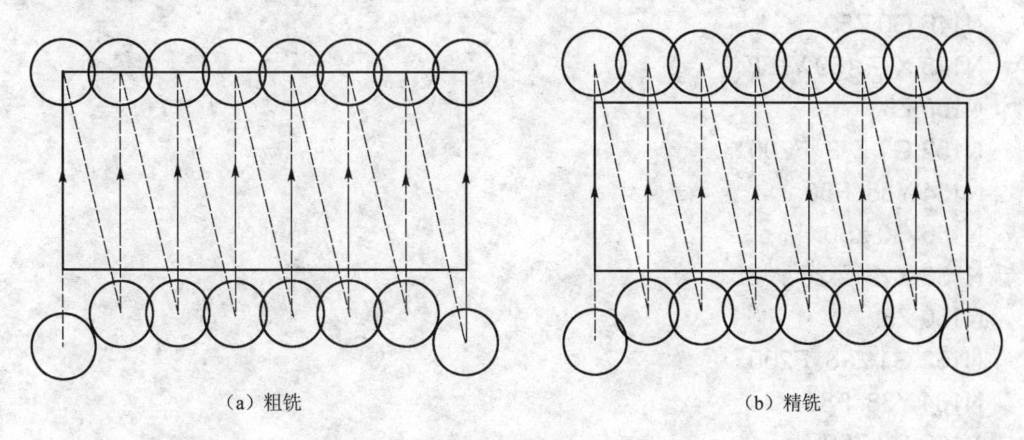
（a）粗铣　（b）精铣

图 3-7　单侧顺铣

单侧顺铣与双向多次切削考虑的参数基本相同，只需要考虑粗、精加工时铣削的切削方向的超出。

例：如图 3-8 所示，铣削 100×50 平面，立铣刀直径为ϕ20，采用单侧逆铣。铣削深度 3。

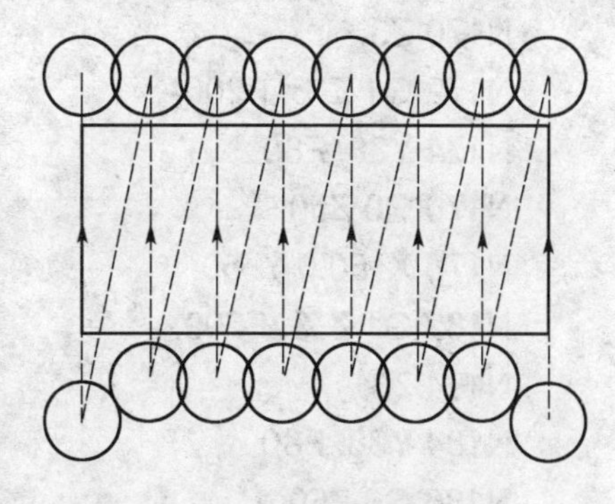
图 3-8　单侧逆铣

```
ABC22.MPF
 N100 T1D1
 N102 G0 G17 G40 G90
 N106 G0 G90 G54 X50. Y–50. S800 M3    移动到开始位置
 N108 G0 Z50.
 N110 Z3.
 N112 G1 Z–3. F200.
 N114 Y38. F80.
 N116 G0 Z50.
 N118 X35.713 Y–38.            从 N106～N118 完成第一次逆铣
 N120 Z3.
 N122 G1 Z–3. F200.
 N124 Y38. F80.
 N126 G0 Z50.
 N128 X21.426 Y–38.            从 N118～N128 完成第二次逆铣
 N130 Z3.
 N132 G1 Z–3. F200.
 N134 Y38. F80.
 N136 G0 Z50.
 N138 X7.139 Y–38.
 N140 Z3.
```

```
N142 G1 Z-3. F200.
N144 Y38. F80.
N146 G0 Z50.
N148 X-7.139 Y-38.
N150 Z3.
N152 G1 Z-3. F200.
N154 Y38. F80.
N156 G0 Z50.
N158 X-21.426 Y-38.
N160 Z3.
N162 G1 Z-3. F200.
N164 Y38. F80.
N166 G0 Z50.
N168 X-35.713 Y-38.
N170 Z3.
N172 G1 Z-3. F200.
N174 Y38. F80.
N176 G0 Z50.
N178 X-50.0 Y-50.
N182 G1 Z-3. F200.
N184 Z3.
N184 Y38. F80.
N186 G0 Z50.
N188 M5
N190 M30
```

（5）顺铣法

另外还有一种效率较高的方法可以只在一种模式（通常为顺铣方式）下切削。使用这种方法时，它融合了前面的双向铣削和单侧顺铣两种方法，如图 3-9 所示。

图 3-9 中表示了所有刀具运动的顺序和方法，这种方法的理念是让每次切削的宽度大概相同，任何时刻都只有大约 2/3 的直径参与切削，并且始终为顺铣方式。

例：如图 3-10 所示，编写程序。

```
ABC24.MPF
N1 T1D1
N2 G17 G40 G54 G90
N3 G90 G00 X0.75 Y-2.75 S344 M03          （位置 1）
N4 G0 Z1.0
N5 G01 Z-0.2 F50.0 M08                    （铣削深度 0.2）
N6 Y8.75 F21.0                            （位置 2）
N7 G00 X12.25                             （位置 3）
N8 G01 Y-2.75                             （位置 4）
```

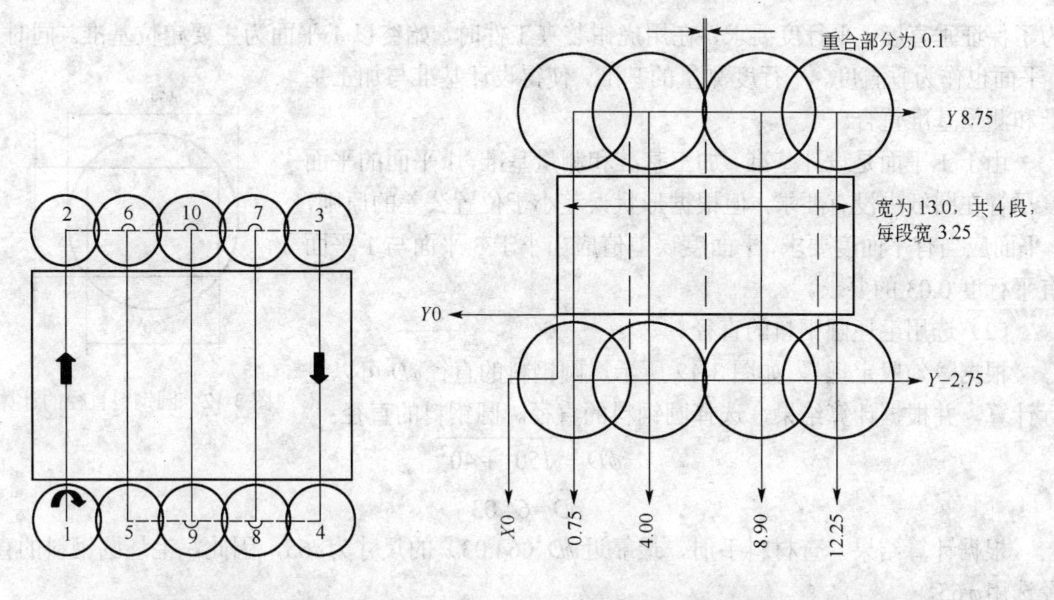

图 3-9　顺铣法　　　　图 3-10　走刀路线

```
N9 G00 X4.0                (位置 5)
N10 G01 Y8.75              (位置 6)
N11 G00 X8.9               (位置 7，工件两侧超出 0.1)
N12 G01 Y−2.75             (位置 8，结束)
N13 G00 Z1.0 M09
N14 M05
N15 M30
```

上面的例子可以选择沿 *X* 轴方向加工，这样可以缩短程序，但是为了举例说明，选择 *Y* 轴比较方便。

3.1.2　加工实例——大平面铣削

如图 3-11 所示，零件为 45 钢，毛坯为圆钢料，无热处理和硬度要求。

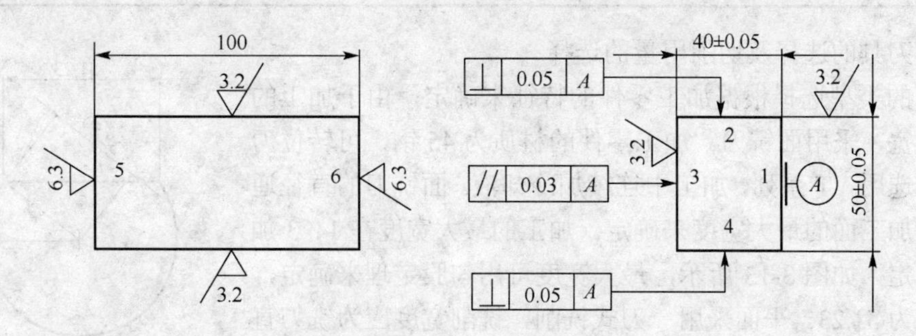

图 3-11　平面零件

平面零件的工艺分析如下：

（1）基准

1 平面为设计基准，2、4 平面与 1 平面有垂直度要求，3 平面与 1 平面有平行度要求。

为了保证垂直度、平行度要求，在用虎钳装夹工件时，始终以 1 平面为主要定位基准。同时，1 平面也作为垂直度、平行度测量的基准，使得设计基准与加工基准和测量基准重合。

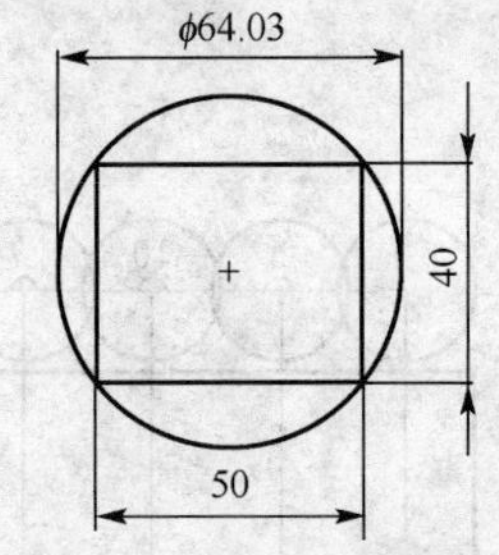

图 3-12　圆钢料直径的计算

由于 1 平面是设计基准、加工基准和测量基准，1 平面的平面度尽管在图纸中没有要求，但根据形状误差小于位置公差的原则，1 平面应当有平面度要求，平面度误差值应当小于 3 平面与 1 平面有平行度 0.03 的要求。

（2）选用毛坯圆钢料的直径

根据“勾股定理”，如图 3-12 所示，圆钢料的直径ϕD可以进行计算，并根据计算结果，选择圆钢料的直径。圆钢料的直径：

$$\phi D=\sqrt{50^2+40^2}$$

$$\phi D=64.03$$

根据计算结果，查材料手册，最靠近ϕD（64.03）的尺寸为ϕ65，因此，毛坯圆钢料的直径选用ϕ65。

（3）加工工艺过程

图 4-11 所示平面零件的加工工艺如表 3-1 所示。

表 3-1　工艺规程

工序	工 序 内 容	机器设备	夹　　具	刀　　具	量　　具	备　　注
1	锯工件长度为 100	普通锯床	—	—	普通游标卡尺	—
2	粗、半精铣、精铣 1 平面，保证平面度 0.015（工艺要求）	数控铣床	精密虎钳	ϕ60 面铣刀	普通游标卡尺	在检验平台上，用塞尺检查平面度。用直角尺的刀口检查直线度
3	粗、半精铣、精铣 2 平面，保证垂直度 0.05	数控铣床	精密虎钳	ϕ60 面铣刀	普通游标卡尺	在检验平台上，用直角尺配合塞尺检查垂直度
4	粗、半精铣、精铣 4 平面，保证垂直度 0.05 和 50 尺寸公差	数控铣床	精密虎钳	ϕ60 面铣刀	25～50 外径千分尺	在检验平台上，用直角尺配合塞尺检查垂直度
5	粗、半精铣、精铣 3 平面，保证平行度 0.03 和 40 尺寸公差	数控车床	精密虎钳	ϕ60 面铣刀	25～50 内径千分尺	在检验平台上，用固定在高度尺上的千分表检查平行度

（4）刀具的选择及切削用量的选择

刀具的类型选择根据加工零件的特征来确定，由于加工的平面比较宽，采用面铣刀。加工零件的材质为 45 钢，可转位刀片的材料选用 YT 系列，加工中连续加冷却液。面铣刀的直径通过计算被加工面的最大宽度来确定。加工的最大宽度在 1、3 加工面上确定，如图 3-13 所示，最大宽度可用勾股定理来确定，计算结果为 51.23。平面采用一刀式铣削，铣削宽度应为铣刀直径的 2/3 左右，面铣刀的直径选用ϕ60。

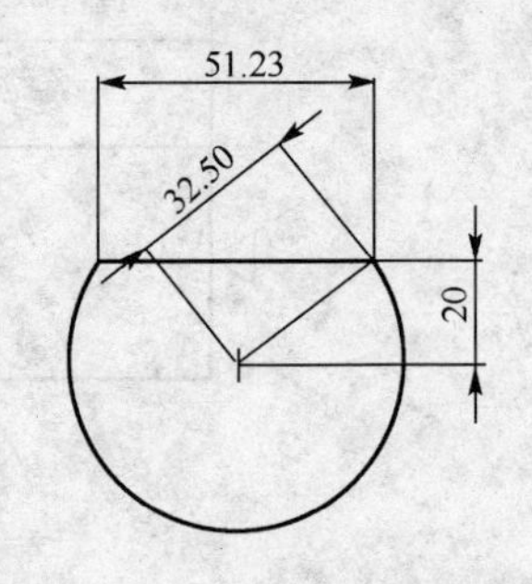

图 3-13　最大的加工平面宽度

加工 1 平面时铣削的加工余量比较多，厚度为 32.5−20=12.5，需要进行分层铣削，根据切削用量的选择原则，首先选用背吃刀量，然后选用进给速度，最后考虑刀具的切削速度。最终的切削用量见表 3-2。表 3-2 仅列出了加工 1 平面的切削用量，其他平面的切削用量与 1 平面基本相同，在此，就不一一列出。

表 3-2　切削用量

刀具类型	铣削类型	刀齿数	主轴转速/（r/min）<	背吃刀量/mm	进给速度/（mm/min）<
面铣刀	粗铣	4	500	6.5	160
面铣刀	半精铣	4	500	5.5	160
面铣刀	精铣	4	800	0.5	160

（5）装夹方法和定位基准

工件以定钳口和垫块为定位面，动钳口将工件夹紧，垫块的厚度应保证，加工后的表面距钳口的距离为 3mm，如图 3-14 所示。虎钳的定钳口需要进行检测，如图 3-15 所示，确保定钳口与工作台的垂直度、平行度。虎钳的底平面与工作台的平行度也要进行检测。垫块应经过平行度检验，使用时，应尽量减少垫块的数量。

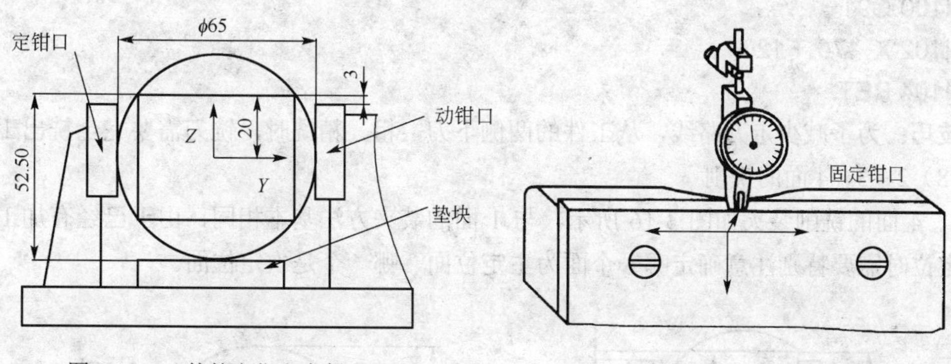

图 3-14　工件的定位和夹紧　　图 3-15　定钳口的检测

（6）走刀路线

该零件为单件生产，工件坐标系的原点设在工件的中心，*X* 轴设在轴心线上，如图 3-14 所示。加工共分为两次粗加工和一次精加工，为了提高加工效率，从工件两侧下刀；为了缩短加工程序，采用子程序调用。

（7）编程

```
ABC25.MPF
N100 T1D1
N102 G0 G17 G40 G90
N104 M8                                切削液开
N108 G0 G90 G54 X-85. Y0. S350 M3      进刀引线长度+切削方向的超出=35
N110 G43 H1 Z100.                      安全高度
N112 Z35.5                             距毛坯表面 3
N114 G1 Z26. F200.                     铣削深度为 6.5
N116 M98 P1001                         调用子程序
N118 G90 Z20.5 F200.
N120 M98 P1002
N122 G90 Z20. F200.
N124 M98 P1001
N142 G0 G90 Z100.
```

```
N144 M9
N146 M5
N148 M30
 子程序 （从-X 方向向+X 方向铣削）
ABC25.SPF
N100 G91
N102 X170. F120.                          退刀引线长度+切削方向的超出=35
N104 RET
子程序（从+X 方向向-X 方向铣削）
ABC251.SPF
N100 G91
N102 X-170. F120.
N104 RET
```

技巧：为了减少走刀路线，从工件的两侧下刀，粗、精铣时，铣刀需要完全铣出工件。

（8）2、3、4 面的铣削

2、4 面的铣削装夹如图 3-16 所示，与 1 面的装夹方法基本相同，由于已经有加工过的面，定位时需要特别注意确定哪一个面为主定位面，哪一个是次定位面。

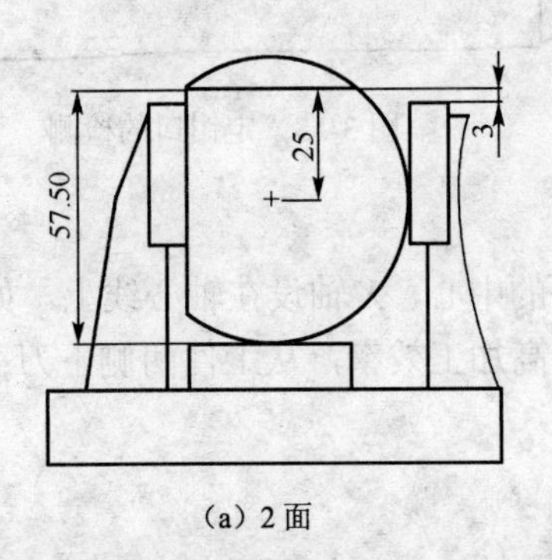

（a）2 面

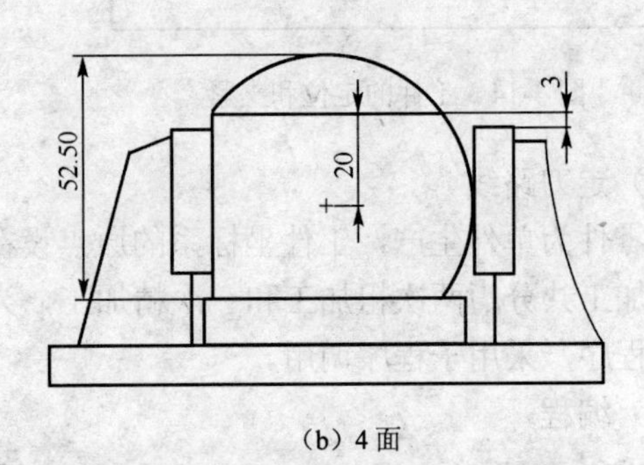

（b）4 面

图 3-16 2、4 面的装夹

3.2 轮廓铣削加工

轮廓铣削加工主要指内轮廓、外轮廓的铣削加工，所涉及的加工知识要求比较高，编程难度大，编程时需要注意以下几方面。

3.2.1 铣刀的选择

铣削刀具：铣刀是一种多刃刀具。铣削时有几个刀齿同时参加工作，生产率比较高。在每一转中，刀齿只参加一次切削，大部分时间处于停歇状态，因此散热较好。铣刀切削时，每个刀齿的切削厚度是变化的，刀齿切入或切出时产生冲击，所以，铣削过程不平稳，容易产生振动。

铣刀主要参数的选择：数控铣床上铣削平面时，使用最多的是可转位面铣刀和立铣刀（如图 3-17 所示），有时也可使用键槽铣刀，但由于键槽铣刀刀齿数比较少，铣削平面时振动比较大，铣削进给速度比较低，一般很少使用。因此，这里重点介绍面铣刀和立铣刀参数的选择。

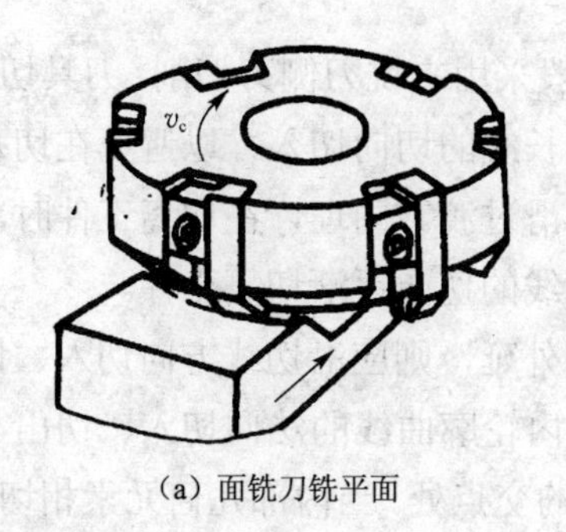

（a）面铣刀铣平面

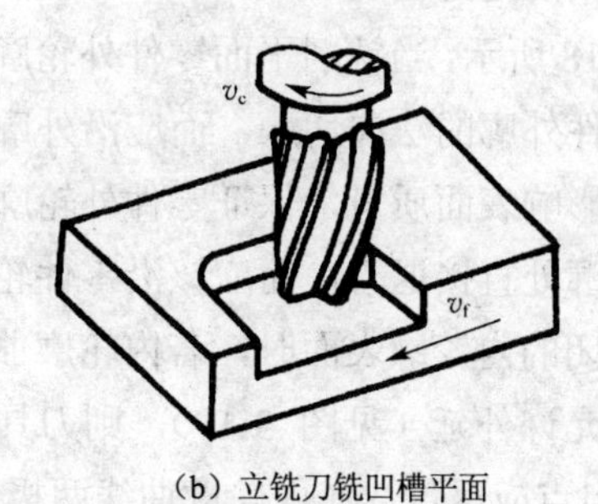

（b）立铣刀铣凹槽平面

图 3-17　平面铣削加工

（1）面铣刀主要参数的选择

① 刀具的材料：刀具的材料（刀具本身的物质）是刀具的主要特性，不论刀具是否具有涂层或刀具成本有多少，对于铣削操作它都起到至关重要的作用。

② 铣刀直径：标准可转位面铣刀直径为 16～630mm，应根据侧吃刀量α_f选择适当的铣刀直径，尽量包容工件整个加工宽度，以提高加工精度和效率，减小相邻两次进给之间的接刀痕迹和保证铣刀的耐用度。

③ 齿数：可转位面铣刀有粗齿、细齿和密齿三种。粗齿铣刀容屑空间较大，常用于粗铣钢件，粗铣带断续表面的铸件和在平稳条件下铣削钢件时，可选用细齿铣刀。密齿铣刀的每齿进给量较小，主要用于加工薄壁铸件。

④ 面铣刀几何角度：前角的选择原则与车刀基本相同，只是由于铣削时有冲击，故前角数值一般比车刀略小，尤其是硬质合金面铣刀，前角数值减小得更多些。铣削强度和硬度都高的材料可选用负前角。

（2）立铣刀主要参数的选择

① 刀具的材料：刀具的材料（刀具本身的物质）是刀具的主要特性，不论刀具是否具有涂层或刀具成本有多少，对于铣削操作它都起到至关重要的作用。

② 前角、后角：立铣刀前后角都为正值，分别根据工件材料和铣刀直径选取，加工钢等韧性材料前角比较大，铸铁等脆性材料前角比较小，前角一般在 10º～25º，后角与铣刀直径有关，直径小时后角大，直径大时后角小，后角一般在 15º～25º。

③ 刀具总长：如果操作允许，尽量使用较短的端铣刀，以减小铣削过程中的偏差。所以尽可能选用短型端铣刀以节约刀具成本。

④ 刀槽的数目：刀具刀槽数目的增多会使切屑不易排出，但能在进给程度不变的情况下提高加工表面的质量。两槽和四槽刀具较为常见。不同的材料所适用的刀具的槽数是不同的，应针对加工的材料选择适当的槽数。

两槽：具有最大的排屑空间。多用于普通的铣削操作和较软材料的铣削操作。

三槽：非常适用于开孔操作，也适用于普通的铣削操作。排屑性能和加工质量介于中间。

四槽：适用于较硬的铁金属操作，加工质量较高。

六槽和八槽：大数目刀槽的刀具排屑能力减小，而成品的表面质量有了提高。这样的刀具特别适合做最终成品的加工。

3.2.2 轮廓的铣削方法和走刀路线

（1）刀具的走刀路线

如图 3-18 所示，当铣削平面零件外轮廓时，一般采用立铣刀侧刃切削。刀具切入工件时，应避免沿零件外廓的法向切入，而应沿外廓曲线延长线的切向切入，以避免在切入处产生刀具的刻痕而影响表面质量，保证零件外轮廓曲线平滑过渡。同理，在切离工件时，也应避免在工件的轮廓处直接退刀，而应该沿零件轮廓延长线的切向逐渐切离工件。

铣削封闭的内轮廓表面时，若内轮廓曲线允许外延，则应沿切线方向切入、切出。如内轮廓曲线不允许外延（见图 3-19），则刀具只能沿内轮廓曲线的法向切入、切出，此时刀具的切入、切出点应尽量选在内轮廓曲线两极和元素的交点处。当内部几何元素相切无交点时，如图 3-20（a）所示，取消刀补会在轮廓拐角处留下凹口，应使刀具切入、切出点远离拐角，如图 3-20（b）所示。

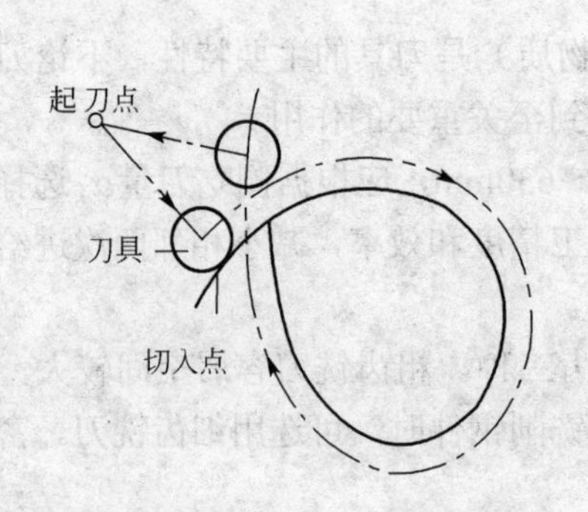

图 3-18 外轮廓加工刀具的切入和切出

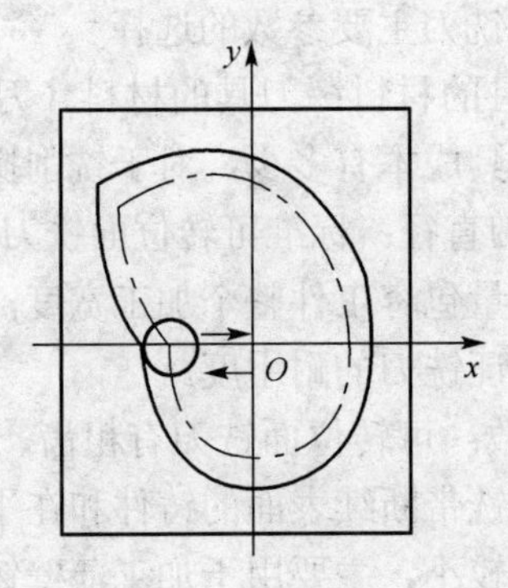

图 3-19 内轮廓加工刀具的切入和切出

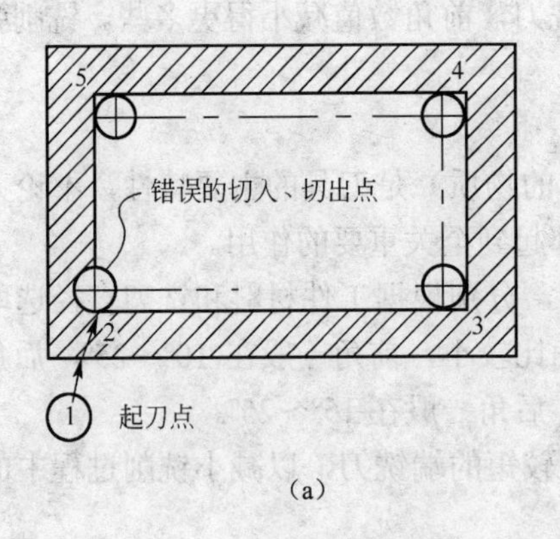

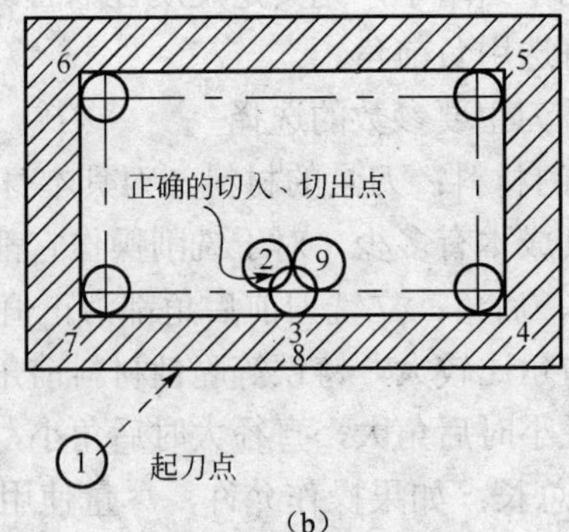

图 3-20 内轮廓加工刀具的切入和切出

图 3-21 所示为圆弧插补方式铣削外整圆时的走刀路线。采用直线切入、切出。切入、切出时让刀具沿切入点的切线方向运动一段距离。主要用来建立和取消刀径补。铣削内圆弧时也要遵循从切向切入的原则，采用圆弧切入、切出（见图 3-22），由于刀具半径补偿不能在圆弧运动中启动，也不能在圆弧运动中取消。因此必须添加直线到切入和切出运动，在该直

线运动中实现刀具半径补偿的启动和取消。这样可以提高接刀点的表面质量。

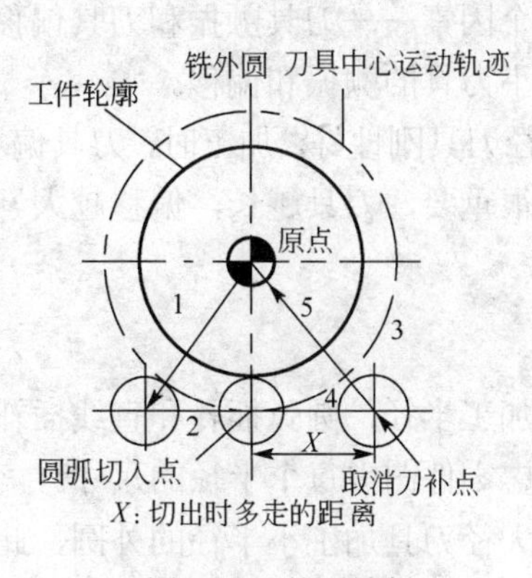

图 3-21　外圆铣削

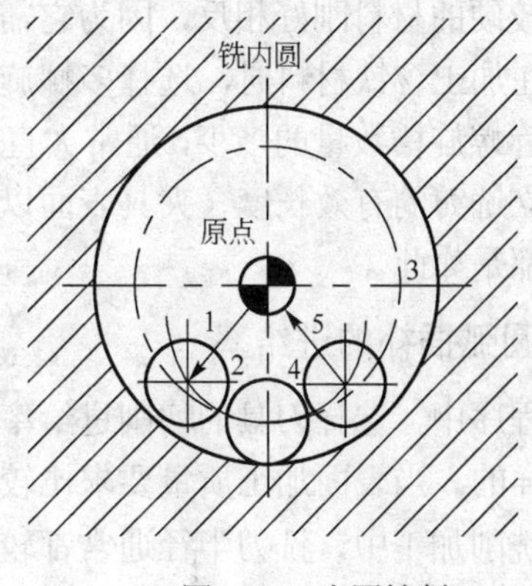

图 3-22　内圆铣削

圆弧切入、切出需要特别注意以下两点：

① 刀具半径应该小于切入切出直线运动的距离，才可以保证刀具半径补偿的建立和取消。

② 切入圆弧和切出圆弧的半径与刀具半径的关系为：

$$R_t < R_a$$

式中　R_a——趋近圆弧的半径；

R_t——刀具半径。

技巧：一般来说，轮廓的切入、切出，可采用直线、圆弧、法向。但由于外轮廓受加工空间的限制相对于内轮廓比较少，使用起来比较灵活。

轮廓加工的刀具半径补偿建立、取消的两个条件为：使用 G00 或 G01；移动的长度大于刀具的半径值。

（2）轮廓精加工（采用顺铣）

对于轮廓精加工，采用顺铣表面的质量比较高，应当尽量使用。数控机床采用滚珠丝杠（如图 3-23 所示），消除了丝杠与螺母的配合间隙，精铣时普遍采用顺铣。外轮廓的顺铣为刀具走刀路线顺时针，G41；内轮廓的顺铣为刀具走刀路线逆时针，G42。

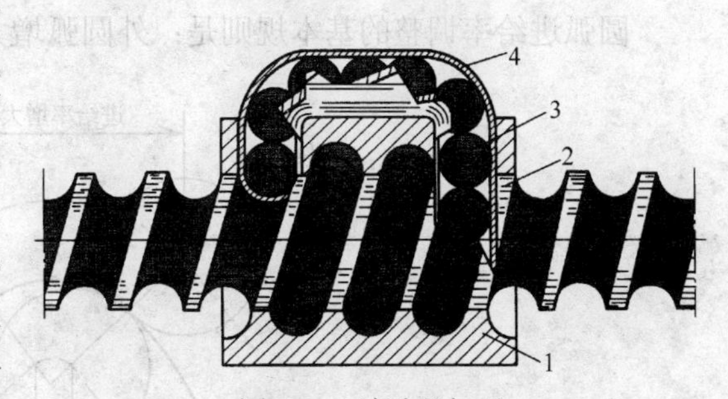

图 3-23　滚珠丝杠副

1—螺母；2—丝杠；3—滚珠；4—滚珠循环装置

（3）铣刀螺旋槽的数量

选择立铣刀时，尤其是加工中等硬度材料时，首先应该考虑螺旋槽的数量。小直径或中等直径的立铣刀最值得注意，在该尺寸范围内，立铣刀有两个、三个和四个螺旋槽结构，这几种结构的优点是什么呢？这里材料类型是决定因素。

一方面，立铣刀螺旋槽越少，越可避免在切削量较大时产生积屑瘤。原因很简单，因为螺旋槽之间的空间较大。另一方面，螺旋槽越少，编程的进给率就越小。在加工软的非铁材料如铝、镁甚至铜时，避免产生积屑瘤很重要，所以两螺旋槽的立铣刀可能是唯一的选择，尽管这样会降低进给率。

对较硬的材料刚好相反，因为它需要考虑另外两个因素——刀具颤振和刀具偏移。毫无疑问，在加工含铁材料时，选择多螺旋槽立铣刀会减小刀具的颤振和偏移。

不管螺旋槽数量的多少，通常大直径刀具比小直径刀具刚性好，加工时，刀具偏斜要小。此外，立铣刀的有效长度（夹具表面以外的长度）也很重要，刀具越长，偏移越大。对所有的刀具都是如此。

3.2.3 圆弧插补的进给率

在程序中，选择刀具的切削进给率一般并不考虑加工半径，圆弧插补和直线插补的进给率是一样的。当表面加工质量要求比较高时，必须考虑零件图中每个半径的尺寸。

在铣削加工中，铣刀半径通常都较大。如果使用大径刀具加工小半径的外圆，此时刀具中心轨迹形成的圆弧将比图纸中的圆弧长很多，进给率可以上调；同样，如果使用大的刀具直径加工内圆弧，那么刀具中心轨迹形成的圆弧比图纸中的圆弧小很多，切削进给率需要下调。

这样一来，就要改变此前直线运动和圆弧运动使用同一编程进给率的做法——即切削进给率可以上调，也可以下调。

在标准的编程中，进给率的公式为：

$$F_1=SF_tN$$

式中 F_1——直线插补进给率，mm/min；

S——主轴转速，r/min；

F_t——每齿进给率；

N——切削刃的数量。

圆弧进给率调整的基本规则是：外圆弧增大，内圆弧减小，如图 3-24 所示。

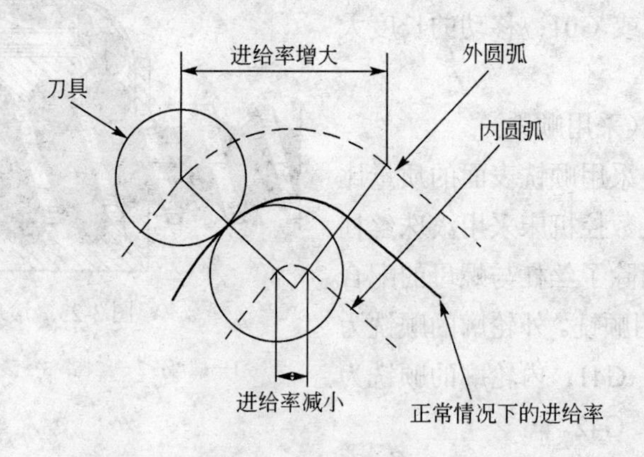

图 3-24 圆弧插补进给率

可以使用下面两个公式计算调整后的进给率，从数学上说等同于直线进给率。两个公式分别适应于外圆弧和内圆弧加工，但不适用于实体材料的粗加工。

（1）外圆加工的进给率

加工外圆时需要提高进给率：

$$F_0=F_1(R+r)/R$$

式中　F_0——外圆弧的进给率；

F_1——直线插补进给率；

R——工件外半径；

r——刀具半径。

例：如果直线插补进给率为 350 mm/min，外半径为 10，那么ϕ20 的刀具上调的进给率为：

$$F_0 = 350\times(10+10)/10=700$$

结果的增幅是很大的，提高到 700，整整是原来的两倍。

（2）内圆加工的进给率

对于内圆弧，调整后的进给率要比直线运动的进给率低，它根据以下公式计算：

$$F_i=F_1(R-r)/R$$

式中　F_i——内圆弧的进给率；

F_1——直线插补进给率；

R——工件内半径；

r——刀具半径。

例：如果直线插补进给率为 350 mm/min，内半径为 20，那么ϕ10 的刀具下调后的进给率为：

$$F_i=350\times(20-5)/20=262$$

因此程序中地址 F 的值为 F262。

3.2.4　加工实例——外轮廓铣削

（1）工艺分析

如图 3-25 所示，图形相对于正方体的对角线对称，根据零件结构的特点，可以用底面外轮廓定位，采用平口钳机构夹紧。编程原点选择在工件的中心，刀具起始点定位在工件坐标中 Z100，X−70，Y−70 处。

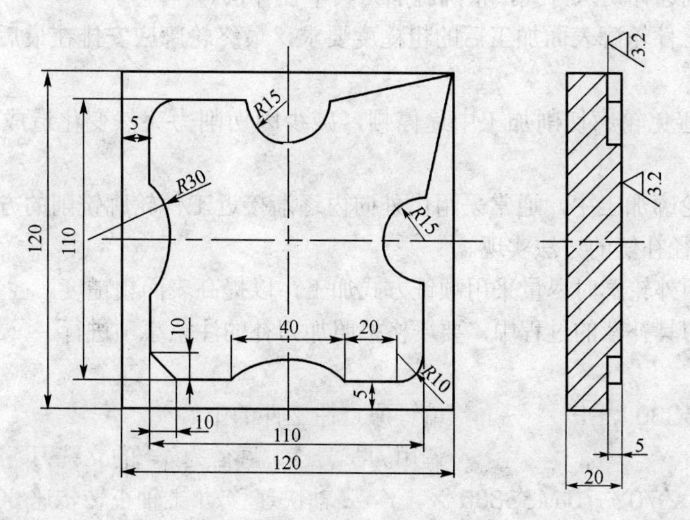

图 3-25　外轮廓加工实例

（2）各基点坐标

如图 3-26 所示为加工轨迹。

P_1	-70, -70	P_7	-15,55	P_{13}	45, -55
P_2	-55, -58	P_8	15,55	P_{14}	20, -55
P_3	-55, -20	P_9	60,60	P_{15}	-20, -55
P_4	-55,20	P_{10}	55,15	P_{16}	-45, -55
P_5	-55,45	P_{11}	55, -15	P_{17}	-55, -45
P_6	-45,55	P_{12}	55, -45	P_{18}	-70, -45

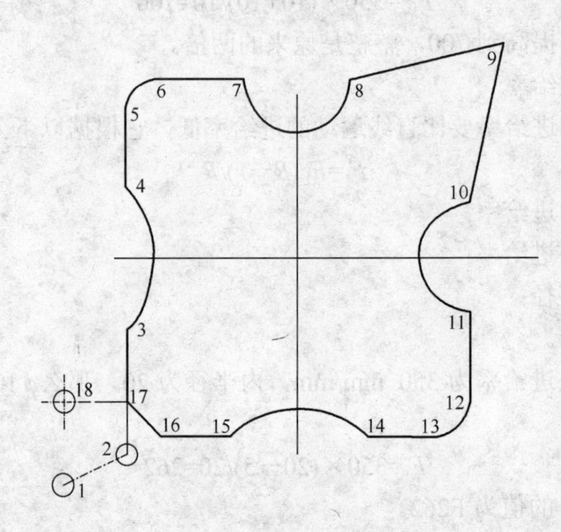

图 3-26 加工轨迹

（3）编程要点及注意事项

① 在平面轮廓铣削加工中，刀具相对于零件运动的每一细节都应该在编程时确定。如：零件轮廓，对刀点，装夹方式，零件的加工路线等。

② 注意正确选择切入方式，正确施加刀具半径补偿。

③ 为保证工件轮廓表面加工后的粗糙度要求，最终轮廓应安排在最后一次走刀中连续加工出来。

④ 应尽量避免轮廓切削加工中途停顿，减少因切削力突然变化造成弹性变形而留下刀痕。

⑤ 平面外轮廓加工中，通常采用由外向内逐渐接近工件轮廓铣削的方式进行加工，通过用增加刀具半径补偿的方法实现。

⑥ 铣削平面外轮廓时尽量采用顺铣方式加工，以提高表面粗糙度。

⑦ 在运用刀具补偿的过程中，要严格按照加刀补的注意事项进行。

（4）程序

程序名：ABC30.MPF	编程原点在工件的中心
T1D1	调用刀具号 1、直径为 14 的立铣刀
G54G90G0X-70Y-70 M3S800	*X*、*Y*、*Z* 轴快速移动,主轴正转转速 600r/min
G0 Z50	
G0Z-5	在 1 点处 *Z* 轴下刀至-5mm 处
G41G01X-55Y-58 D1 F100	建立刀具半径左补偿，直线插补，P_1～P_2
G1Y-20	直线插补，P_2～P_3

```
G3X-55Y20CR=30          圆弧插补，P3～P4
G1Y55,RND=10            直线插补，P4～P6,中间倒圆角 R10，系统自动从 P5 点开始插补
G1X-15                  P6～P7
G3X15Y55CR=15           中间点圆弧插补，P7～P8
G1X60Y60                P8～P9
X55Y15                  P9～P10
G3X55Y-15CR=15          圆心坐标圆弧插补，P10～P11
G1Y-45                  直线插补，P11～P12
G2X45Y-55CR=10          圆弧插补，半径 10mm, P12～P13
G1X20                   P13～P14
G3X-20Y-55CR=30         P14～P15
G1X-45,
G1X-55 Y-45
G40G0X-70Y-45           取消刀具半径补偿，P17～P18
G0Z50                   抬刀，主轴停
M5                      主轴停转
M30                     程序结束
```

3.2.5　加工实例——内圆铣削和倒角

例：如图 3-27 所示，加工内轮廓，可采用圆弧切入、切出，法向切入、切出。

方法 1：圆弧切入、切出，顺铣。

程序：

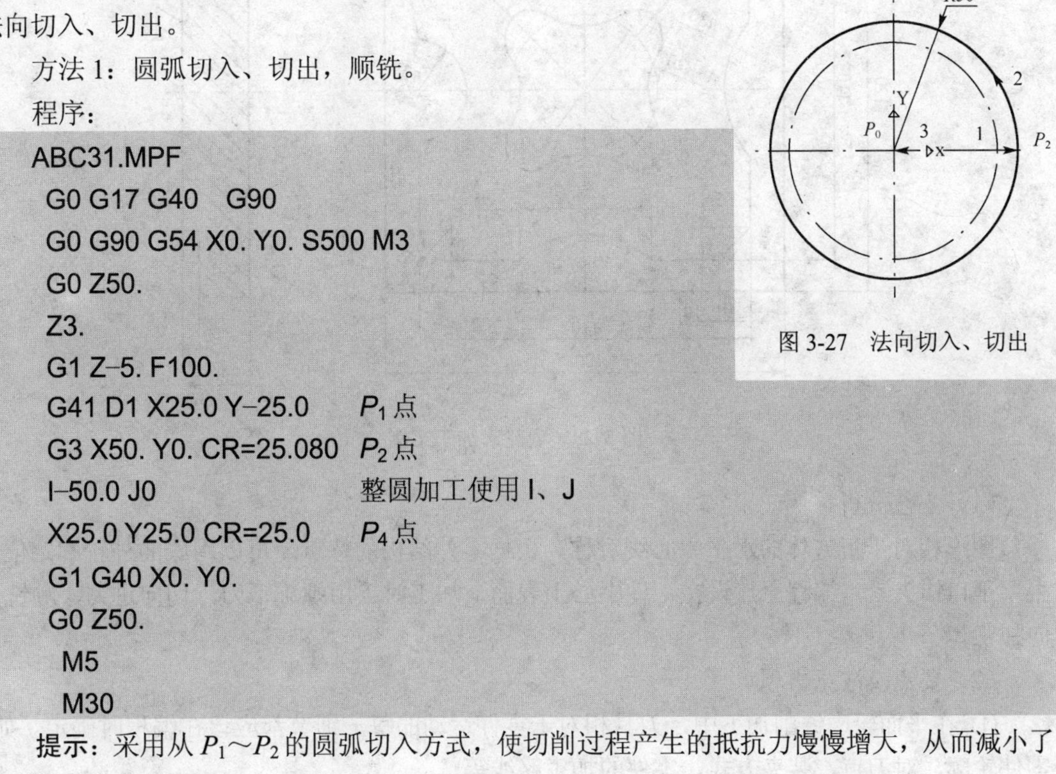

图 3-27　法向切入、切出

```
ABC31.MPF
 G0 G17 G40   G90
 G0 G90 G54 X0. Y0. S500 M3
 G0 Z50.
 Z3.
 G1 Z-5. F100.
 G41 D1 X25.0 Y-25.0     P1 点
 G3 X50. Y0. CR=25.080   P2 点
 I-50.0 J0               整圆加工使用 I、J
 X25.0 Y25.0 CR=25.0     P4 点
 G1 G40 X0. Y0.
 G0 Z50.
  M5
  M30
```

提示：采用从 P_1～P_2 的圆弧切入方式，使切削过程产生的抵抗力慢慢增大，从而减小了因吃刀而产生的震动。

方法 2：法向切入、切出，顺铣。

程序：

```
ABC32.MPF
T1D1
G0 G17 G40 G90
G0 G90 G54 X0. Y0. S500 M3        P0点
G0 Z50.
Z3.
G1 Z-5. F80.
G41 D1 X50. F100.                 P2点
G3 I-50. J0. F80.                 整圆加工
G1 G40 X0. F100.                  P0点
G0 Z50.
M5
M30
```

例：如图 3-28 所示：

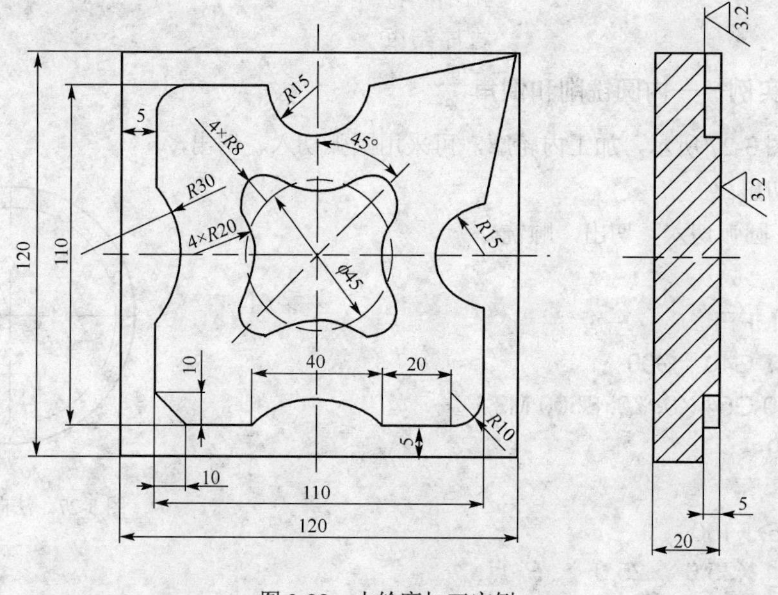

图 3-28 内轮廓加工实例

（1）工艺分析

图形相对于正方体的水平中心线对称，根据零件结构的特点，可以用底面外轮廓定位，采用平口钳夹紧，编程原点设在工件中心上表面，加工时采用螺旋下刀，切向进刀，顺铣方向加工。

（2）要点及注意事项

① 在平面轮廓铣削加工中，刀具相对于零件运动的每一细节都应该在编程时确定。如：零件轮廓，对刀点，装夹方式，零件的加工路线等。

② 注意正确选择切入方式，正确施加刀具半径补偿。

③ 保证工件轮廓表面加工后的粗糙度要求，最终轮廓应安排在最后一次走刀中连续加工出来。

④ 应尽量避免轮廓切削加工中途停顿，减少因切削力突然变化造成弹性变形而留下刀痕。

⑤ 平面内轮廓加工中，通常采用由内向外逐渐接近工件轮廓铣削的方式进行加工，通过用增加刀具半径补偿的方法实现。

⑥ 铣削平面内轮廓时尽量采用顺铣方式加工，以提高表面粗糙度。

（3）程序

程序名：ABC34.MPF

T1D1	调用 1 号刀具
G54G90G0X0Y0Z100	设置零点偏置，快速移动至 P_1 点上方 *Z*100 处
G0 Z5	刀具快速下至 *Z*2mm 处并建立刀具长度补偿
M3S600	主轴正转转速 600r/min
G0X0Y0Z0.2	快速定位到 *X*0*Y*0*Z*2 处
G41G1X18.951Y0D1 F200	建立刀具半径右补偿
G3 X18.951Y0 I–18.951J0Z–2	
G3 X18.951Y0 I–18.951J0Z–4	
G3 X18.951Y0 I–18.951J0Z–5	
G3 X18.951Y0 I–18.951J0	
G2X22.49Y11.34 CR=20	
G3X11.34Y22.49 CR=8	
G2X–11.34Y22.49 CR=20	
G3X–22.49Y11.34 CR=8	
G2X–22.49Y–11.34 CR=20	
G3X–11.34Y–22.49 CR=8	
G2X11.34Y–22.49 CR=20	
G3X22.49Y–11.34 CR=8	
G2X18.951Y0 CR=20	
G40G1X0Y0	取消刀具半径补偿
G0Z200	抬刀
M5	主轴停转
M2	程序结束

3.3　孔加工

3.3.1　孔位确定及其坐标值的计算

一般在零件图上孔位尺寸都已给出，但有时孔距尺寸的公差或对基准尺寸距离的公差是非对称性尺寸公差，应将其转换为对称性公差。如某零件图上两孔间距尺寸 $L=90^{+0.055}_{+0.027}$ mm，

对称性基本尺寸计算为：

$$(0.055-0.027)/2=0.014$$
$$90+0.014=90.041$$

对称性公差为：

$$\pm 0.014$$

转换成对称性尺寸 $L=(90.041\pm 0.014)$mm，编程时按基本尺寸 90.041mm 进行，其实这就是工艺学中讲的中间公差的尺寸。

3.3.2 多孔加工的刀具走刀路线

多孔加工时，孔的位置精度与机床的定位精度有关，机床的定位精度与控制系统的类型有关。

开环控制系统不具有反馈装置，不能进行误差校正，因此系统精度较低（±0.02mm）。开环控制系统不适合加工位置精度要求高的孔。

闭环控制系统在机床移动部件位置上装有反馈装置，定位精度高（一般可达±0.01mm，最高可达 0.001mm），在机床定位精度能够保证孔加工位置的情况下，主要考虑走刀路线最短。考虑到工艺条件的限制，箱体零件孔的位置经济精度为±0.05mm，特殊情况下也可达到±0.02mm。

半闭环控制系统介于开环、闭环控制系统之间，反馈装置处在伺服机构中，通过检测伺服机构的滚珠丝杠转角，间接检测移动部件的位移。

由于半闭环控制系统将移动部件的传动丝杠螺母机构不包括在闭环之内，所以传动丝杠螺母机构的误差仍然会影响移动部件的位移精度。因此，加工位置精度要求较高的孔系时，应特别注意安排孔的加工顺序，消除坐标轴的反向间隙。

刀具路线可有两种计算方法：一种为距离最近法，另一种为配对法。距离最近法是从起始对象开始，搜寻与该对象距离最近的下一个对象，直到所有对象全部优化为止。如图 3-29（a）所示为用距离最近法优化的走刀路线。配对法是以相邻距离最近的两个对象一一配对，然后对已配对好的对象再次进行两两配对，直至优化结束。配对法所消耗时间较长，但能获得更好的优化效果。如果在加工中需要使用不同的刀具，这时在路径优化的同时还要考虑刀具的更换分类，否则可能引起加工过程中的多次换刀，反而影响整个加工过程的效率，如图 3-29（b）所示。

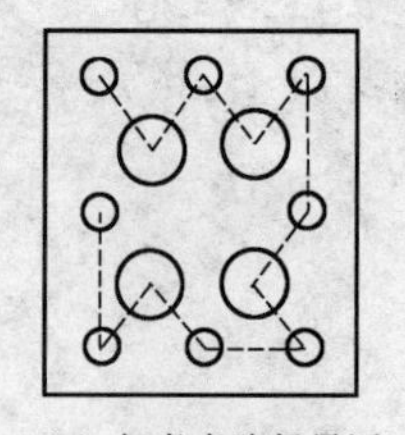

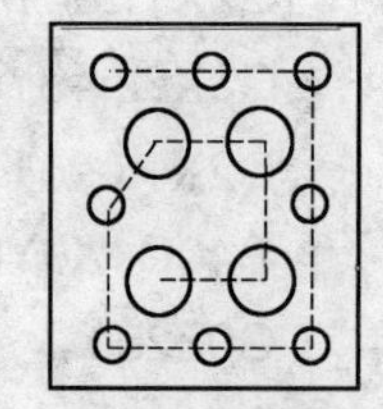

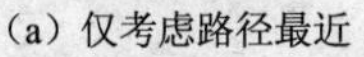

（a）仅考虑路径最近　（b）综合考虑

图 3-29 走刀路径的优化

3.3.3 内孔表面加工方法的选择

内孔表面加工方法选择原则：在数控机床上，内孔表面加工方法主要有钻孔、扩孔、铰孔、镗孔和拉孔、磨孔和光整加工。表 3-3 是常用的孔加工方案，应根据被加工孔的加工要求、尺寸、具体生产条件、批量的大小及毛坯上有无预制孔等情况合理选用。

表 3-3　内孔表面加工方法

序号	加 工 方 案	经济精度级	表面粗糙度 *Ra* 值/μm	适 用 范 围
1	钻	IT11～12	12.5	加工未淬火钢及铸铁的实心毛坯
2	钻—铰	IT9	3.2～1.6	有色金属（但表面粗糙度稍大，孔径小于15～20mm）
3	钻—铰—精铰	IT7～8	1.6～0.8	
4	钻—扩	IT10～11	12.5～6.3	适于加工材料同上，但孔径大于 15～20mm
5	钻—扩—铰	IT8～9	3.2～1.6	
6	钻—扩—粗铰—精铰	IT7	1.6～0.8	
7	钻—扩—机铰—手铰	IT6～7	0.4～0.1	
8	钻—扩—拉	IT7～9	1.6～0.1	大批量生产（精度由拉刀的精度而定）
9	粗镗（或扩孔）	IT11～12	12.5～6.3	除淬火钢外各种材料，毛坯有铸出孔或锻出孔
10	粗镗（粗扩）—半精镗（精扩）	IT8～9	3.2～1.6	
11	粗镗（扩）—半精镗（精扩）—精镗（铰）	IT7～8	1.6～0.8	
12	粗镗（扩）—半精镗（精扩）—精镗—浮动镗刀精镗	IT6～7	0.8～0.4	
13	粗镗（扩）—半精镗—磨孔	IT7～8	0.8～0.2	主要用于淬火钢，也可用于未淬火钢，但不宜用于有色金属
14	粗镗（扩）—半精镗—粗磨—精磨	IT6～7	0.2～0.1	
15	粗镗—半精镗—精镗—金刚镗	IT6～7	0.4～0.05	主要用于精度要求高的有色金属加工
16	钻—（扩）—粗铰—精铰—珩磨 钻—（扩）—拉—珩磨 粗镗—半精镗—精镗—珩磨	IT6～7	0.2～0.025	精度要求很高的孔
17	以研磨代替上述方案中的珩磨	IT6 级以上		

孔的加工：对于直径小于ϕ30mm 的孔，一般不铸出，可采用钻—扩（或半精镗）—铰（或精镗）的方案。对于已铸出的孔，可采用粗镗—半精镗—精镗的方案。对于精度比较高的孔，孔精度和表面质量要求比其余的孔高，所以，在精镗后，还要进行精细镗。对于高精度孔，最后精加工工序也可采用珩磨、滚压等工艺方法。

表 3-4、表 3-5 列出了 IT7、IT8 级孔的加工方式及其工序间的加工余量,供参考。

表 3-4　在实体材料上的孔加工方式及加工余量　　mm

加工孔的直径	直径							
	钻		粗加工		半精加工		精加工（H7、H8）	
	第 1 次	第 2 次	粗镗	扩孔	粗铰	半精镗	精铰	精镗
3	2.9						3	
4	3.9						4	
5	4.8						5	
6	5.0			5.85			6	
8	7.0			7.85			8	
10	9.0			9.85			10	
12	11.0			11.85	11.95		12	
13	12.0			12.85	12.95		13	
14	13.0			13.85	13.95		14	
15	14.0			14.85	14.95		15	
16	15.0			15.85	15.95		16	

续表

加工孔的直径	直径							
	钻		粗加工		半精加工		精加工（H7、H8）	
	第1次	第2次	粗镗	扩孔	粗铰	半精镗	精铰	精镗
18	17.0			17.85	17.95		18	
20	18.0		19.8	19.8	19.95	19.90	20	20
22	20.0		21.8	21.8	21.95	21.90	22	22
24	22.0		23.8	23.8	23.95	23.90	24	24
25	23.0		24.8	24.8	24.95	24.90	25	25
26	24.0		25.8	25.8	25.95	35.90	26	26
28	26.0		27.8	27.8	27.95	27.90	28	28
30	28.0		29.8	29.8	29.95	39.90	30	30
32	30.0		31.7	31.75	31.93	31.90	32	32
35	33.0		34.7	34.75	34.93	34.90	35	35
38	36.0		37.7	37.75	37.93	37.90	38	38
40	38.0		39.7	39.75	39.93	39.90	40	40
42	40.0		41.7	41.75	41.93	41.90	42	42
45	43.0		44.7	44.75	44.93	44.90	45	45
48	46.0		47.7	47.75	47.93	47.90	48	48
50	48.0		49.7	49.75	49.93	49.90	50	50

表 3-5　已预先铸出或热冲出孔的工序间加工余量　mm

加工孔的直径	直径					加工孔的直径	直径				
	粗镗		半精镗	粗铰或二次半精镗	精铰、精镗H7、H8		粗镗		半精镗	粗铰或二次半精镗	精铰、精镗H7、H8
	第一次	第二次					第一次	第二次			
30		28.0	29.8	29.93	30	75	71	73.0	74.5	74.90	75
32		30.0	31.7	31.93	32	78	74	76.0	77.5	77.90	78
35		33.0	34.7	34.93	35	80	75	78.0	79.5	79.90	80
38		36.0	37.7	37.93	38	82	77	80.0	81.3	81.85	82
40		38.0	39.7	39.93	40	85	80	83.0	84.3	84.85	85
42		40.0	41.7	41.93	42	88	83	86.0	87.3	87.85	88
45		43.0	44.7	44.93	45	90	85	88.0	89.3	89.85	90
48		46.0	47.7	47.93	48	92	87	90.0	91.3	91.85	92
50	45	48.0	49.7	49.93	50	95	90	93.0	94.3	94.85	95
52	47	50.0	51.5	51.93	52	98	93	96.0	97.3	97.85	98
55	51	53.0	54.5	54.93	55	100	95	98.0	99.3	99.85	100
58	54	56.0	57.5	57.92	58	105	100	103.0	104.3	104.8	105
60	56	58.0	59.5	59.92	60	110	105	108.0	109.3	109.8	110
62	58	60.0	61.5	61.92	62	115	110	113.0	114.3	114.8	115
65	61	63.0	64.5	64.92	65	120	115	118.0	119.3	119.8	120
68	64	66.0	67.5	67.90	68	125	120	123.0	124.3	124.8	125
70	66	68.0	69.5	69.90	70	130	125	128.0	129.3	129.8	130
72	68	70.0	71.5	71.90	72	135	130	133.0	134.3	134.8	135

续表

加工孔的直径	直径					加工孔的直径	直径				
	粗镗		半精镗	粗铰或二次半精镗	精铰、精镗 H7、H8		粗镗		半精镗	粗铰或二次半精镗	精铰、精镗 H7、H8
	第一次	第二次					第一次	第二次			
140	135	138.0	139.3	139.8	140	190	185	188.0	189.3	189.8	190
145	140	143.0	144.3	144.8	145	195	190	193.0	194.3	194.8	195
150	145	148.0	149.3	149.8	150	200	194	197.0	199.3	199.8	200
155	150	153.0	154.3	154.8	155	210	204	207.0	209.3	509.8	510
160	155	158.0	159.3	159.8	160	220	214	217.0	219.3	219.8	220
165	160	163.0	164.3	164.8	165	250	244	247.0	249.3	249.8	250
170	165	168.0	169.3	169.8	170	280	274	277.0	279.3	279.8	280
175	170	173.0	174.3	174.8	175	300	294	297.0	299.36	299.8	300
180	175	178.0	179.3	179.8	180	320	314	317.0	319.3	319.8	320
185	180	183.0	184.3	184.8	185	350	342	347.0	349.3	349.8	350

提示：孔加工考虑的顺序是：孔的加工方法，机床的定位精度、刀具、量具，走刀路线、编程指令。

3.3.4　圆周分布孔的加工

有两种方法：一是常规方法，另一种为 SIEMENS 固定循环。

（1）方法一：常规方法。

① 螺栓孔圆周分布模式　在一个圆周上均匀分布的孔称为螺栓孔圆周分布模式或螺栓孔分布模式。由于圆周直径实际上就是分布模式的节距直径,所以该模式也称为节距圆周分布模式。它的编程方法跟其他模式、尤其是圆弧形分布模式相似,主要根据螺栓圆周分布模式的定位和图中尺寸的编程。

螺栓孔圆周分布模式在图纸中通常由圆心的 XY 坐标、半径或直径、等距孔的数量以及每个孔与 X 轴的夹角定义。

螺栓圆周分布模式中孔的数目可以是任意的,常见的主要有:4、5、6、8、10、12、16、18、20、24。

② 螺栓圆周分布孔的计算公式　螺栓圆周分布孔的计算可使用一个通用公式,图 3-30 所示为该公式的基本原理。

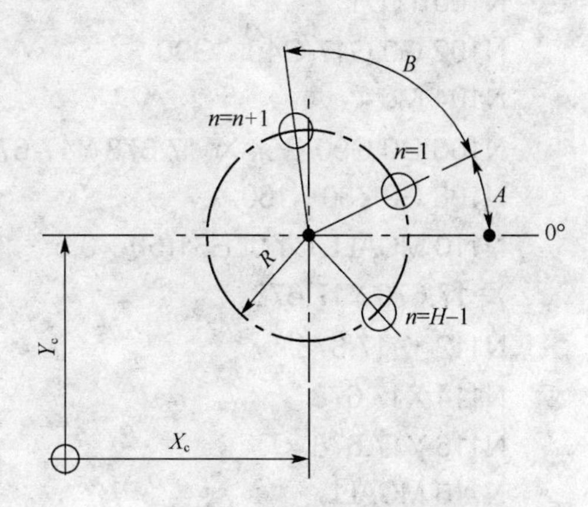

图 3-30　螺栓圆周分布孔

使用以下的解释和公式,可以很容易计算出任何螺栓圆周分布模式中任何孔的坐标。两根轴的公式相似:

$X=\cos[(n-1)B+A]\times R+X_c$

$Y=\sin[(n-1)B+A]\times R+Y_c$

式中　X——孔的 X 坐标；

Y——孔的 Y 坐标；

n——孔的编号（从 0°开始，沿逆时针方向）；

B——相邻孔之间的角度（等于 360°/H）；

H——等距孔的个数；

A——第一个孔的角度（从0°开始）；

R——圆周的半径或圆整直径/2；

X_c——圆周圆心的X坐标；

Y_c——圆周圆心的Y坐标。

例：加工如图3-31所示的工件的所有孔，加工工艺见表3-6。

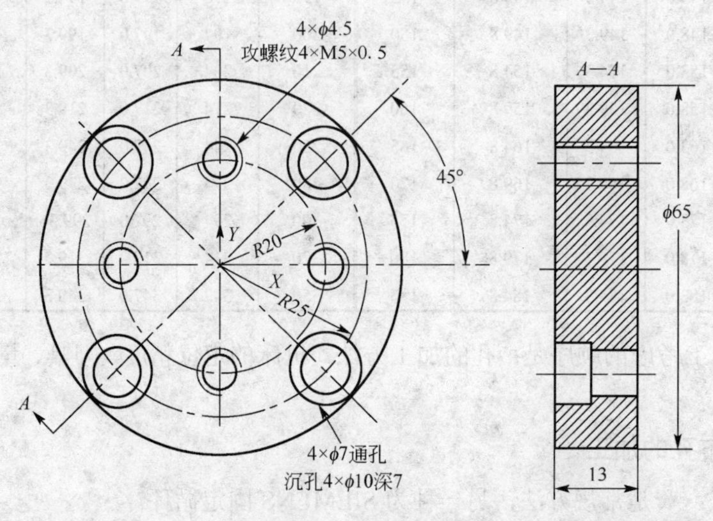

图3-31 加工零件

表3-6 加工工艺卡

刀具号	加 工 操 作	刀具名称	刀长补	主轴转速/（r/min）	进给速度/（mm/min）
1	钻4×ϕ7通孔	ϕ7钻头	H01	1800	180
2	铣4×ϕ10深7沉孔	ϕ10立铣刀	H02	1000	150
3	钻4×M5×0.5螺纹底孔（ϕ4.5）	ϕ4.5钻头	H03	2000	200
4	攻4×M5×0.5螺纹	M5×0.5丝锥	H04	400	200

加工程序：

```
ABC35.MPF
N100 T1D1
N102 G0 G17 G40   G90
N104 M6                                    换刀，ϕ7钻头
N106 G0 G90 G54 X-17.678 Y17.678 S1800 M3
N108 G0 Z30 F180.                          在Z30处，使用刀长补
N110 MCALL CYCLE81(50，0,5, -18,)
X-17.678 Y17.678                           钻孔后，刀具回到R点
N112 Y-17.678
N114 X17.678
N116 Y17.678
N118 MCALL                                 钻孔循环取消
N120 M5                                    主轴停止转动
```

```
N124 M01                                        选择性停止
N126 T2 M6                                      换刀，φ10 立铣刀
N128 G0 G90 G54 X-17.678 Y17.678 S1000 M3
N130 G0 Z30
N110 MCALL CYCLE81(50，0,5, -7,)
X-17.678 Y17.678
N134 X17.678
N136 Y-17.678
N138 X-17.678
N140 MCALL
N142 M5
N146 M01
N148 T3 M6                                      换刀，φ4.5 钻头
N150 G0 G90 G54 X0. Y20. S2000 M3
N152 G43 H3 Z30 F200.
N154 MCALL CYCLE81(50，0,5, -16.202,)
N156 X-20. Y0.
N158 X0. Y-20.
N160 X20. Y0.
N162 MCALL
N164 M5
N170 M30                                        程序结束，并返回到程序开始位置
%                                               程序传输结束标志
```

（2）方法二：固定循环（圆周孔—HOLES2）。

功能：使用此循环可以加工圆周孔。加工平面必须在循环调用前定义。

格式：HOLES2(CPA，CPO，RAD，STA1，INDA，NUM)

参数含义：

```
CPA   Real     ；圆周孔的中心点（绝对值），平面的第一坐标轴
CPO   Real     ；圆周孔的中心点（绝对值），平面的第二坐标轴
RAD   Real     ；圆周孔的半径（无符号输入），半径的值只允许为正
加工平面中的圆周孔位置是由中心点（参数 CPA 和 CPO）和半径（参数 RAD）决定的。
STA1  Real     ；起始角，范围值：-180<STA1≤180°；定义了循环调用前有效的工
                 件坐标系中第一坐标轴的正方向（横坐标）与第一孔之间的旋转角
INDA  Real     ；增量角，如果参数 INDA 的值为零，循环则会根据孔的数量内部算
                 出所需的角度
NUM   Int      ；孔的数量
```

孔的类型由已经调用的钻孔循环决定。

钻孔顺序：在循环中，使用 G0 依次回到平面中的钻孔位置，如图 3-32 所示。

编程举例：

圆周孔：该程序使用 CYCLE82 来加工 4 个孔，孔深为 30mm。最后钻孔深度定义成参考平面的相对值。圆周由平面中的中心点 *X*70 *Y*60 和半径 42mm 决定。起始角是 33°。钻孔轴 *Z* 的安全间隙是 2mm，如图 3-33 所示。

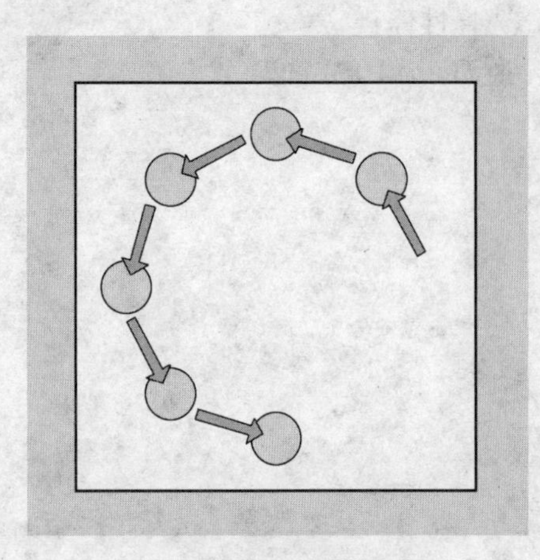

图 3-32　钻孔顺序

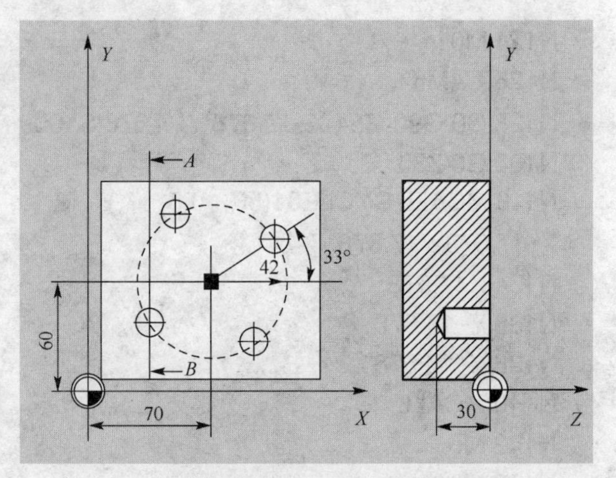

图 3-33　圆周孔固定循环

```
N10 G90 F140 S170 M3 T10 D1
N20 G17 G0 X50 Y45 Z2                  ；回到起始位置
N30 MCALL CYCLE82(5，0，2，，-30，0)    ；钻孔循环的形式调用，无停顿时间，
                                         未编程 DP
N40 HOLES2(70，60，42，33，0，4)       ；调用圆周孔循环;由于省略了参数 INDA，
                                         增量角在循环中自动计算
N50 MCALL                              ；取消宏调用
N60 M30                                ；程序结束
```

3.3.5　加工实例——简单钻孔加工

钻图 3-34 中 5×ϕ6 孔。

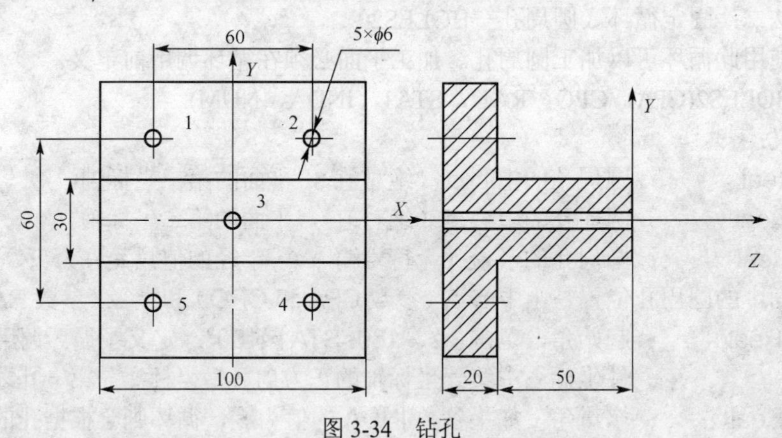

图 3-34　钻孔

（1）工艺分析

① 5×ϕ6 孔位置精度要求不高，加工时主要考虑加工效率，应选择刀具最短路线，刀具最短路线不仅需要考虑加工平面，还应考虑 *Z* 向。钻 5×ϕ 6 孔顺序如图 3-34 所示，为 1—2—3—4—5。

② ϕ6 孔加工工艺为：a．打中心孔；b．钻 5×ϕ6 孔；c．孔口倒角；d．倒背面孔口角。其中 abc 加工在数控铣床上完成，d 加工可在普通钻床上完成。c 加工亦可在 a 打中心孔时完成，只需中心钻柄部直径大于ϕ6，打中心孔时完成孔口倒角。

③ 3 孔深度为 70，长径比为 70：6〉10，钻孔循环指令使用 CYCLE83 排屑循环指令，1、2、4、5 孔长径比小于 5，钻孔循环指令使用 CYCLE81 普通钻孔指令。

（2）加工程序

```
ABC37.MPF;
T1D1;
G40G90G54;
G00G90G17G54Z50M03S500; Z50 为安全高度
G0Z50 ;
X-30Y30 F100
CYCLE81(50, -50，3，-76);                    加工 1 孔，Z-76 由三部分组成，刀
                                              尖长度取 0.3D（D 为钻头直径），约
                                              为 2；刀具穿透距离为 3～5，取 4；
                                              孔底尺寸为 Z-70。R 点取距工件表面 3
X30;
CYCLE81(50, -50，3，-76);                    加工 2 孔，返回到 Z50
X0Y0 F80
CYCLE83(50, -50，3，-76，, -55,2,1，,1,1);  加工 3 孔，每次钻孔深度为 2
X30Y-30 F100
CYCLE81(50, -50，3，-76)                     加工 4 孔，返回到 Z-47
Y-30;
CYCLE81(50, -50，3，-76)                     加工 5 孔，返回到 Z3
G00Z50;
M05;
M30;
```

3.3.6　加工实例——精度孔及多孔零件的加工

（1）零件工艺分析

如图 3-35 所示，零件材质为铸铝，4×ϕ40H7 孔铸造为实心。零件的工艺应注意以下几点：

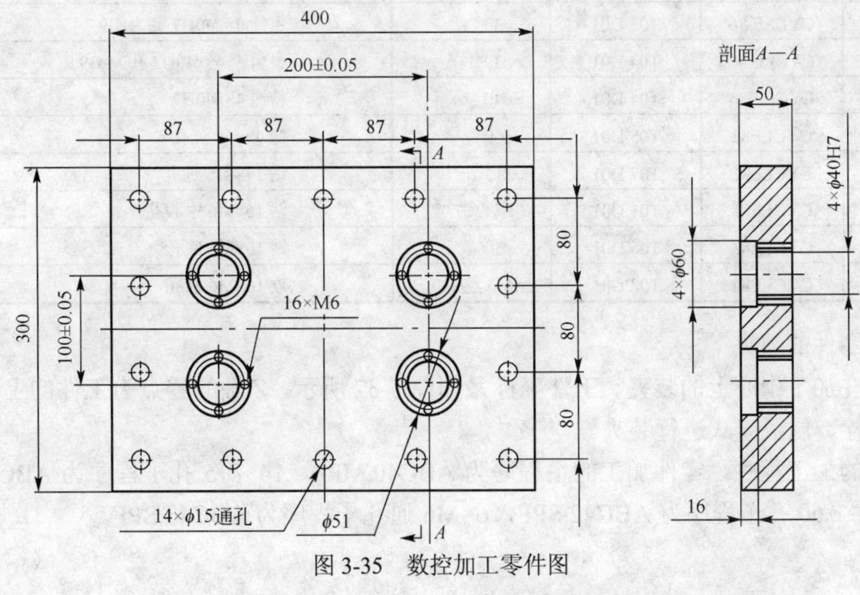

图 3-35　数控加工零件图

① 零件的加工应当遵守“先主要、后次要”的原则，孔加工的先后次序为ϕ40H7→ϕ60→ϕ15→M6 孔。数控加工工艺见表 3-7。

② 精度孔ϕ40H7 的加工：ϕ40H7 孔的加工可参考表 3-2 （在实体材料上的孔加工方式及加工余量），结合零件材质，ϕ40H7 孔的加工工艺为：打中心孔→钻孔为ϕ38→粗镗为ϕ39→半精镗为ϕ39.9→精镗ϕ40H7。ϕ40H7 孔的公差为$\phi 40_{0}^{0.025}$，公差带 0.025，精镗ϕ40H7 时，镗刀头的尺寸应调节到孔公差的中差，即为ϕ40.013。

③ 所有孔都必须首先打中心孔，保证钻孔时，孔不会产生歪斜现象。

④ 攻螺纹前的底孔，根据经验公式一般为螺纹公称尺寸的 0.8～0.85。M6 的底孔取为ϕ5，M6 的底孔长径比大于 5，钻孔应当采用深孔啄式钻。

⑤ 4×ϕ40H7 孔的位置精度比较高(±0.05)，若控制系统为半闭环系统，镗孔时要注意走刀路径，消除丝杠背隙（如图 3-36 所示）。

⑥ 14×ϕ15 孔、16×M6 螺孔的位置精度要求比较低，加工时主要考虑最短走刀路径（如图 3-36 所示）。

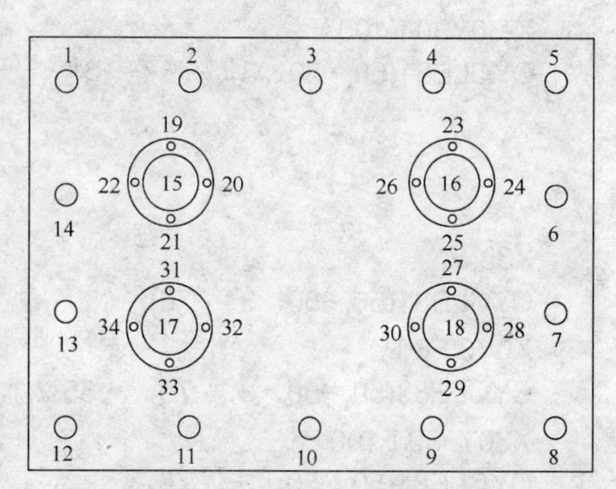

图 3-36　走刀路线

⑦ 为了缩短程序，将 14×ϕ15、4×ϕ40H7 和 4×ϕ60、16×M6 作成 3 个子程序，通过子程序调用可以大大缩短程序的长度。图纸上孔之间的尺寸采用相对标注，为了方便程序检查，子程序亦采用相对编程的方法。

表 3-7　数控加工工艺

刀　号	循环代码	长度偏置	刀具半径	说明和工序
T01	CYCLE81	T01 D01	中心钻	钻 14×ϕ15、4×ϕ40H7 中心孔
T02	CYCLE81	T02 D01	ϕ38	钻 4×ϕ40H7 孔为ϕ38
T03	CYCLE 86	T03 D01	ϕ39.7	粗镗 4×ϕ40H7 孔为ϕ39.7
T04	CYCLE 86	T04 D01	ϕ39.9	半精镗 4×ϕ40H7 孔为ϕ39.9
T05	CYCLE 86	T04 D01	ϕ40	精镗 4×ϕ40H7
T06	CYCLE82	T05 D01	ϕ60	锪 4×ϕ60 沉孔
T07	CYCLE81	T07 D01	ϕ15	钻 14×ϕ15 通孔
T01	CYCLE81	T01 D01	中心钻	钻 16×M6 中心孔
T08	CYCLE83	T06 D01	ϕ5	钻 16×M6 底孔
T09	CYCLE84	T08 D01	M6 丝锥	攻 16×M6 螺孔

（2）零件的装夹

零件在加工中心上的装夹、工件坐标系如图 3-37 所示，*Z* 轴的零点为工件的上表面。工件采用螺栓、压板方式进行装夹。

零件的加工程序：零件加工的主程序为 ABC40.MPF，14×ϕ15 孔子程序为 ABC41.SPF，4×ϕ40H7、ϕ60 孔子程序为 ABC42.SPF，6×M6 通孔子程序为 ABC43.SPF。

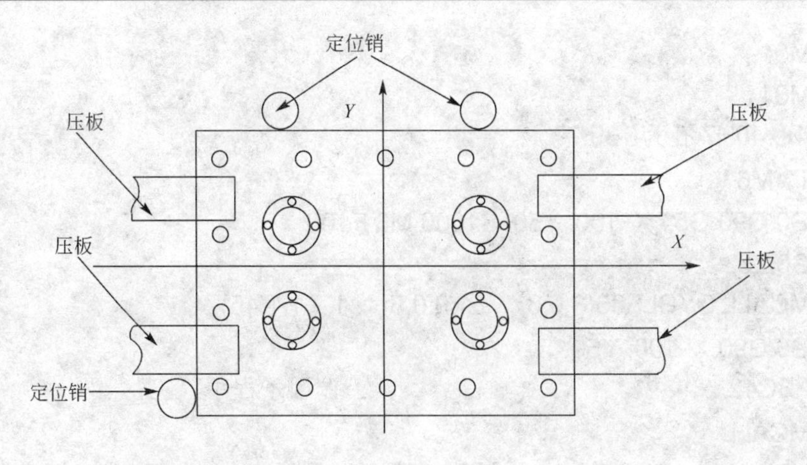

图 3-37　零件装夹图

主程序：

```
%
ABC40.MPF
N102 G0 G17 G40 G49 G80 G90                设定工作环境
（钻 14×φ15、4×φ40H7 中心孔）
N104 T1 M6                                 换刀
N106 G0 G90 G54 X-174. Y120. S3000 M3
N108 G0 Z3. F200.
N110 MCALL CYCLE81 (3,0,3，-15，,0)
N111 G0 G90 X-174. Y120.
N112 ABC41                                 调用子程序
N114 MCALL
N116 MCALL CYCLE81 (3,0,3，-15，,0)
N118 G90 X-100. Y50.
N120 ABC42                                 调用子程序
N122 MCALL
N124 M5
N128 M01                                   选择性停止
（钻 4×φ40H7 孔为φ38）
N130 T2 M6
N132 G0 G90 G54 X-100. Y50. S400 M3
N134 G0 Z3. F100
N136 MCALL CYCLE81 (3,0,3，-66.416，  0)
N137 G0 G90 X-100. Y50.
N138 ABC42                                 调用子程序
N140 MCALL
```

```
N142 M5
N146 M01
（粗镗 4×ϕ40H7 孔为ϕ39.7）
N148 T3 M6
N150 G0 G90 G54 X-100. Y50. S1000 M3 F100
N152 G0 Z3.
N154 MCALL CYCLE86(3,0,3，-51,0,0,3，-1, -1,1,45)
N155 G0 G90 X-100. Y50.
N156 ABC42                                    调用子程序
N158 MCALL
N160 M5
N164 M01
（半精镗 4×ϕ40H7 为ϕ39.9）
N166 T4 M6
N168 G0 G90 G54 X-100. Y50. S1000M3 F80.
N170 G0 Z3.
N172 MCALL CYCLE86(3,0,3，-51,0,0,3，-1, -1,1,45)
N173 G0 G90 X-100. Y50.
N174 ABC42
N176 MCALL
N178 M5
N182 M01
（精镗ϕ40H7 为ϕ40）
N184 T5 M6
N186 G0 G90 G54 X-100. Y50. S1200 M3
N188 G0 Z3.
N189 MCALL CYCLE86(3,0,3，-51,0,0,3，-1, -1,1,45)
N190 G0 G90 X-100. Y50.
N194 ABC42
N195 MCALL
N196 M5
N200 M01
（锪 4×ϕ60 沉孔）
N202 T6 M6
N204 G0 G90 G54 X-100. Y50. S2000 M3 F100
N206 G0 Z3.
N208 MCALL CYCLE82 (3,0,3，-16，,0,1).
N209 G0 G90 X-100. Y50.
N210 ABC42
N212 MCALL
```

```
N214 M5
N218 M01
（钻 14×φ15 通孔）
N220 T7 M6
N222 G0 G90 G54 X-174. Y120. S1000 M3 F100
N224 G0 Z3.
N226 MCALL CYCLE81(3,0,3，-59.506,0)
N227 G0 G90 X-174. Y120.
N228 ABC41
N230 MCALL
N232 M5
N236 M01
（钻 16×M6 中心孔）
N238 T1 M6
N240 G0 G90 G54 X-100. Y75.5 S3000 M3 F200.
N242 G0 Z3.
N244 MCALL CYCLE81(3,0,3，-15,0)
N245 G0 G90 X-100. Y75.5
N246 ABC43
N248 MCALL
N250 M5
N254 M01
（钻 16×M6 底孔）
N256 T8 M6
N258 G0 G90 G54 X-100. Y75.5 S1000 M3 F200.
N260 G0 Z3.
N262 MCALL CYCLE83(3,0,3，-56.502,0，-6，,4,0，,1,0)
N264 ABC43
N266 MCALL
N268 M5
N272 M01
（攻 16×M6 螺孔）
N274 T9 M6
N276 G0 G90 G54 X-100. Y75.5 S300 M3 F60
N278 G0 Z3.
N280 MCALL CYCLE84(3,0,3，-51,0,3,6,1,45,60,0)
N279 G0 G90 X-100. Y75.5
N282 ABC43
N284 MCALL
N286 M5
```

```
N292 M30
（14×φ15 孔子程序）
ABC41.SPF
N100 G91
N102 X87.                         孔 2
N104 X87.                         孔 3
N106 X87.                         孔 4
N108 X87.                         孔 5
N110 Y-80.                        孔 6
N112 Y-80.                        孔 7
N114 Y-80.                        孔 8
N116 X-87.                        孔 9
N118 X-87.                        孔 10
N120 X-87.                        孔 11
N122 X-87.                        孔 12
N124 Y80.                         孔 13
N126 Y80.                         孔 14
N128 RET
（4×φ40H7、φ60 孔子程序）
ABC42.SPF
N100 G91
N102 X200.                        孔 16
N104 X-200. Y-100.                孔 17
N106 X200.                        孔 18
N108 RET
（16×M6 通孔子程序）
ABC43.SPF
N100 G91
N102 X25.5 Y-25.5                 孔 20
N104 X-25.5 Y-25.5                孔 21
N106 X-25.5 Y25.5                 孔 22
N108 X225.5 Y25.5                 孔 23
N110 X25.5 Y-25.5                 孔 24
N112 X-25.5 Y-25.5                孔 25
N114 X-25.5 Y25.5                 孔 26
N116 X-174.5 Y-74.5               孔 27
N118 X25.5 Y-25.5                 孔 28
N120 X-25.5 Y-25.5                孔 29
N122 X-25.5 Y25.5                 孔 30
N124 X225.5 Y25.5                 孔 31
```

```
N126 X25.5 Y-25.5            孔 32
N128 X-25.5 Y-25.5           孔 33
N130 X-25.5 Y25.5            孔 34
N132 RET
```

3.4 螺纹加工

3.4.1 螺纹加工指令与方法

指令：刚性攻螺纹－CYCLE84

格式：CYCLE84（RTP，RFP，SDIS，DP，DPR，DTB，SDAC，MPIT，PIT，POSS，SST，SST1)

参数含义：

RTP Real	返回平面（绝对值）
RFP Real	参考平面（绝对值）
SDIS Real	安全间隙（无符号输入）
DP Real	最后钻孔深度（绝对值）
DPR Real	相对于参考平面的最后钻孔深度（无符号输入）
DTB Real	螺纹深度时的停顿时间（断屑）
SDAC Int	循环结束后的旋转方向 值：3、4 或 5（用于 M3、M4 或 M5）
MPIT Real	螺距由螺纹尺寸决定（有符号），数值范围 3（用于 M3）～48（用于 M48）； 符号决定了在螺纹中的旋转方向
PIT Real	螺距由数值决定（有符号），数值范围:0.001～2000.000mm；符号决定了在螺纹中的旋转方向，正值 RH（用于 M3），负值 LH（用于 M4）
POSS Real	循环中定位主轴的位置（以度为单位）
SST Real	攻螺纹速度
SST1 Real	退回速度

注意：MPIT 和 PIT 任选一个设定螺纹，不需要的参数在调用中省略或赋值为零。

攻螺纹动作顺序：

循环启动前到达位置：钻孔位置在所选平面的两个进给轴中。

攻螺纹循环形成以下动作顺序（如图 3-38 所示）：

- 使用 G0 回到安全间隙前的参考平面。
- 定位主轴停止（值在参数 POSS 中）以及将主轴转换为进给轴模式。
- 攻螺纹至最终钻孔深度，速度为 SST。
- 螺纹深度处的停顿时间（参数 DTB）。
- 退回到安全间隙前的参考平面，速度为 SST1 且方向相反。
- 使用 G0 退回到退回平面；通过在循环调用前重新编程有效的主轴速度以及 SDAC 下编程的旋转方向，从而改变主轴模式。

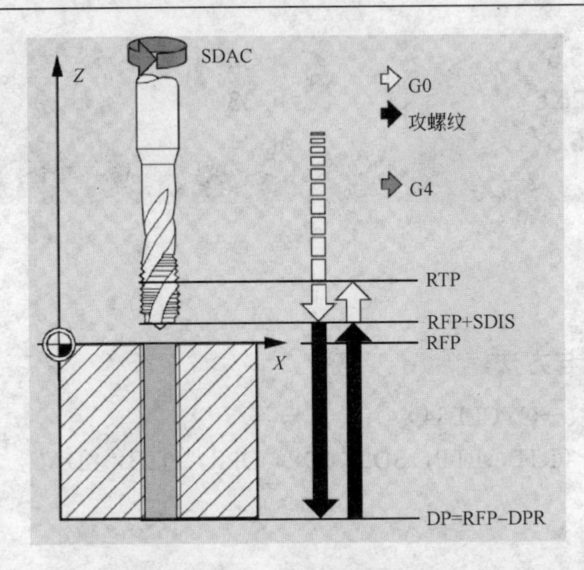

图 3-38 螺纹加工循环

3.4.2 螺孔加工实例

例题：刚性攻螺纹。在 *XY* 平面中的位置 *X*30 *Y*35 处进行不带补偿夹具的刚性攻螺纹；攻螺纹轴是 *Z* 轴。未编程停顿时间；编程的深度值为相对值。必须给旋转方向参数和螺距参数赋值。被加工螺纹公称直径为 M5。

```
N10 G0 G90 T11 D1                     技术值的定义
N20 G17 X30 Y35 Z40                   接近钻孔位置
N30 CYCLE84 （40，36，2，30，，3，5，，90，200，500） 循环调用；已忽略
        PIT 参数；未给绝对深度或停顿时间输入数值；主轴在 90° 位置停止；
        攻螺纹速度是 200，退回速度是 500
N40 M30                               程序结束
```

3.4.3 螺纹铣削

传统的螺纹加工方法主要为采用螺纹车刀车削螺纹或采用丝锥、板牙手工攻螺纹及套扣。随着数控加工技术的发展，尤其是三轴联动数控加工系统的出现，使更先进的螺纹加工方式——螺纹的数控铣削得以实现。螺纹铣削加工与传统螺纹加工方式相比，在加工精度、加工效率方面具有极大优势，且加工时不受螺纹结构和螺纹旋向的限制，如一把螺纹铣刀可加工多种不同旋向的内、外螺纹。对于不允许有过渡扣或退刀槽结构的螺纹，采用传统的车削方法或丝锥、板牙很难加工，但采用数控铣削却十分容易实现。此外，螺纹铣刀的耐用度是丝锥的十多倍甚至数十倍，而且在数控铣削螺纹过程中，对螺纹直径尺寸的调整极为方便，这是采用丝锥、板牙难以做到的。由于螺纹铣削加工的诸多优势，目前发达国家的大批量螺纹生产已较广泛地采用了铣削工艺。

（1）螺纹铣削加工方法

如图 3-39 所示为 M6 标准内螺纹的铣削加工实例。工件材料：铝合金；刀具：硬质合金螺纹钻铣刀；螺纹深度：10mm；铣刀转速：2000r/min；切削速度：314m/min；钻削进给量：

0.25mm/min；铣削进给量：　0.06mm/齿；加工时间：每孔 1.8s。

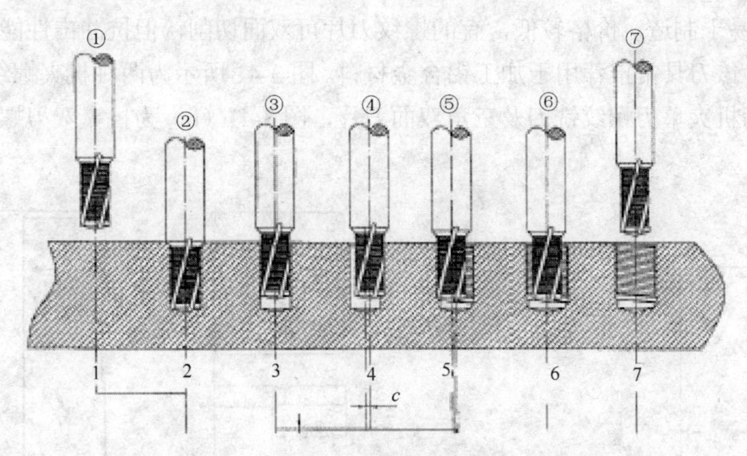

图 3-39　M6 标准内螺纹铣削加工示意图

加工流程为：①位，螺纹钻铣刀快速运行至工件安全平面；②位，螺纹钻铣刀钻削至孔深尺寸；③位，螺纹钻铣刀快速提升到螺纹深度尺寸；④位，螺纹钻铣刀以圆弧切入螺纹起始点；⑤位，螺纹钻铣刀绕螺纹轴线作 X、Y 方向插补运动，同时作平行于轴线的+Z 方向运动，即每绕螺纹轴线运行 360°，沿+Z 方向上升一个螺距，三轴联动运行轨迹为一螺旋线；⑥位，螺纹钻铣刀以圆弧从起始点（也是结束点）退刀；⑦位，螺纹钻铣刀快速退至工件安全平面，准备加工下一孔。该加工过程包括了钻孔、倒角、内螺纹铣削和螺纹清根槽铣削，采用一把刀具一次完成，加工效率极高。

（2）螺纹铣刀主要类型

在螺纹铣削加工中，三轴联动数控机床和螺纹铣削刀具是必备的两要素。以下介绍几种常见的螺纹铣刀类型：

① 圆柱螺纹铣刀　圆柱螺纹铣刀的外形很像是圆柱立铣刀与螺纹丝锥的结合体（见图 3-40），但它的螺纹切削刃与丝锥不同，刀具上无螺旋升程，加工中的螺旋升程靠机床运动实现。由于这种特殊结构，使该刀具既可加工右旋螺纹，也可加工左旋螺纹，但不适用于较大螺距螺纹的加工。

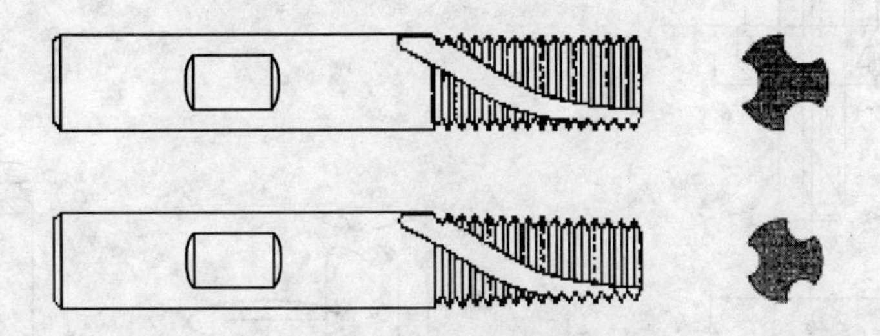

图 3-40　圆柱螺纹铣刀和锥管螺纹铣刀

常用的圆柱螺纹铣刀可分为粗牙螺纹和细牙螺纹两种。出于对加工效率和耐用度的考虑，螺纹铣刀大都采用硬质合金材料制造，并可涂覆各种涂层以适应特殊材料的加工需要。圆柱螺纹铣刀适用于钢、铸铁和有色金属材料的中小直径螺纹铣削，切削平稳，耐用度高。缺点是刀具制造成本较高，结构复杂，价格昂贵。

② 机夹螺纹铣刀及刀片　机夹螺纹铣刀适用于较大直径（如 D>25mm）的螺纹加工。其特点是刀片易于制造，价格较低，有的螺纹刀片可双面切削，但抗冲击性能较整体螺纹铣刀稍差。因此，该刀具常推荐用于加工铝合金材料。图 3-41 所示为两种机夹螺纹铣刀及刀片。图 3-41（a）为机夹单刃螺纹铣刀及三角双面刀片，图 3-41（b）为机夹双刃螺纹铣刀及矩形双面刀片。

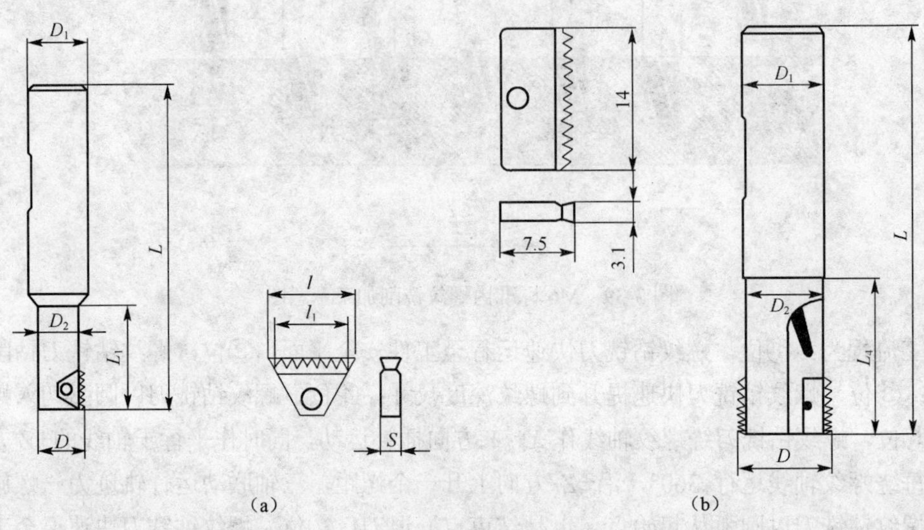

图 3-41　机夹螺纹铣刀及刀片

③ 组合式多工位专用螺纹镗铣刀　组合式多工位专用螺纹镗铣刀的特点是一刀多刃，一次完成多工位加工，可节省换刀等辅助时间，显著提高生产率。图 3-42 所示为组合式多工位专用螺纹镗铣刀加工实例。工件需加工内螺纹、倒角和平台。若采用单工位自动换刀方式加工，单件加工用时约 30s。而采用组合式多工位专用螺纹镗铣刀加工，单件加工用时仅约 5s。

（3）螺纹铣削轨迹

螺纹铣削运动轨迹为一螺旋线，可通过数控机床的三轴联动来实现。图 3-43 为左旋和右旋外螺纹的铣削运动示意图。

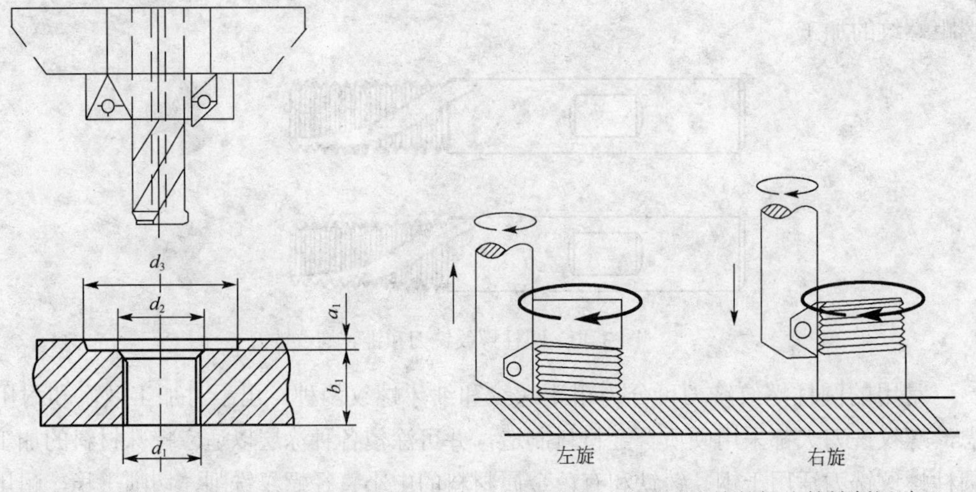

图 3-42　组合式多工位专用螺纹镗铣刀加工示意图　　图 3-43　左旋和右旋外螺纹的铣削运动

与一般轮廓的数控铣削一样，螺纹铣削开始进刀时也可采用 1/4 圆弧切入或直线切入。铣削时应尽量选用刀片宽度大于被加工螺纹长度的铣刀，这样，铣刀只需旋转 360°即可完成螺纹加工。螺纹铣刀的轨迹分析如图 3-44 所示。

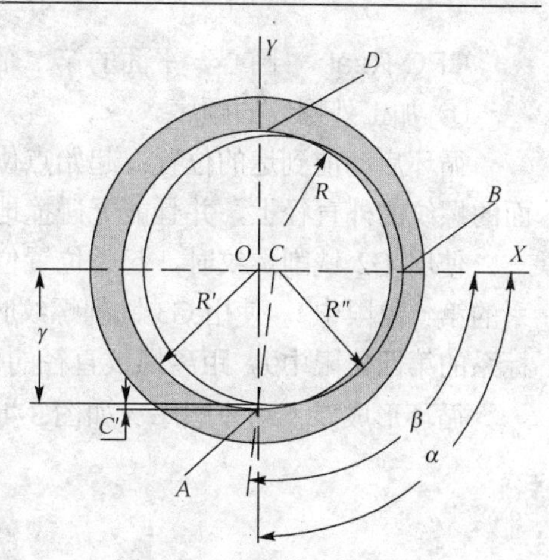

图 3-44　螺纹铣刀轨迹分析

（4）铣螺纹固定循环指令（螺纹铣削－CYCLE90）

指令格式：

CYCLE90（RTP，RFP，SDIS，DP，DPR，DIATH，KDIAM，PIT，FFR，CDIR，TYPTH，CPA，CPO）

CYCLE90 的参数含义如图 3-45 所示。

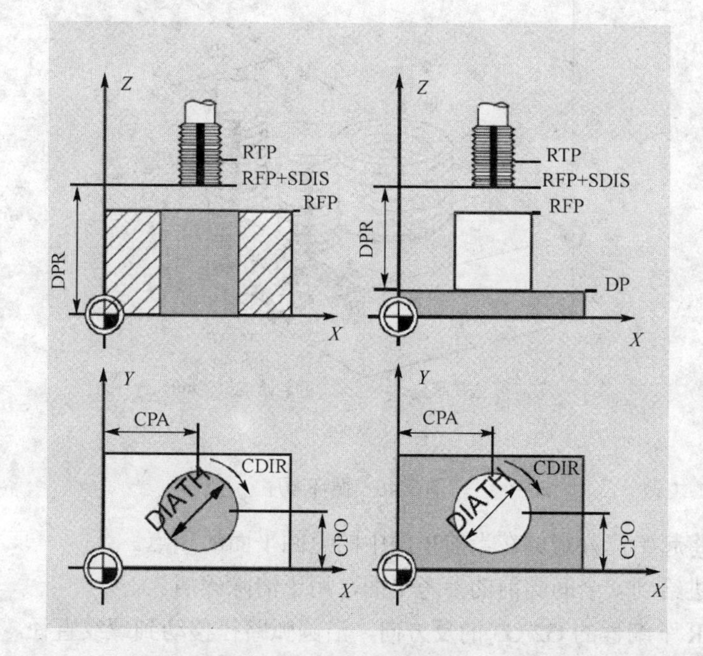

图 3-45　螺纹铣削固定循环

RTP Real	退回平面（绝对值）
RFP Real	参考平面（绝对值）
SDIS Real	安全间隙（无符号输入）
DP Real	最后钻孔深度（绝对值）
DPR Real	相对于参考平面的最后钻孔深度（无符号输入）
DIATH Real	额定直径，螺纹外直径
KDIAM Real	中心直径，螺纹内直径
PIT Real	螺纹螺距；范围值：0.001～2000.000mm
FFR Real	螺纹铣削进给率（无符号输入）
CDIR int	螺纹铣削时的旋转方向，值：2（使用 G2 铣削螺纹）；3（使用 G3 铣削螺纹）
TYPTH int	螺纹类型，值：0＝内螺纹；1＝外螺纹
CPA Real	圆心，平面的第一轴（绝对值）

CPO Real	圆心，平面的第二轴（绝对值）

① 加工外螺纹的顺序。

循环启动前到达的位置：起始点位置可以是任何位置，只要该起始点位于高度为返回平面的螺纹的外直径上，并且能无碰撞地到达。

使用 G2 铣削螺纹时，起始位置位于当前平面中正的横坐标和正的纵坐标内（即在坐标系的第一象限中）。使用 G3 铣削螺纹时，起始位置位于正的横坐标和负的纵坐标内（即在坐标系的第四象限中）。距离螺纹直径的位移取决于螺纹的大小以及使用的刀具半径。

循环形成以下动作顺序（如图 3-46 所示）：

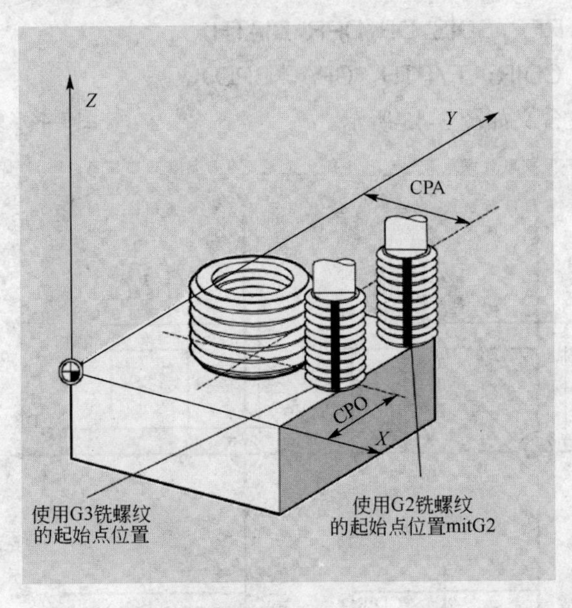

图 3-46 循环顺序

- 使用 G0 将起始位置定位在当前平面中的返回平面的顶点。
- 使用 G0 进给到安全间隙前的参考平面，用于清除碎屑。
- 按照 CDIR 下编程的 G2/G3 的反方向，沿圆弧路径移动到螺纹直径。
- 使用 G2/G3 以及 FFR 的进给率沿螺旋路径铣削螺纹。
- 按照 G2/G3 的反方向以及降低的 FFR 进给率沿圆弧路径返回。
- 使用 G0 退回到返回平面。

② 加工内螺纹时的操作顺序。

循环启动前到达的位置：起始位置可以是任何位置，只要能够无碰撞地到达在返回平面顶点的螺纹圆心。

循环形成以下动作顺序：

- 使用 G0 定位在当前平面中位于返回平面顶点的中心点。
- 使用 G0 进给到安全间隙前的参考平面，用于清除碎屑。
- 使用 G1 和降低的进给率 FFR 移动到循环内部计算的圆弧。
- 按照 CDIR 下编程的 G2/G3 方向，沿圆弧路径移动到螺纹直径。
- 使用 G2/G3 以及 FFR 的进给率沿螺旋路径铣削螺纹。

• 按照相同的旋转方向以及降低的 FFR 进给率沿圆弧路径返回。
• 使用 G0 退回到螺纹的中心点。
• 使用 G0 退回到返回平面。

注意：从技术上考虑，也可以加工出自下而上的螺纹。此时，返回平面 RTP 将位于螺纹深度 DP 后。可以进行此加工，但是深度必须定义成绝对值，并且必须在循环调用前移到返回平面，或者移动到返回平面后的位置。

3.4.4 螺纹铣削实例

以 M72×2−6H 螺纹为例。

工件材料：钛合金；　　　　　　刀具：镗刀杆和山特维克螺距为 2 mm 的刀片；
主轴转速 2000r/min；　　　　　铣削量 0.06mm/齿；
进给速度 0.25mm/min；　　　　螺纹的底孔尺寸：$\phi 69.835{}^{+0.375}_{0}$；
螺纹有效长度 45mm；　　　　　铣削方式：顺铣；
加工中心的操作系统：　　　　　SIEMENS；
加工步骤：字串 6

① 加工孔到螺纹底孔尺寸$\phi 69.835{}^{+0.375}_{0}$字串 5

② 螺纹铣刀走螺旋曲线，绕螺纹轴线作 X、Y 方向圆弧插补运动，同时作 Z 方向直线运动，每绕螺纹轴线运行一周、沿 Z 向移动一个螺距。

编程方法：

```
T1  M6
G0G90G54X0Y0S400M3
G1 Z50F1000M8
Z10F1000
R1=-45
Z=R1
G41D1Y36F100
N10G91G3J-36Z2
R1=R1+2
IF[R1<1] GOTO N10
G1G40G90Y0F1000
Z10F1000
G55X0Y0
R1=-45
Z=R1
G41D1Y36F100
N20G91G3J-36Z2
R1=R1+2
IF[R1<1] GOTO N20
G1G40G90Y0F1000
G0Z0M9
M5
M30
```

注：进行同样尺寸左旋螺纹加工时，只需要把程序中 G3 改为 G2、G41 改为 G42 即可。

3.5 槽加工编程

3.5.1 槽的进刀方式和铣削方法

根据槽的类型不同，加工槽时可选择不同的进刀方式和铣削方法。一般来讲，有表 3-8 所示几种方法。

表 3-8 槽的进刀方式和铣削方法

进刀方式	铣削方向	下刀方式	铣削类型
法向进刀	由里向外顺铣	直接下刀	粗铣
直线切向进刀	由里向外顺铣	直接下刀或直线下刀	半精铣
圆弧切向进刀	由里向外顺铣	螺旋下刀	精铣

3.5.2 加工实例——圆周上键槽的粗、精铣

（1）相关指令（圆弧槽－SLOT1）

① 功能：SLOT1 循环是一个综合的粗加工和精加工循环。

使用此循环可以加工环形排列槽。槽的纵向轴按放射状排列。和加长孔不同，定义了槽宽的值，如图 3-47 所示。

② 指令格式：SLOT1（RTP，RFP，SDIS，DP，DPR，NUM，LENG，WID，CPA，CPO，RAD，STA1，INDA，FFD，FFP1，MID，CDIR，FAL，VARI，MIDF，FFP2，SSF)

③ 参数含义：

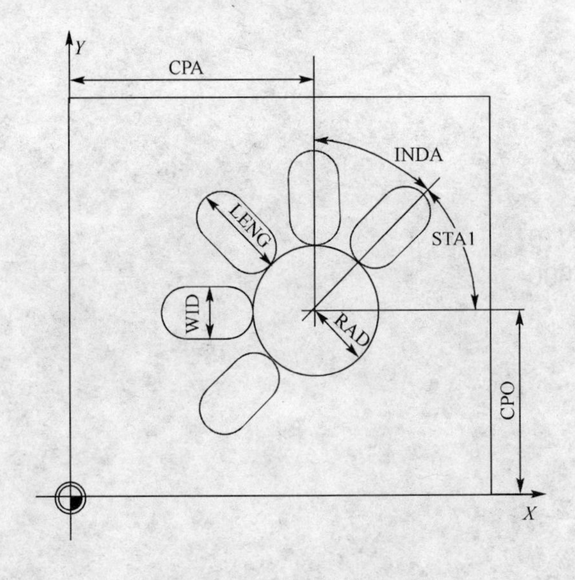

图 3-47 圆周上键槽加工循环

RTP Real 返回平面(绝对值)

RFP Real 参考平面(绝对值)

SDIS Real 安全间隙(无符号输入)

```
DP Real  槽深(绝对值)
DPR Real  相当于参考平面的槽深(无符号输入)
NUM Integer  槽的数量
LENG Real  槽长(无符号输入)
WID Real  槽宽(无符号输入)
CPA Real  圆弧中心点(绝对值)，平面的第一轴
CPO Real  圆弧中心点(绝对值)，平面的第二轴
RAD Real  圆弧半径(无符号输入)
STA1 Real  起始角
INDA Real  增量角
FFD Real  深度进给率
FFP1 Real  端面加工进给率
MID Real  一次进给最大深度(无符号输入)
CDIR Integer  加工槽的铣削方向，值: 2(用于 G2)；3(用于 G3)
FAL Real  槽边缘的精加工余量(无符号输入)
VARI Integer  加工类型，值: 0=完整加工；1=粗加工，2=精加工
MIDF Real  精加工时的最大进给深度
FFP2 Real  精加工进给率
SSF Real  精加工速度
```

④ 动作执行顺序：

循环起始时，使用 G0 回到图 3-48 中的右边位置。以下步骤完成了槽的加工（如图 3-48 所示）：

- 使用 G0 回到安全间隙前的参考平面。
- 使用 G1 以及 FFD 中的进给率值进给至下一加工深度。
- 使用 FFP1 中的进给率值在槽边缘上进行连续加工直到精加工余量。然后使用 FFP2 的进给率值和主轴速度 SSF 并按 CDIR 下编程的加工方向沿轮廓进行精加工。
- 始终在加工平面中的相同位置进行深度进给，直至到达槽的底部。
- 将刀具退回到返回平面并使用 G0 移到下一个槽。
- 加工完最后的槽后，使用 G0 将刀具移到加工平面中的末端位置，则循环结束。

（2）编程实例（如图 3-49 所示）

圆形槽：共加工 4 个槽。这些槽具有以下尺寸：长 30mm，宽 15mm，深 23mm。安全间隙是 1mm，精加工余量是 0.5mm，铣削方向是 G2，最大进给深度是 6mm。即将完整加工这些槽并在进行精加工时进给至槽深及使用相同的进给率和速度。

```
N10 G17 G90 T1 D1 S600 M3  技术值的定义
N20 G0 X20 Y50 Z5  回到起始位置
N30 SLOT1 (5，0，1，-23，，4，30，15，40，45，20，45，90，100， 320，6，2，
        0.5，0，，0，) 循环调用，参数 VARI、MIDF、FFP2 和 SSF 省略
N60 M30  程序结束
```

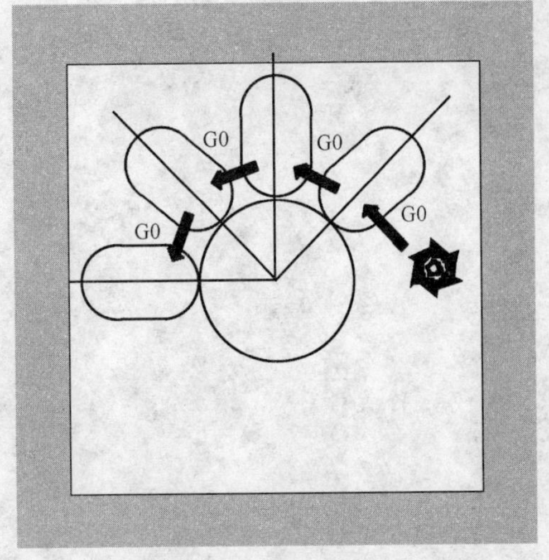

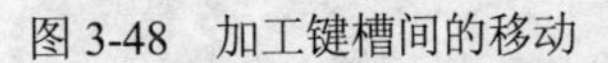
图 3-48 加工键槽间的移动

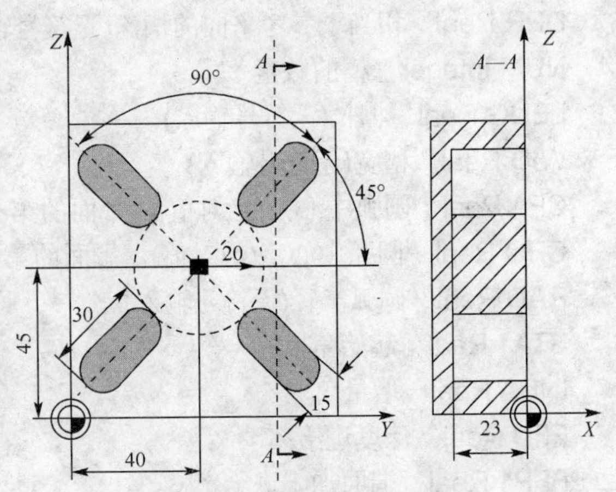

图 3-49 键槽加工实例

3.5.3 加工实例——腰圆槽的粗、精铣

腰圆槽指令（圆周槽－SLOT2 ）

（1）功能

SLOT2 循环是一个综合的粗加工和精加工循环。使用此循环可以加工分布在圆上的圆周槽，如图 3-50 所示。

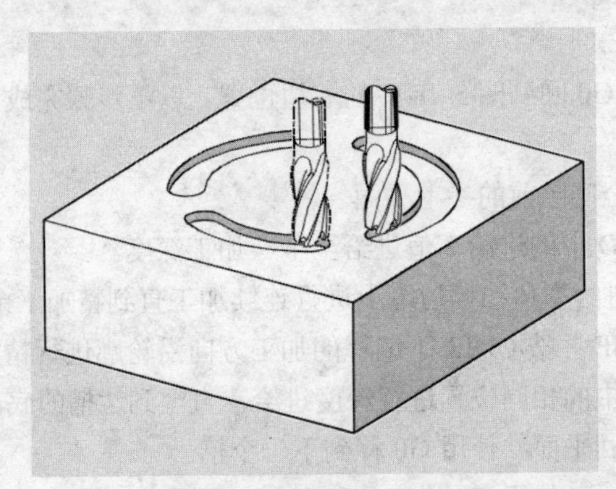

图 3-50 腰圆槽加工循环

（2）指令格式

SLOT2(RTP，RFP，SDIS，DP，DPR，NUM，AFSL，WID，CPA，CPO，RAD，STA1，INDA，FFD，FFP1，MID，CDIR，FAL，VARI，MIDF，FFP2，SSF)

参数含义（如图 3-51 所示）：

RTP Real 返回平面(绝对值)

RFP Real 参考平面(绝对值)

SDIS Real 安全间隙(无符号输入)

DP Real 槽深(绝对值)

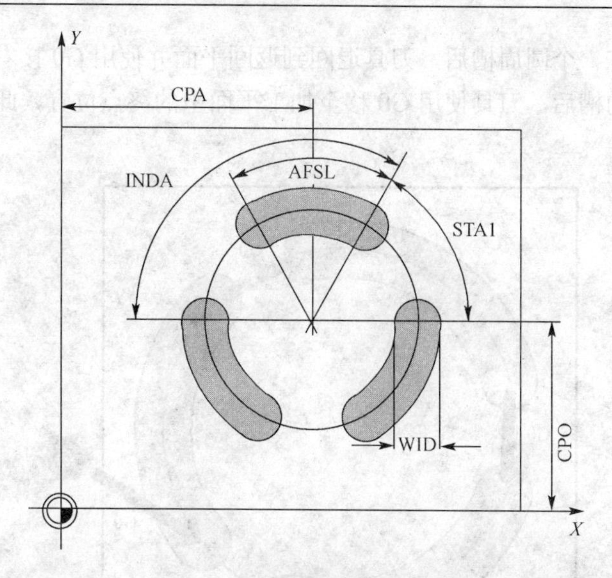

图 3-51　腰圆槽加工循环参数

DPR Real　相当于参考平面的槽深(无符号输入)
NUM Integer　槽的数量
AFSL Real　槽长的角度(无符号输入)
WID Real　圆周槽宽(无符号输入)
CPA Real　圆中心点(绝对值)，平面的第一轴
CPO Real　圆中心点(绝对值)，平面的第二轴
RAD Real　圆半径(无符号输入)
STA1 Real　起始角
INDA Real　增量角
FFD Real　深度进给率
FFP1 Real　端面加工进给率
MID Real　最大进给深度(无符号输入)
CDIR Integer　加工圆周槽的铣削方向，值: 2(用于 G2)；3(用于 G3)
FAL Real　槽边缘的精加工余量(无符号输入)
VARI Integer　加工类型，值: 0=完整加工；1=粗加工；2=精加工
MIDF Real　精加工时的最大进给深度
FFP2 Real　精加工进给率
SSF Real　精加工速度

（3）动作执行顺序

循环运行前到达的位置：起始位置可以是任何位置，只要刀具能够到达每个槽而不发生碰撞。

循环形成以下动作顺序（如图 3-52 所示）：

- 循环运行时，使用 G0 靠近图 3-52 中指定的位置。
- 加工圆周槽的步骤和加工加长孔的步骤相同。

- 完整地加工完一个圆周槽后，刀具退回到返回平面并使用 G0 接着加工下一槽。
- 加工完所有的槽后，刀具使用 G0 移至加工平面中的终点位置，此位置在图 3-52 中指定，然后循环结束。

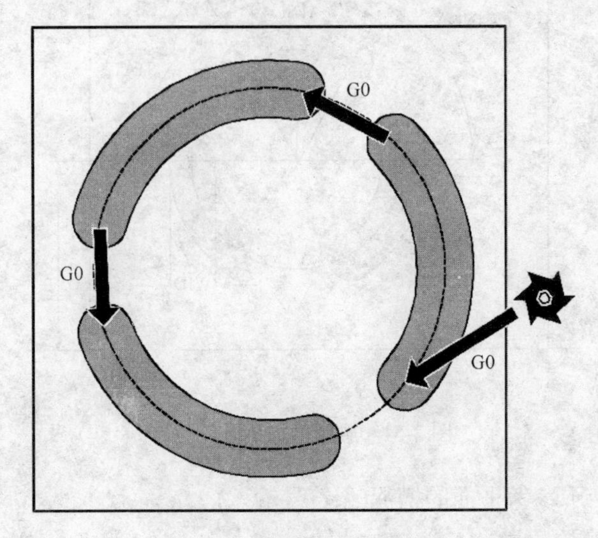

图 3-52 腰圆槽加工间的移动

注意：

① 循环调用前必须编程刀具补偿。否则，循环终止并产生报警 61000“无有效的刀具补偿”。

② 如果给决定槽分布和大小的参数定义了不正确的值并因此而导致槽之间的轮廓碰撞，循环不会启动。在产生错误信息 61104“槽 / 加长孔的轮廓碰撞”后循环终止。

③ 循环运行过程中，工件坐标系偏置并旋转。显示在实际值区域的工件坐标系的值表示刚加工的圆周槽从当前加工平面的第一轴开始而且工件坐标系的零点位于圆的中心点。

④ 循环结束后，工件坐标系又重新位于循环调用前的相同位置。

（4）编程举例

圆周槽，如图 3-53 所示， 此程序可以用来加工分布在圆周上的 3 个圆周槽，该圆周在 *XY* 平面中的中心点是 *X*60*Y*60，半径是 42mm。圆周槽具有以下尺寸：宽 15mm，槽长角度为 70°，深 23mm。起始角是 0°，增量角是 120°。精加工余量是 0.5mm，进给轴 *Z* 的安全间隙是 2mm，最大深度进给为 6mm。完整加工这些槽。精加工时的速度和进给率相同。执行精加工时的进给至槽深。

```
ABC50.MPF
N10 G17 G90 T1 D1 S600 M3   技术值的定义
N20 G0 X60 Y60 Z5           回到起始位置
N30 SLOT2 (2，0，2，-23，，3，70，15，60，65，42，，120，100， 300，6，2，
        0.5，0，，0，) 循环调用，参考平面+SDIS=返回平面，含义:使用 G0 进给
        轴回到参考平面+SDIS 不再适用，参数 VARI、MIDF、FFP2 和 SSF 省略
N60 M30   程序结束
```

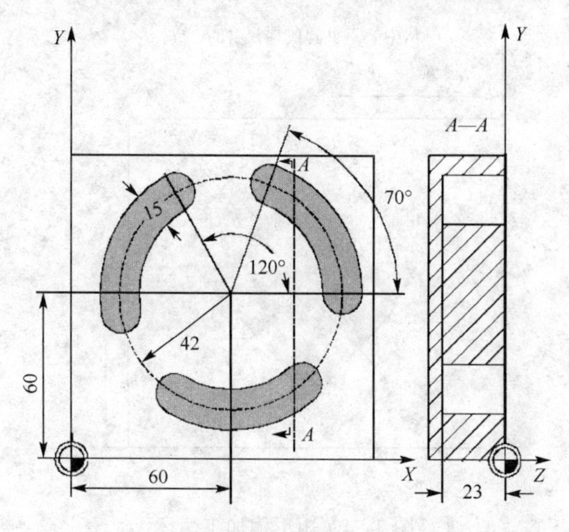

图 3-53　腰圆槽加工实例

3.6　型腔铣削

3.6.1　矩形型腔

矩形型腔指令：

（1）功能

此循环可以用于粗加工和精加工。精加工时，要求使用带端面齿的铣刀。

深度进给始终从槽中心点开始并在垂直方向上执行。这样才能在此位置完成预铣削。

- 铣削方向可以通过 G 命令(G2/G3)来定义，顺铣或逆铣方向由主轴方向决定。
- 对于连续加工，可以编程在平面中的最大进给宽度。
- 精加工余量始终用于槽底。
- 有三种不同的插入方式：垂直于槽的中心：围绕槽中心的螺旋路径；在槽中心轴上摆动。
- 平面中用于精加工的更短路径。
- 考虑平面中的空白轮廓和槽底的空白尺寸(允许最佳的槽加工)。

（2）指令格式

POCKET3(_RTP，_RFP，_SDIS，_DP，_LENG，_WID，_CRAD，_PA，_PO，_STA，_MID，FAL，FALD，_FFP1，_FFD，_CDIR，_VARI，_MIDA，_AP1，_AP2，_AD，_RAD1，_DP1)

（3）参数含义(如图 3-54 所示)

_RTP Real　返回平面(绝对值)

_RFP Real　参考平面(绝对值)

_SDIS Real　安全间隙(无符号输入)

_DP Real　槽深(绝对值)

_LENG Real　槽长，带符号，从拐角测量

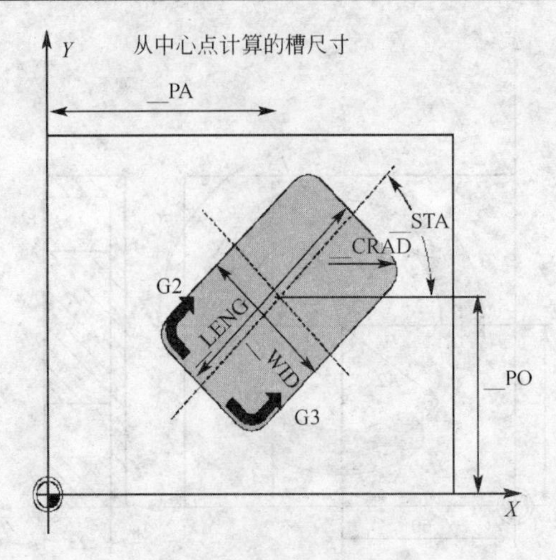

图 3-54 矩形槽加工循环

__WID Real 槽宽，带符号，从拐角测量

__CRAD Real 槽拐角半径(无符号输入)

__PA Real 槽参考点(绝对值)，平面的第一轴

__PO Real 槽参考点(绝对值)，平面的第二轴

__STA Real 槽纵向轴和平面第一轴间的角度(无符号输入)，范围值: 0º≤__STA<180º

__MID Real 最大进给深度(无符号输入)

__FAL Real 槽边缘的精加工余量(无符号输入)

__FALD Real 槽底的精加工余量(无符号输入)

__FFP1 Real 端面加工进给率

__FFD Real 深度进给率

__CDIR Integer 铣削方向(无符号输入)，值: 0 顺铣(主轴方向)；1 逆铣；2 用于 G2(独立于主轴方向)；3 用于 G3

__VARI Integer 加工类型，UNITS DIGIT 值: 1 粗加工；2 精加工 TENS DIGIT 值: 0 使用 G0，垂直于槽中心；1 使用 G1，垂直于槽中心；2 螺旋状；3 沿槽纵向轴摆动

__MIDA Real 在平面的连续加工中作为数值的最大进给宽度

__AP1 Real 槽长的空白尺寸

__AP2 Real 槽宽的空白尺寸

__AD Real 距离参考平面的空白槽深尺寸

__RAD1 Real 插入时螺旋路径的半径(相当于刀具中心点路径)或者摆动时的最大插入角

__DP1 Real 沿螺旋路径插入时每转(360º)的插入深度

（4）动作执行顺序

① 粗加工时的动作顺序：使用 G0 回到返回平面的槽中心点， 然后再同样以 G0 回到安全间隙前的参考平面。随后根据所选的插入方式并考虑已编程的空白尺寸对槽进行加工。

② 精加工时的动作顺序：从槽边缘开始精加工，直到到达槽底的精加工余量，然后对

槽底进行精加工。如果其中某个精加工余量为零，则跳过此部分的精加工过程。

• 槽边缘精加工：

精加工槽边缘时，刀具只沿槽轮廓切削一次。

精加工槽边缘时，路径包括一个到达拐角半径的四分之一圆。此路径的半径通常为 2mm，但如果空间较小，半径等于拐角半径和铣刀半径的差。如果在边缘上的精加工余量大于 2mm，则应相应增加接近半径。 使用 G0 朝槽中央执行深度进给，同时使用 G0 到达接近路径的起始点。

• 槽底精加工：

精加工槽底时，机床朝槽中央执行 G0 功能直至到达距离等于槽深+精加工余量+安全间隙处。从该点起，刀具始终垂直进行深度进给（因为具有副切削刃的刀具用于槽底的精加工），底端面只加工一次。

3.6.2　加工实例——矩形型腔的粗、精铣

一个在 *XY* 平面中的矩形槽，深度为 60mm，宽 40mm，拐角半径是 8mm 且深度为 17.5mm。该槽和 *X* 轴的角度为零如图 3-55 所示。槽边缘的精加工余量是 0.75mm，槽底的精加工余量为 0.2mm，添加于参考平面的 *Z* 轴的安全间隙为 0.5mm。槽中心点位于 *X*60，*Y*40，最大进给深度 4mm。

加工方向取决于在顺铣过程中的主轴的旋转方向。使用半径为 5mm 的铣刀。 只进行一次粗加工。

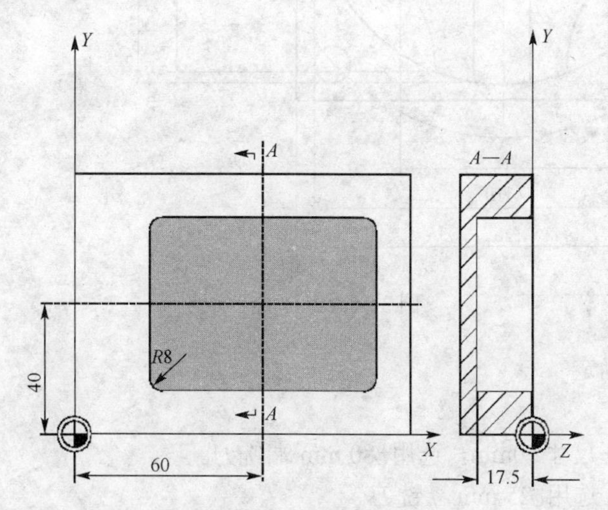

图 3-55　矩形槽加工实例

```
N10 G90 T1 D1 S600 M4　技术值的定义
N20 G17 G0 X60 Y40 Z5　回到起始位置
N30 POCKET3 (5，0，0.5，-17.5，60，40，8，60，40，0，4，0.75，0.2，1000，750，0，11，5，,，,，) 循环调用
N40 M30　程序结束
```

注意：思考如果拐角半径等于工件的长度的一半，那么会出现什么情况？若矩形的长宽又相等，则会出现什么情况？

3.7　综合实例

（1）零件结构分析

工艺分析：从图 3-56 中可以看到：该零件形状规则，被加工部分的ϕ32mm、ϕ10mm、16mm、6mm、50mm 尺寸精度、表面粗糙度值等要求较高，四个ϕ10mm 钻孔有位置精度要求。零件复杂程度一般，包含了平面、空间圆柱面、内外轮廓面、键槽、钻孔、扩孔、铰孔等的加工。

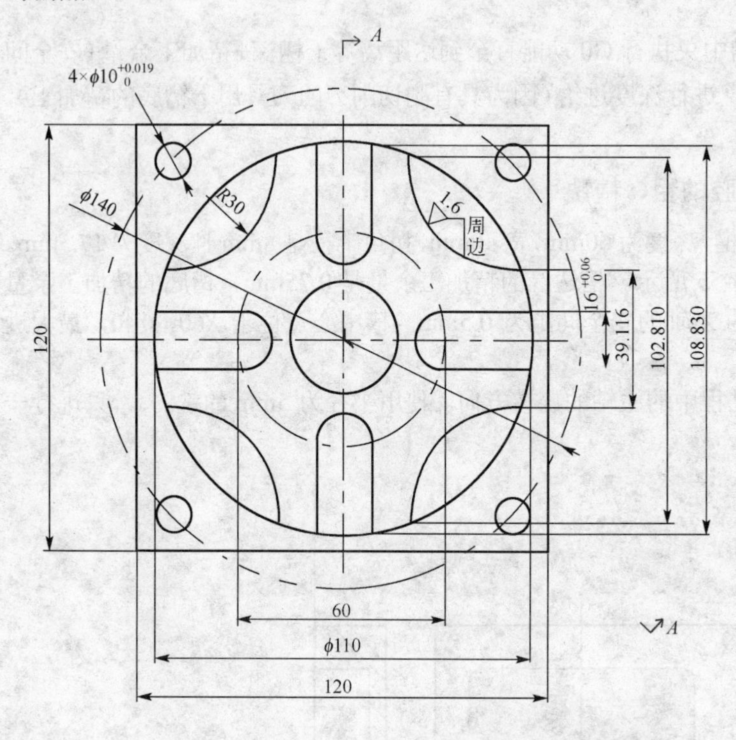

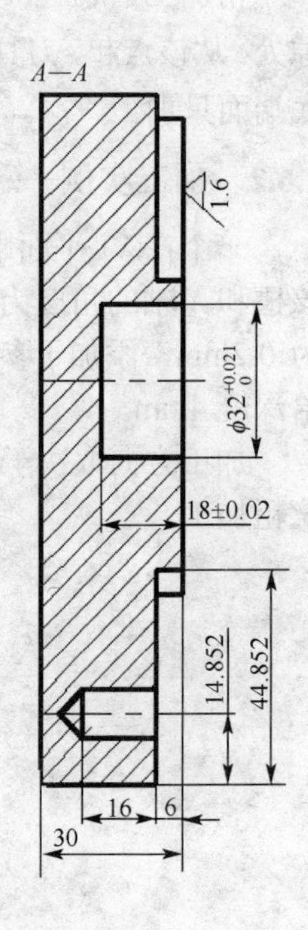

图 3-56　综合加工实例

（2）加工方案确定

加工顺序：

铣削平面，保证尺寸 50mm，选用ϕ80 mm 端铣刀。

粗铣凸台轮廓，选用ϕ25 mm 立铣刀。

粗加工开口键槽，选用ϕ15 mm 立铣刀。

钻中间位置孔，选用ϕ9.8 mm 直柄麻花钻。

扩中间位置孔，选用ϕ30 mm 麻花钻。

精铣凸台外轮廓，选用ϕ15 mm 立铣刀。

粗镗ϕ32 mm 孔至ϕ31.5 mm，选用ϕ31.5 mm 粗镗刀。

精镗ϕ32 mm 孔，选用ϕ32 mm 精镗刀。

钻 4 个ϕ10 mm 的定位中心孔，选用 A3 中心钻。

钻孔加工，选用ϕ9.8 mm 直柄麻花钻。

铰孔加工，选用ϕ10 mm 机用铰刀。

图形相对于正方体的水平中心线对称，根据零件结构的特点，可以用底面外轮廓定位，采用平口钳机构夹紧。编程零点在工件上表面ϕ32mm 孔的中心位置。

（3）刀具及切削参数选用

选择刀具见表 3-9。

表 3-9　刀具及刀补

刀具号	刀具类型	半径补偿
T1	ϕ80mm 铣刀	
T2	ϕ25mm 立铣刀	D1=12.7 D2=12.5
T3	ϕ14mm 立铣刀	D1=7.5 D2=7.0
T4	ϕ9.8mm 直柄麻花钻	
T5	ϕ30mm 麻花钻（平底）	
T6	ϕ31.5mm 精镗刀	
T7	ϕ32mm 精镗刀	
T8	ϕ3mm 中心钻	
T9	ϕ10mm 机用绞刀	

（4）走刀路线和编程加工

各基点坐标见图 3-57 和表 3-10。

表 3-10　基点坐标

P_1	54.415，8	P_9	–51.405,19.558	P_{17}	–8,–54.415
P_2	51.405，19.558	P_{10}	–54.415,8	P_{18}	8,–28.913
P_3	19.558，51.405	P_{11}	–28.913,8	P_{19}	8,–54.415
P_4	8，54.415	P_{12}	–28.913,8	P_{20}	19.558,–51.405
P_5	8，28.913	P_{13}	–54.415,–8	P_{21}	51.405,–19.558
P_6	–8，28.983	P_{14}	–51.405,–19.558	P_{22}	54.415,–19.558
P_7	–8,54.415	P_{15}	–19.558,–51.405	P_{23}	28.913,–8
P_8	–19.558,51.405	P_{16}	–8,–54.415	P_{24}	28.913,8

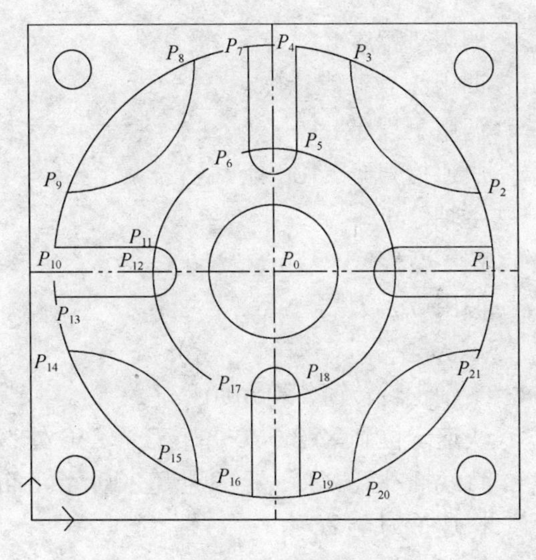

图 3-57　零件图

程序名：

ABC60.MPF	
G17G54G90G40	设置零点偏置，绝对坐标编程，选择 *XY* 平面，取消刀具半径补偿
M6T1	调用 1 号刀具
G01Z5 F100	建立长度补偿
S450M3	主轴正转转速 450r/min
G0X105Y-30	快速定位到 *X*105*Y*-30
G0Z0.3	下刀到 *Z*0.3 处
G1X-105F200	直线插补到 *X*-105，走刀速度 200r/min
Y30	直线插补到 *Y*30 处
G1X105	直线插补到 *X*105
G0Z100	快速抬刀到 *Z*100
M5	主轴停止
M00	程序暂停
S600M3	主轴正转转速 600r/min
G01Z0	下刀至 *Z*0 处
X105Y-30F200	直线插补到 *X*105*Y*-30，走刀速度为 200mm/min
G01 X-105F150	直线插补到 *X*-105
G0Y30	直线插补到 *Y*30 处
G1X105	直线插补到 *X*105
G0Z100	快速抬刀到 *Z*100
M5	主轴停止
M6T2	调用 2 号刀具
G01 Z5	
M3S450	主轴正转转速 450r/mm
G0X77.5Y0	快速定位到 *X*77.5*Y*0 处
G0Z-6	下刀到 *Z*-6 处
ABC61	调用子程序 L1 一次
D2	调用 2 号补偿参数
ABC61	调用子程序 L1 一次
G0Z100	快速抬刀至 Z100 处
M5	主轴停止
M00	程序暂停
M6T3	调用 3 号刀具
G0 Z5	
M3S450	主轴正转转速 450r/min
G0X72.5Y0 Z-6	快速定位到 *X*72.5*Y*0 并下刀至 *Z*-6 处
G1X30F200	直线插补到 *X*30，走刀速度 200mm/min
G0Z5	快速抬刀至 *Z*5
X0Y72.5	快速定位到 *X*0*Y*72.5 处

```
Z-6                         下刀至 Z-6 处
G1Y30                       直线插补到 Y30
G0Z5                        快速抬刀至 Z5
X-72.5Y0                    快速定位到 X-72.5Y0 处
Z-6                         下刀至 Z-6 处
G1X30                       直线插补到 X30
G0Z5                        快速抬刀至 Z5
X0Y-72.5                    快速定位到 X0Y-72.5 处
Z-6                         下刀至 Z-6 处
G1Y-30                      直线插补到 Y-30
G0Z100                      快速抬刀至 Z100
M5                          主轴停止
M00                         程序暂停
T4M6                        调用 4 号刀
G0X0Y0 S600M3 F100          快速定位到 X0Y0，主轴正转转速 600r/min
G0 Z50
CYCLE83(10,0,3,-15,0，)
G0Z100                      快速抬刀至 Z100
M5                          主轴停止
M6T3                        调用 3 号刀
G0X77.5Y0 S1000M3           快速定位到 X77.5Y0，主轴正转转速 1000r/min
G0 Z5
G01Z-6 F100                 下刀至 Z-6 处
G42G1X54.415Y8F100D1        加刀具半径右补偿且直线插补到 X54.41Y8 处
G3X51.405Y19.958CR=55       逆时针圆弧插补到 X51.405Y19.958，圆弧半径为 55
G2X19.958Y51.405CR=30       顺时针圆弧插补到 X19.958Y51.405,圆弧半径为 30
G3X8Y54.415CR=55            逆时针圆弧插补到 X8Y54.415，圆弧半径为 55
G1Y28.913                   直线插补到 Y28.913
G2X-8Y28.913CR=8            顺时针圆弧插补到 X19.958Y51.405,圆弧半径为 8
G1Y54.415                   直线插补到 Y54.415
G3X-19.558Y51.405CR=55      逆时针圆弧插补到 X-19.558Y51.405，圆弧半径为 55
G2X-51.405Y19.558CR=30      顺时针圆弧插补到 X-51.405Y19.558,圆弧半径为 8
G3X-54.415Y8CR=55           逆时针圆弧插补到 X-51.405Y8，圆弧半径为 55
G1X-28.913                  直线插补到 X-28.913
G2X-28.913Y-8CR=8           顺时针圆弧插补到 X-28.913Y-8,圆弧半径为 8
G1X-54.415                  直线插补到 X-54.415
G3X-51.405Y-19.558CR=55     逆时针圆弧插补到 X-51.405Y-19.558，圆弧半径为 55
G2X-19.558Y-51.405CR=30     顺时针圆弧插补到 X-19.558Y-51.405，圆弧半径为 30
```

```
G3X-8Y-54.415CR=55            逆时针圆弧插补到X-8Y-51.405，圆弧半径为55
G1Y-28.913                    直线插补到Y-28.913
G2X8Y-28.913CR=8              逆时针圆弧插补到X8Y-28.913，圆弧半径为8
G1Y-54.415                    直线插补到Y-54.415
G3X19.558Y-51.405CR=55        逆时针圆弧插补到X19.558Y-51.405，圆弧半径为55
G2X51.405Y-19.558CR=30        逆时针圆弧插补到X51.4Y-19.558，圆弧半径为30
G3X54.415Y-8CR=55             逆时针圆弧插补到X51.4Y-8，圆弧半径为55
G1X28.913                     直线插补到Y28.913
G2X28.913Y8CR=8               顺时针圆弧插补到X-28.913Y8，圆弧半径为8
G1X54.415                     直线插补到X54.415
G40G1X77.5Y0                  取消刀具半径补偿并直线插补到X77.5Y0
G0Z100                        快速抬刀至Z100
M05                           主轴停止
M6T6                          调用6号刀具
G0X0Y0 S800M3   F80           快速定位到X0Y0，主轴正转转速600r/min
G0 Z5
CYCLE85(10,0,3，-18,0,1,30,30)
G0Z100                        快速定位到Z100
M05                           主轴停止
M00                           程序暂停
M6T7                          调用7号刀具
G0 Z5
S1000M3 F80                   主轴正转转速1000r/min
G0X0Y0                        快速定位到X0Y0处
CYCLE85(10,0,3，-18,0,1)
G0Z100                        快速抬刀至Z100
M5                            主轴停止
M00                           程序暂停
T8M6                          调用8号刀具
G0 Z5
G0Z10                         快速定位到Z10
M3S1200 F60                   主轴正转转速1200r/min
MCALL CYCLE83 (10,0,3，Z-25,0，-8,0,3,1,0,1,0)   调用钻削指令
X49.49Y49.49
X-49.49Y49.49  快速定位到X-49.49Y49.49，           调用钻削指令
X-49.49Y-49.49 快速定位到X-49.49Y-49.49，          调用钻削指令
X49.49Y-49.49 快速定位到X49.49Y-49.49，            调用钻削指令
MCALL
```

G0Z100	快速定位到 Z100
M5	主轴停止
M00	程序暂停
M5M9	
M30	程序结束
子程序 ABC61.SPF	
G42G1X54.415Y8	加刀具半径右补偿并直线插补到 *X*54.415*Y*8
G3X51.405Y19.558CR=55	逆时针圆弧插补到 *X*51.4*Y*19.558，圆弧半径为 55
G2X19.558Y51.405CR=30	顺时针圆弧插补到 *X*19.558*Y*51.405，圆弧半径为 30
G3X−19.558Y51.405CR=55	逆时针圆弧插补到 *X*−19.558*Y*51.405，圆弧半径为 55
G2X−51.405Y19.558CR=30	顺时针圆弧插补到 *X*−51.405*Y*−19.558，圆弧半径为 30
G3X−51.405Y−19.558CR=50	逆时针圆弧插补到 *X*−51.4*Y*−19.558，圆弧半径为 30
G2X−19.558Y−51.405CR=30	顺时针圆弧插补到 *X*−19.558*Y*−51.405，圆弧半径为 30
G3X19.558Y−51.405CR=55	逆时针圆弧插补到 *X*19.558*Y*−51.405，圆弧半径为 30
G2X51.405Y−19.558CR=30	顺时针圆弧插补到 *X*51.4*Y*−19.558，圆弧半径为 30
G3X54.415Y8CR=55	逆时针圆弧插补到 *X*54.415*Y*8，圆弧半径为 55
G40G1X77.5Y0	取消刀补并直线插补到 *X*77.5*Y*0
RET	子程序结束

第 4 章　多轴加工手工编程

4.1　多轴点位加工

4.1.1　多轴坐标转换

对于多轴点位加工中不同平面坐标点的转换问题，为了简化计算，常常尽可能使工件相对于工作台处于理想位置，也就是工件的回转中心与工作台的回转中心重合，这时几乎不涉及坐标点的转换。如果实际生产加工条件不允许工件的回转中心在机床工作台的中心，那么就需要进行坐标变换，找正、计算和编程就会更加复杂，更加不利于坐标点的计算。

4.1.2　多轴点位手工编程实例

在卧式加工中心上加工两个孔，工件在工作台上的位置如图 4-1 所示，求孔的位置坐标。

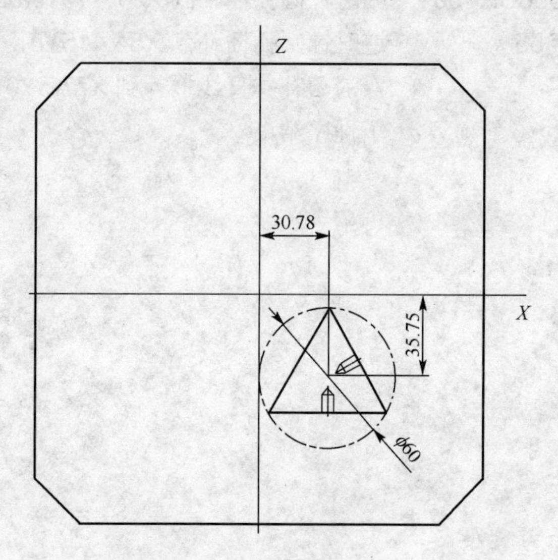

图 4-1　多轴点位加工

（1）计算点坐标（如图 4-2 所示）

编程原点在工作台的中心。

当前位置孔的位置坐标很容易得到，为：X30.38，Z=35.75+15=50.75

加工第二个孔时，工作台要顺时针旋转 120°，使孔轴心与刀具轴平行。旋转后的角度为：180°−120°−arctan(35.75/30.78)=10.73°

由勾股定理得：$A\times A$=30.78×30.78+35.75×35.75

所以 A=47.17

旋转后的孔位置坐标为：X=47.17×cos10.73=46.345

Z=47.17×sin10.73+15=23.782

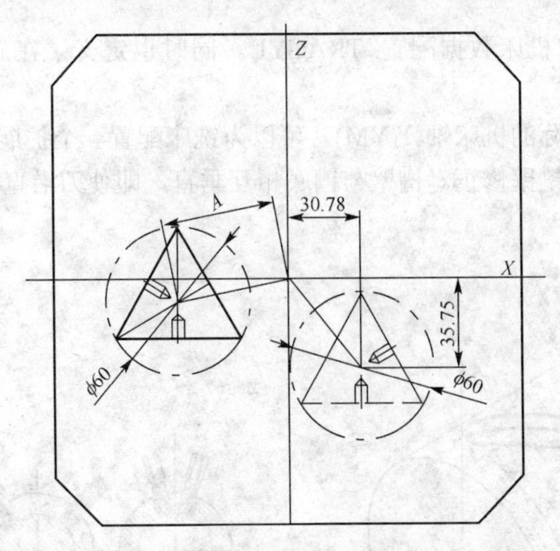

图 4-2　多轴点位旋转

（2）编程实例

```
ABC410.MPF
T1D1
G0 G54 G90 G40 B0
G0 X30.78 Y50 S800 M03
G0 Z55.75
G01 Z40.75 F80
G0 Z200
G0 B–120          旋转 120°
G0 X46.345 Y50
G0 Z26.782
G01 Z13.782 F80
G0 Z200
M05
M30
```

4.2　多轴槽类加工手工编程

4.2.1　柱面铣削编程

如图 4-3 所示为柱面锐削编程。

功能（图 4-4）：

• 动态转换功能 TRACYL 用于铣削圆柱体的外表面，可以生成各种形状，并且可在任何方向上加工。

• 以一定的圆柱直径将柱面展开并编程平面中铣削槽的过程。

• 控制系统将编程的笛卡儿坐标系中的进给动作转换为实际机床轴的动作。要求使用旋转轴（旋转工作台）。

• 必须使用特定的机床数据配置 TRACYL。同时也定义了在旋转轴的什么位置发现 Y=0。

• 铣床具有一个实际的机床轴 Y(YM)。可以为铣床配置一个扩展的 TRACYL 变量。这样就可以加工槽，使用槽壁修正。槽壁与槽底相互垂直，即使刀沿直径小于槽宽。否则，只能完全匹配刀沿。

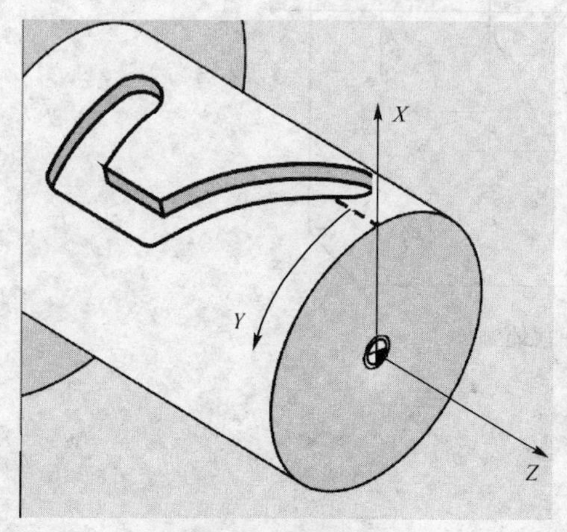

图 4-3 柱面铣削编程

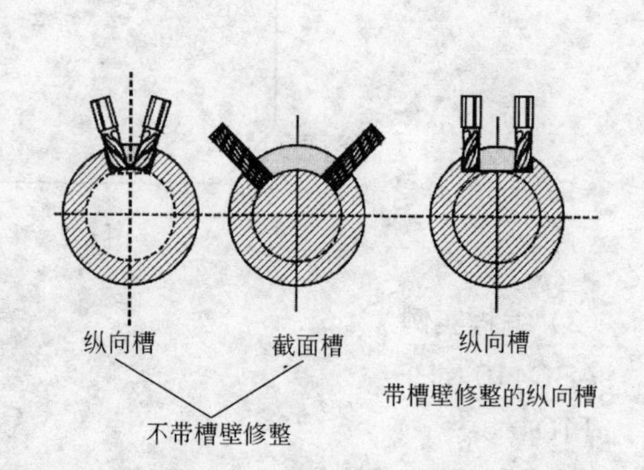

图 4-4 各种槽（截面视图）

编程指令：

TRACYL(d) ;激活 TRACYL（单独程序段），*d* 为圆柱加工直径，mm

TRAFOOF；取消（单独程序段），TRAFOOF 将取消任何有效的转换功能

OFFN 地址，槽壁到所编程的路径的距离

通常，需编程槽中心线。使用刀具半径补偿时（G41、G42），OFFN 定义槽宽（一半）。

编程格式 OFFN=…；距离，mm

4.2.2 编程举例

加工钩形槽见图 4-5。

槽底的圆柱加工直径：35mm, 所需的槽宽：24.8mm, 刀具使用时的半径：10.123mm。

```
N10 T1 F400 G94 G54 ; 铣刀，进给率，进给率类型，零点偏移
N15 G153 Y60 ; 移动 Y 轴到 C 轴的旋转中心
N30 G0 X25 Z50 C120 ; 接近起始位置
N40 TRACYL (35.0)   ; 使能 TRACYL, 加工直径 35.0 mm
N50 G55 G19   ; 零点偏移，选择平面：Y/Z 平面
N60 S800 M3 ; 启动主轴
N70 G0 Y70 Z10 ; 起始位置 Y / Z,当前 Y 轴是外表面的几何轴
N80 G1 X17.5   ; 刀具进给至槽底
N70 OFFN=12.4   ; 槽壁到槽中心线距离 12.4 mm
N90 G1 Y70 Z1 G42   ; 使能 TRC，接近槽壁
N100 Z–30   ; 槽平行于圆柱轴
N110 Y20 ; 槽平行于圆周
```

```
N120　G42 G1 Y20　Z-30；重新启动 TRC，接近另一槽壁　；槽壁到槽中心线距离保持 12.4mm
N130 Y70 F600；槽平行于圆周
N140 Z1；槽平行于圆柱轴
N150 Y70 Z10 G40　；取消 TRC
N160 G0 X25　；刀具返回
N170 M5　OFFN=0；停止主轴，删除槽壁位移
N180 TRAFOOF；取消 TRACYL
N200 G54 G17 G0 X25 Z50 C120　；接近起始位置
N210 M2
```

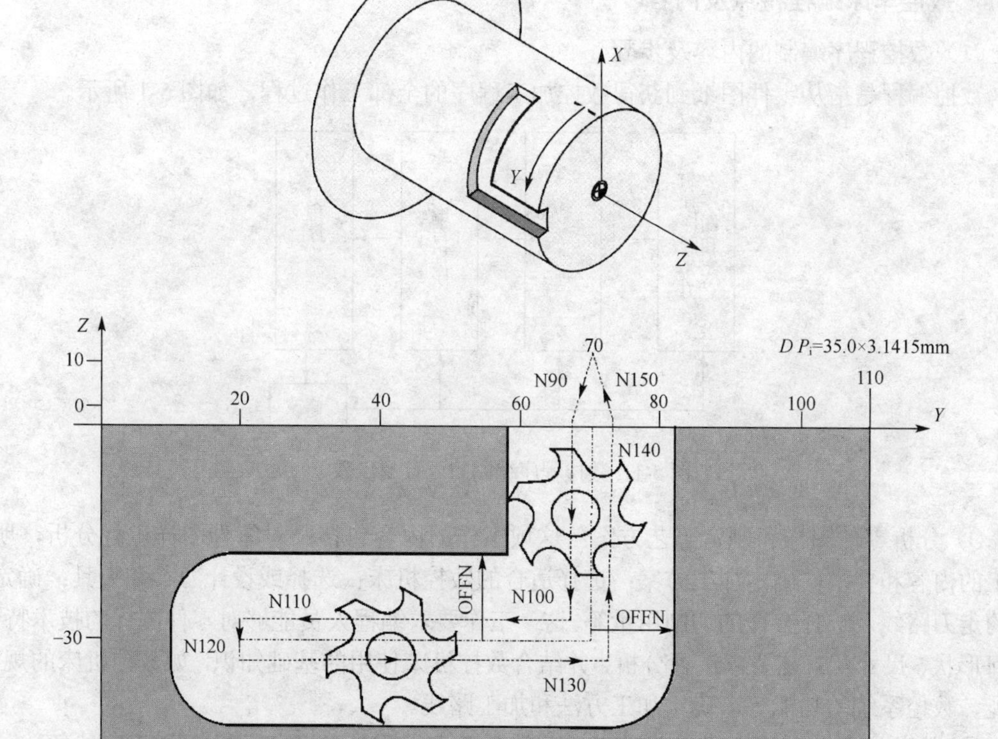

图 4-5　钩形槽加工实例

第 5 章　数控车床编程

5.1　数控车床编程概述

数控车床程序编写是指编程者根据零件图样和工艺文件的要求，编写出可在数控车床上运行以完成规定加工任务的一系列指令的过程。具体来讲，数控程序是从零件图样分析和工艺要求开始，到程序检验合格为止的全过程。

5.1.1　数控车床编程特点及内容

（1）数控程序编制的内容及步骤

数控编程是指从零件图纸到获得数控加工程序的全部工作过程，如图 5-1 所示。

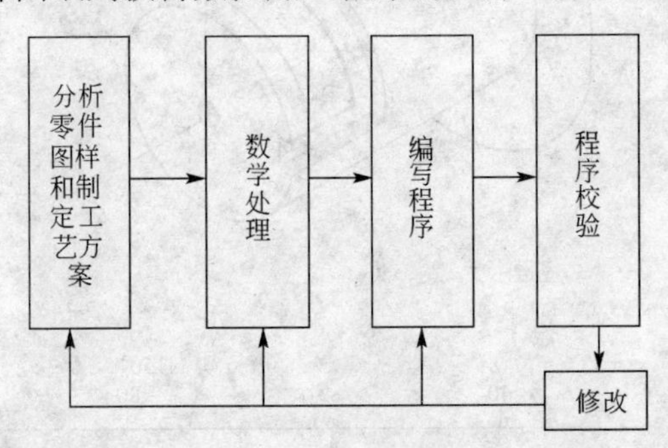

图 5-1　数控程序编制的内容及步骤

① 分析零件图样和制定工艺方案　这项工作的内容包括：对零件图样进行分析，明确加工的内容和要求；确定加工方案；选择适合的数控机床；选择或设计刀具和夹具；确定合理的走刀路线及选择合理的切削用量等。这一工作要求编程人员能够对零件图样的技术特性、几何形状、尺寸及工艺要求进行分析，并结合数控机床使用的基础知识，如数控机床的规格、性能、数控系统的功能等，确定加工方法和加工路线。

② 数学处理　在确定了工艺方案后，就需要根据零件的几何尺寸、加工路线等，计算刀具中心运动轨迹，以获得刀位数据。数控系统一般均具有直线插补与圆弧插补功能，对于加工由圆弧和直线组成的较简单的平面零件，只需要计算出零件轮廓上相邻几何元素交点或切点的坐标值，得出各几何元素的起点、终点、圆弧的圆心坐标值等，就能满足编程要求。当零件的几何形状与控制系统的插补功能不一致时，就需要进行较复杂的数值计算，一般需要使用计算机辅助计算，否则难以完成。

③ 编写零件加工程序　在完成上述工艺处理及数值计算工作后，即可编写零件加工程序。程序编制人员使用数控系统的程序指令，按照规定的程序格式，逐段编写加工程序。程序编制人员应对数控机床的功能、程序指令及代码十分熟悉，才能编写出正确的加工程序。

④ 程序检验　将编写好的加工程序输入数控系统，就可控制数控机床的加工工作。一

般在正式加工之前，要对程序进行检验。通常可采用机床空运转的方式，来检查机床动作和运动轨迹的正确性，以检验程序。在具有图形模拟显示功能的数控机床上，可通过显示走刀轨迹或模拟刀具对工件的切削过程，对程序进行检查。对于形状复杂和要求高的零件，也可采用铝件、塑料或石蜡等易切材料进行试切来检验程序。通过检查试件，不仅可确认程序是否正确，还可知道加工精度是否符合要求。若能采用与被加工零件材料相同的材料进行试切，则更能反映实际加工效果，当发现加工的零件不符合加工技术要求时，可修改程序或采取尺寸补偿等措施。

（2）数控程序编制的方法

数控加工程序的编制方法主要有两种：手工编制程序和自动编制程序。

① 手工编程　手工编程指主要由人工来完成数控编程中各个阶段的工作，如图 5-2 所示。

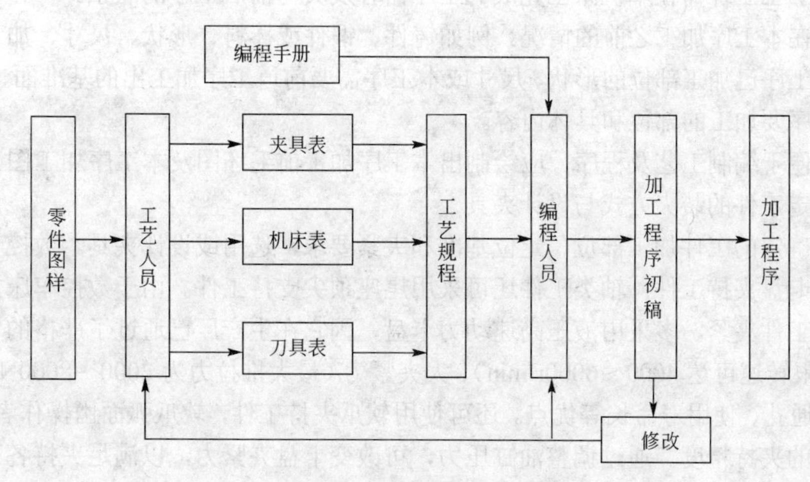

图 5-2　手工编程流程

一般对几何形状不太复杂的零件，所需的加工程序不长，计算比较简单，用手工编程比较合适。

手工编程的特点：耗费时间较长，容易出现错误，无法胜任复杂形状零件的编程。据国外资料统计，当采用手工编程时，一段程序的编写时间与其在机床上运行加工的实际时间之比，平均约为 30∶1，而数控机床不能开动的原因中有 20%～30%是由于加工程序编制困难，编程时间较长。

② 计算机自动编程　自动编程是指在编程过程中，除了分析零件图样和制定工艺方案由人工进行外，其余工作均由计算机辅助完成。

采用计算机自动编程时，数学处理、编写程序、检验程序等工作是由计算机自动完成的，由于计算机可自动绘制出刀具中心运动轨迹，使编程人员可及时检查程序是否正确，需要时可及时修改，以获得正确的程序。又由于计算机自动编程代替程序编制人员完成了烦琐的数值计算，可提高编程效率几十倍乃至上百倍，因此解决了手工编程无法解决的许多复杂零件的编程难题。因而，自动编程的特点就在于编程工作效率高，可解决复杂形状零件的编程难题。

根据输入方式的不同，可将自动编程分为图形数控自动编程、语言数控自动编程和语音数控自动编程等。图形数控自动编程是指将零件的图形信息直接输入计算机，通过自动编程软件的处理，得到数控加工程序。目前，图形数控自动编程是使用最为广泛的自动编程方式。语言数控自动编程是指将加工零件的几何尺寸、工艺要求、切削参数及辅助信息等用数控语言编写成源程序后，输入到计算机中，再由计算机进一步处理得到零件加工程序。语音数控自动编程是采用语音识别器，将编程人员发出的加工指令声音转变为加工程序。

5.1.2 数控车床编程时的工艺处理

数控车床用来加工轴类、盘类等回转体零件，能自动完成内外圆柱面、圆锥面、圆弧面、螺纹、端面、槽等加工。数控车床加工中应当注意以下工艺问题：

（1）确定工件的加工部位和具体内容

确定被加工工件需在本机床上完成的工序内容及其与前后工序的联系。

- 工件在本工序加工之前的情况。例如铸件、锻件或棒料、形状、尺寸、加工余量等。
- 前道工序已加工部位的形状、尺寸或本工序需要前道工序加工出的基准面、基准孔等。
- 本工序要加工的部位和具体内容。
- 为了便于编制工艺及程序，应绘制出本工序加工前毛坯图及本工序加工图。

（2）确定工件的装夹方式与设计夹具

根据已确定的工件加工部位、定位基准和夹紧要求，选用或设计夹具。数控车床多采用三爪自定心卡盘夹持工件；轴类工件还可采用尾座顶尖支持工件。由于数控车床主轴转速极高，为便于工件夹紧，多采用液压高速动力卡盘，因它在生产厂已通过了严格的平衡，具有高转速（极限转速可达 4000～6000r/min）、大夹紧力（最大推拉力为 2000～8000N）、高精度、调爪方便、通孔、使用寿命长等优点。还可使用软爪夹持工件，软爪弧面由操作者随机配制，可获得理想的夹持精度。通过调整油缸压力，可改变卡盘夹紧力，以满足夹持各种薄壁和易变形工件的特殊需要。为减少细长轴加工时受力变形，提高加工精度，以及在加工带孔轴类工件内孔时，可采用液压自动定心中心架，定心精度可达 0.03mm。

（3）确定加工方案

① 确定加工方案的原则　加工方案又称工艺方案，数控机床的加工方案包括制定工序、工步及走刀路线等内容。

在加工过程中，由于加工对象复杂多样，特别是轮廓曲线的形状及位置千变万化，加上材料不同、批量不同等多方面因素的影响，在对具体零件制定加工方案时，应该进行具体分析和区别对待，灵活处理。只有这样，才能使所制定的加工方案合理，从而达到质量优、效率高和成本低的目的。

制定加工方案的一般原则为：先粗后精，先近后远，先内后外，程序段最少，走刀路线最短以及特殊情况特殊处理。

a. 先粗后精　为了提高生产效率并保证零件的精加工质量，在切削加工时，应先安排粗加工工序，在较短的时间内，将精加工前大量的加工余量去掉，同时尽量满足精加工的余量均匀性要求。

当粗加工工序安排完后，应接着安排换刀后进行的半精加工和精加工。其中，安排半精加工的目的是，当粗加工后所留余量的均匀性满足不了精加工要求时，则可安排半精加工作为过渡性工序，以便使精加工余量小而均匀。

在安排可以一刀或多刀进行的精加工工序时，其零件的最终轮廓应由最后一刀连续加工而成。这时，加工刀具的进退刀位置要考虑妥当，尽量不要在连续的轮廓中安排切入和切出或换刀及停顿，以免因切削力突然变化而造成弹性变形，致使光滑连接轮廓上产生表面划伤、形状突变或滞留刀痕等疵病。

b. 先近后远 这里所说的远与近，是按加工部位相对于对刀点的距离大小而言的。在一般情况下，特别是在粗加工时，通常安排离对刀点近的部位先加工，离对刀点远的部位后加工，以便缩短刀具移动距离，减少空行程时间。对于车削加工，先近后远有利于保持毛坯件或半成品件的刚性，改善其切削条件。

c. 先内后外 对既要加工内表面（内型、腔）、又要加工外表面的零件，在制定其加工方案时，通常应安排先加工内型和内腔，后加工外表面。这是因为控制内表面的尺寸和形状较困难，刀具刚性相应较差，刀尖（刃）的耐用度受切削热影响而降低，以及在加工中清除切屑较困难等。

d. 走刀路线最短 确定走刀路线的工作重点，主要在于确定粗加工及空行程的走刀路线，因精加工切削过程的走刀路线基本上都是沿其零件轮廓顺序进行的。

走刀路线泛指刀具从对刀点（或机床固定原点）开始运动起，直至返回该点并结束加工程序所经过的路径，包括切削加工的路径及刀具引入、切出等非切削空行程。

在保证加工质量的前提下，使加工程序具有最短的走刀路线，不仅可以节省整个加工过程的执行时间，还能减少一些不必要的刀具消耗及机床进给机构滑动部件的磨损等。

优化工艺方案除了依靠大量的实践经验外，还应善于分析，必要时可辅以一些简单计算。

上述原则并不是一成不变的，对于某些特殊情况，则需要采取灵活可变的方案。如有的工件就必须先精加工后粗加工，才能保证其加工精度与质量。这些都有赖于编程者实际加工经验的不断积累与学习。

② 加工路线与加工余量的关系 在数控车床还未达到普及使用的条件下，一般应把毛坯件上过多的余量，特别是含有锻、铸硬皮层的余量安排在普通车床上加工。如必须用数控车床加工时，则要注意程序的灵活安排。安排一些子程序对余量过多的部位先作一定的切削加工。

- 对大余量毛坯进行阶梯切削时的加工路线。
- 分层切削时刀具的终止位置。

（4）确定切削用量与进给量

在编程时，编程人员必须确定每道工序的切削用量。选择切削用量时，一定要充分考虑影响切削的各种因素，正确选择切削条件，合理地确定切削用量，可有效地提高机械加工质量和产量。影响切削条件的因素有：机床、工具、刀具及工件的刚性；切削速度、切削深度、切削进给率；工件精度及表面粗糙度；刀具预期寿命及最大生产率；切削液的种类、冷却方式；工件材料的硬度及热处理状况；工件数量；机床的寿命。

上述诸因素中以切削速度、切削深度、切削进给率为主要因素。

切削速度直接影响切削效率。若切削速度过小，则切削时间会加长，刀具无法发挥其功能；若切削速度太快，虽然可以缩短切削时间，但是刀具容易产生高热，影响刀具的寿命。决定切削速度的因素很多，概括起来有：

① 刀具材料。刀具材料不同，允许的最高切削速度也不同。高速钢刀具耐高温切削速度不到 50m/min，碳化物刀具耐高温切削速度可达 100m/min 以上，陶瓷刀具的耐高温切削速

度高达 1000m/min。

② 工件材料。工件材料硬度高低会影响刀具切削速度，同一刀具加工硬材料时切削速度应降低，而加工较软材料时，切削速度可以提高。

③ 刀具寿命。刀具使用时间（寿命）要求长，则应采用较低的切削速度。反之，可采用较高的切削速度。

④ 切削深度与进刀量。切削深度与进刀量大，切削抗力也大，切削热会增加，故切削速度应降低。

⑤ 刀具的形状。刀具的形状、角度的大小、刃口的锋利程度都会影响切削速度的选取。

⑥ 冷却液使用。机床刚性好、精度高可提高切削速度；反之，则需降低切削速度。

上述影响切削速度的诸因素中，刀具材质的影响最为主要。

切削深度主要受机床刚度的制约，在机床刚度允许的情况下，切削深度应尽可能大，如果不受加工精度的限制，可以使切削深度等于零件的加工余量，这样可以减少走刀次数。

主轴转速要根据机床和刀具允许的切削速度来确定。可以用计算法或查表法来选取。

进给量 f(mm/r)或进给速度 F(mm/min)要根据零件的加工精度、表面粗糙度、刀具和工件材料来选。最大进给速度受机床刚度和进给驱动及数控系统的限制。

编程员在选取切削用量时，一定要根据机床说明书的要求和刀具耐用度，选择适合机床特点及刀具最佳耐用度的切削用量。当然也可以凭经验，采用类比法去确定切削用量。不管用什么方法选取切削用量，都要保证刀具的耐用度能完成一个零件的加工，或保证刀具耐用度不低于一个工作班次，最小也不能低于半个班次的时间。

（5）轴类零件的加工应注意的问题

轴类零件的中心孔即是设计基准、加工基准、测量基准，因此，中心孔一般在外圆加工前，使用钻中心孔机加工两端的中心孔，保证中心孔的同轴度。若在车床上采用夹外圆打中心孔的方法，则应加工外圆，保证调头打另一端的中心孔时，可以夹持已加工外圆，保证中心孔的同轴度。

数控车床加工轴类零件时，一般可用三爪卡盘夹外圆、一夹一顶、顶两端中心孔三种方法装夹工件。三爪卡盘夹外圆装夹方法，主要用于短轴加工，一夹一顶一般用于较长轴，可以传递足够大的转矩，用于粗加工和半精加工。轴类零件装夹也可采用装夹在主轴顶尖和尾座顶尖之间，由主轴上的拨盘或拨齿顶尖（如图 5-2 所示）带动旋转，可以保证外圆与轴心线的同轴度。图 5-3 为轴类零件的几种定位方式。

现对各种定位方式进行说明（图 5-3）：

a. 两点定位，欠定位。夹持长度过短，工件不容易夹正。仅仅限制工件的 X、Y 方向的自由度。缺乏对 Z 轴和 X、Y 旋转轴的定位。

b. 三点定位，欠定位。三爪为台阶爪，限制工件的 Z 轴自由度，夹持长度过短，不容易夹正。

c. 四点定位，不完全定位。相当于圆柱定位。缺乏 Z 轴定位。

d. 五点定位，不完全定位。短轴经常采用此种定位方式。

e. 四点定位，欠定位。缺乏 Z 轴定位。

f. 五点定位，不完全定位。长轴一般采用此种定位方式。

g. 六点定位。X、Y 旋转轴重复定位。

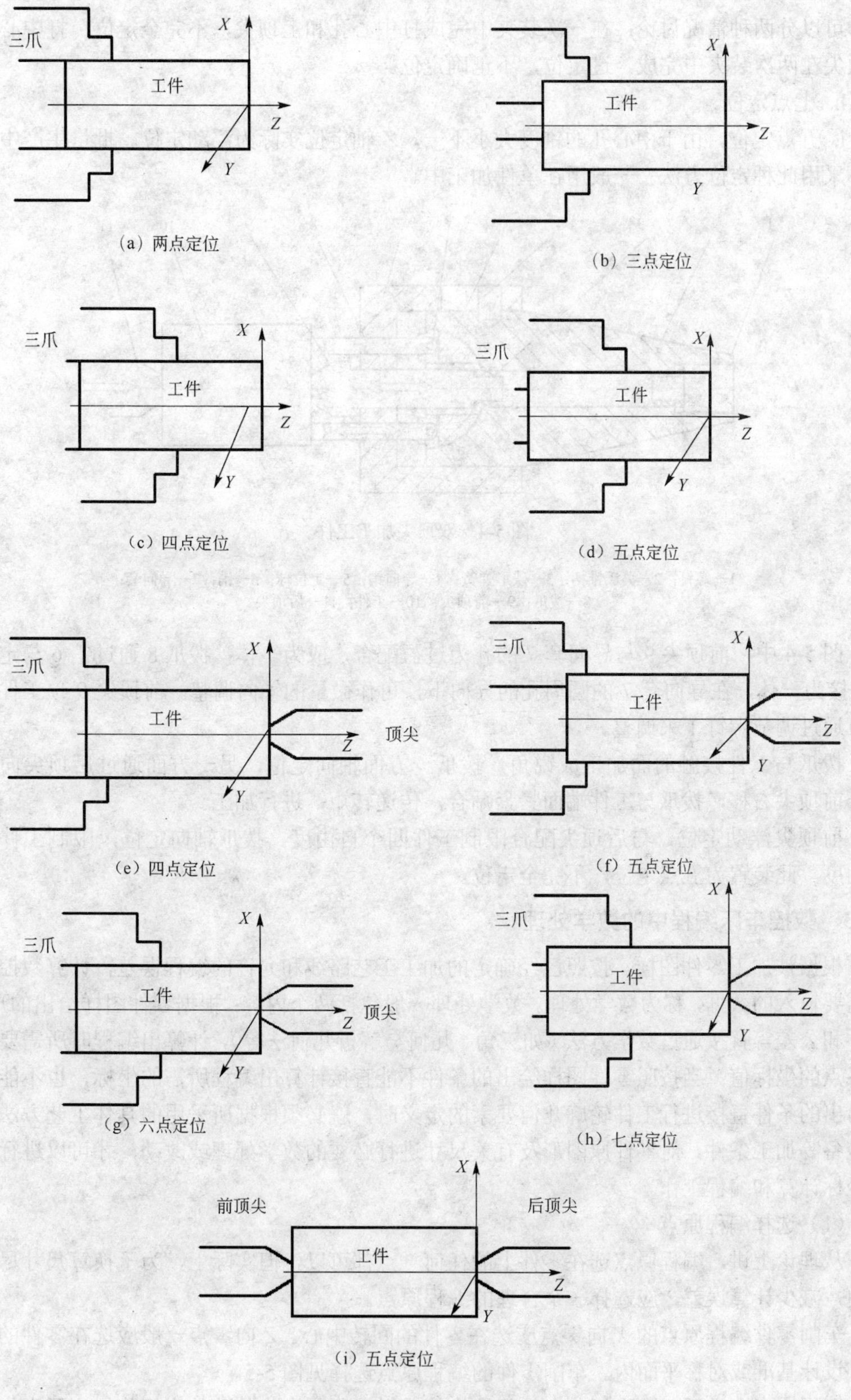
三爪
工件
X
Z
Y
(a) 两点定位
(b) 三点定位
(c) 四点定位
(d) 五点定位
顶尖
(e) 四点定位
(f) 五点定位
(g) 六点定位
(h) 七点定位
前顶尖
后顶尖
(i) 五点定位

图 5-3　轴类零件的定位

可以分两种情况讨论：在一次装夹中完成打中心孔和上顶尖，不完全定位；打中心孔和上顶尖在两次装夹中完成，过定位，不正确定位。

h. 七点定位。

i. 五点定位。由于中心孔的锥度大小不一，Z 轴定位实际为浮动定位。批量生产中，一般不采用此种定位方法。一般用在单件加工中。

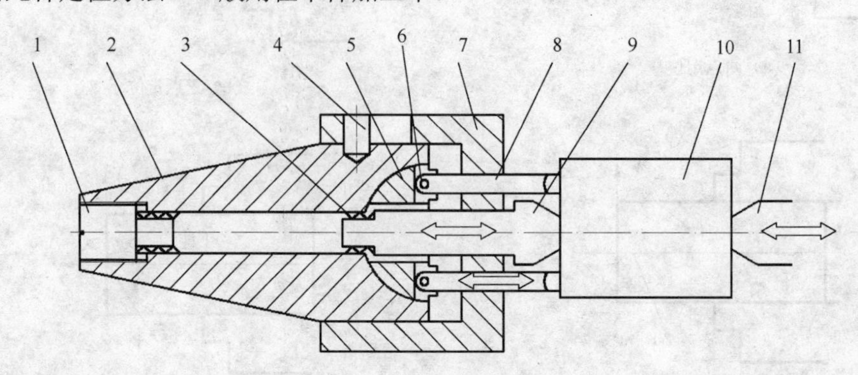

图 5-4 双顶尖加工工件

1—螺钉；2—莫氏锥柄；3—碟形弹簧；4—导向销；5—定位球；6—销；7—导向套；8—拨爪；9—前顶尖；10—工件；11—后顶尖

图 5-4 中，前顶尖 9 与导向套 7 的孔为过盈配合，成为一体；拨爪 8 通过销 6 与定位球 5 连接为一体，在导向套 7 的圆周孔的导向下，可作微量的轴向调整。前顶尖 9 顶工件的力量可通过调节螺钉 1 来调整。

拨爪与工件接触的面加工成锐角，拨爪一方面轴向定位，另一方面通过后顶尖向左移动，前顶尖右移，拨爪与工件端面紧紧贴合，传递转矩，进行加工。

前顶尖浮动定位，与后顶尖配合限制工件四个自由度，拨爪轴向定位，限制工件一个自由度。此装置为五点定位，不完全定位。

5.1.3 数控车床编程中的数学处理

根据被加工零件图样，按照已经确定的加工工艺路线和允许的编程误差，计算数控系统所需要输入的数据，称为数学处理。数学处理一般包括两个内容：根据零件图样给出的形状、尺寸和公差等直接通过数学方法（如三角、几何与解析几何法等），计算出编程时所需要的有关各点的坐标值；当按照零件图样给出的条件不能直接计算出编程所需的坐标，也不能按零件给出的条件直接进行工件轮廓几何要素的定义时，就必须根据所采用的具体工艺方法、工艺装备等加工条件，对零件原图形及有关尺寸进行必要的数学处理或改动，才可以进行各点的坐标计算和编程工作。

（1）选择编程原点

从理论上讲，编程原点选在零件上的任何一点都可以，但实际上，为了换算尺寸尽可能简便，减少计算误差，应选择一个合理的编程原点。

车削零件编程原点的 X 向零点应选在零件的回转中心。Z 向零点一般应选在零件的右端面、设计基准或对称平面内。车削零件的编程原点选择见图 5-5。

编程原点选定后，就应把各点的尺寸换算成以编程原点为基准的坐标值。为了在加工过程中有效地控制尺寸公差，按尺寸公差的中值来计算坐标值。

（2）基点

零件的轮廓是由许多不同的几何要素所组成，如直线、圆弧、二次曲线等，各几何要素之间的连接点称为基点。基点坐标是编程中必需的重要数据。

例：图 5-6 所示零件中，*A*、*B*、*C*、*D*、*E* 为基点。*A*、*B*、*D*、*E* 的坐标值从图中很容易找出，*C* 点是直线与圆弧切点，要联立方程求解。以 *B* 点为计算坐标系原点，联立下列方程：

直线方程：$Y=\tan(\alpha+\beta)X$

圆弧方程：$(X-80)^2+(Y-14)^2=30^2$

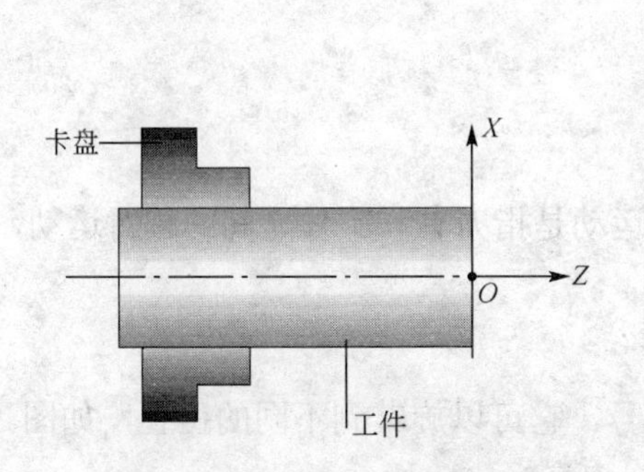

图 5-5　车削加工的编程原点

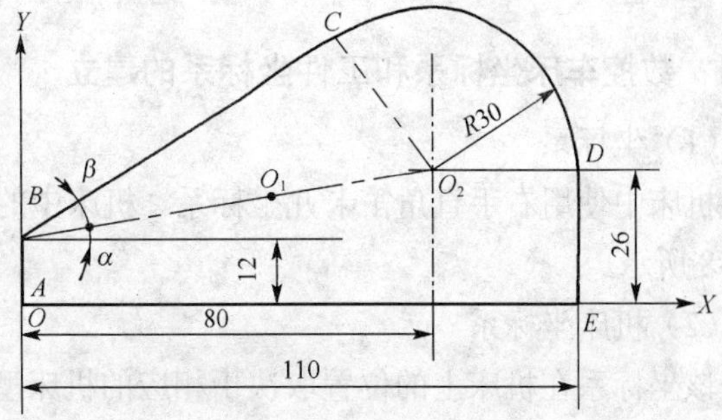

图 5-6　零件图样

可求得（64.2786，39.5507），换算到以 *A* 点为原点的编程坐标系中，*C* 点坐标为（64.2786，51.5507）。

可以看出，对于如此简单的零件，基点的计算都很麻烦。对于复杂的零件，其计算工作量可想而知，为提高编程效率，可应用 CAD/CAM 软件辅助编程。

（3）非圆曲线数学处理的基本过程

数控系统一般只能作直线插补和圆弧插补的切削运动。如果工件轮廓是非圆曲线，数控系统就无法直接实现插补，而需要通过一定的数学处理。数学处理的方法是，用直线段或圆弧段去逼近非圆曲线，逼近线段与被加工曲线交点称为节点。

例如，对图 5-7 所示的曲线用直线逼近时，其交点 *A*、*B*、*C*、*D*、*E*、*F* 等即为节点。

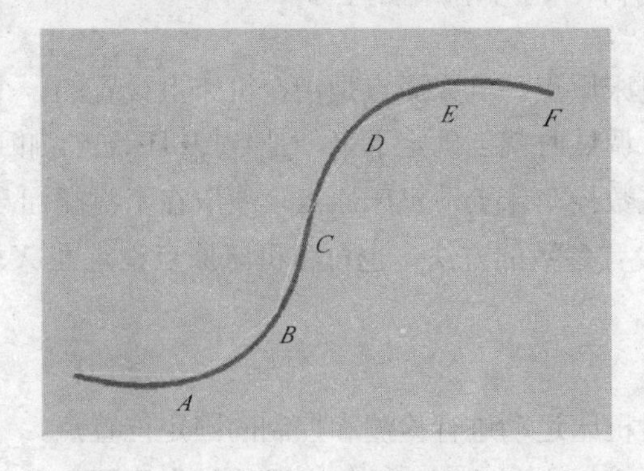

图 5-7　零件轮廓的节点

在编程时，首先要计算出节点的坐标，节点的计算一般都比较复杂，靠手工计算已很难胜任，必须借助计算机辅助处理。求得各节点后，就可按相邻两节点间的直线来编写加工程序。

这种通过求得节点，再编写程序的方法，使得节点数目决定了程序段的数目。如图 5-7 中有 6 个节点，即用五段直线逼近了曲线，因而就有五个直线插补程序段。节点数目越多，由直线逼近曲线产生的误差 δ 越小，程序的长度则越长。可见，节点数目的多少，决定了加工的精度和程序的长度。因此，正确确定节点数目是个关键问题。

5.2 基本功能指令

5.2.1 数控车床坐标系和工件坐标系的建立

（1）坐标系

机床中使用右手直角笛卡儿坐标系。机床中的运动是指刀具和工件之间的相对运动，如图 5-8 所示。

（2）机床坐标系

该坐标系在机床上的位置取决于相应的机床型号，它可以旋转到不同的位置，如图 5-9 所示。

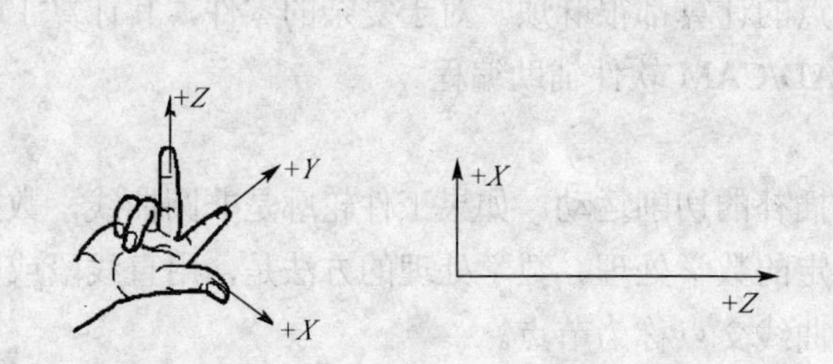

图 5-8 确定各轴间的方向（用于车削编程的坐标系）

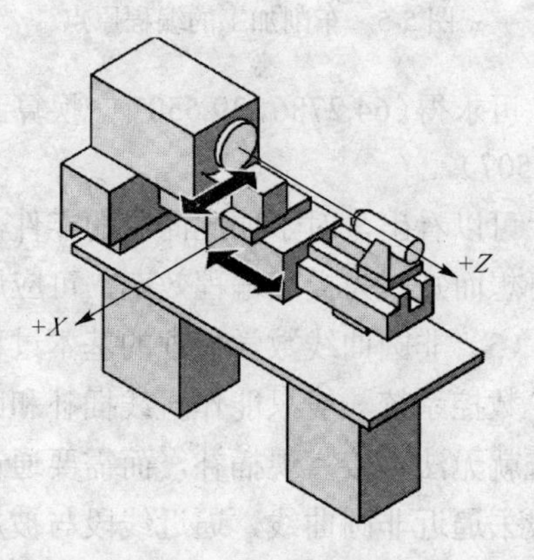

图 5-9 机床坐标系

该坐标系的原点为机床原点。机床原点是指在机床上设置的一个固定点，即机床坐标系的原点。它在机床装配、调试时就已确定下来，是数控机床进行加工运动的基准参考点。

数控车床的原点：在数控车床上，机床原点一般取在卡盘端面与主轴中心线的交点处，见图 5-10。同时，通过设置参数的方法，也可将机床原点设定在 X、Z 坐标的正方向极限位置上。

（3）机床参考点

机床参考点是用于对机床运动进行检测和控制的固定位置点。

机床参考点的位置是由机床制造厂家在每个进给轴上用限位开关精确调整好的，坐标值已输入数控系统中。因此参考点对机床原点的坐标是一个已知数。

通常在数控车床上机床参考点是离机床原点最远的极限点。图 5-11 所示为数控车床的参考点与机床原点。

数控机床开机时，必须先确定机床原点，而确定机床原点的运动就是刀架返回参考点的操作，这样通过确认参考点，就确定了机床原点。只有机床参考点被确认后，刀具（或工作台）移动才有基准。

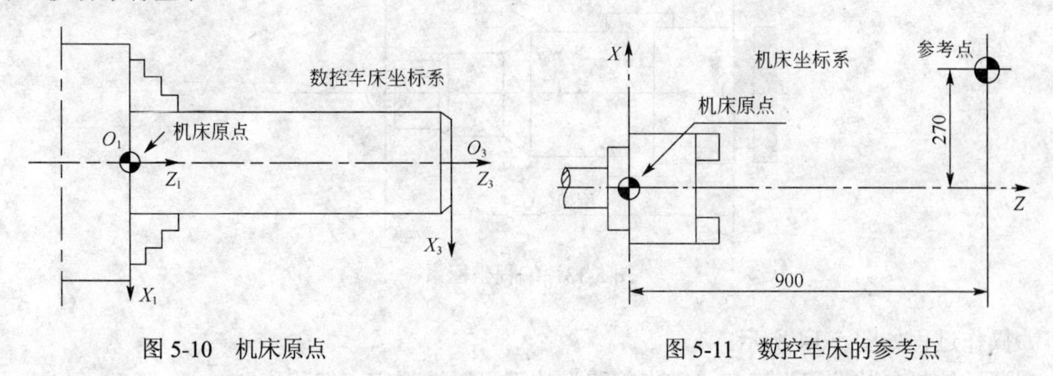

图 5-10　机床原点　　图 5-11　数控车床的参考点

（4）编程坐标系

编程坐标系是编程人员根据零件图样及加工工艺等建立的坐标系。

编程坐标系一般供编程使用，确定编程坐标系时不必考虑工件毛坯在机床上的实际装夹位置。

编程零点可由编程人员在 Z 轴中任意选定。在 X 轴中，该点位于车削中心。编程原点是根据加工零件图样及加工工艺要求选定的编程坐标系的原点。

编程原点应尽量选择在零件的设计基准或工艺基准上，编程坐标系中各轴的方向应该与所使用的数控机床相应的坐标轴方向一致，如图 5-12 所示为车削零件的编程原点。

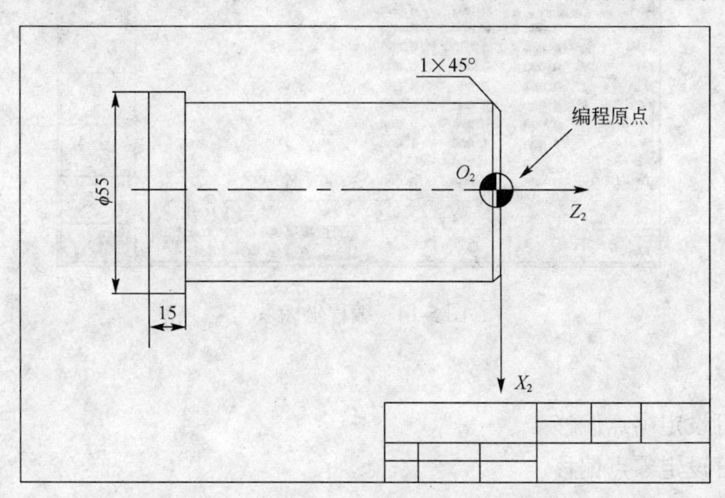

图 5-12　编程坐标系

（5）工件装夹

加工工件时工件必须夹紧在机床上。同时，在工件校准时必须令工件坐标系的轴与机床坐标系的轴平行。测定在 Z 轴上产生的机床零点与工件零点的坐标值偏移量，并记录到可设定零点偏移中。在 NC 程序中，该偏移在程序运行中可通过编入的 G54 等激活（图 5-13）。

可设定的零点偏移：G54～G59。

可调节的零点偏移给出在机床中的工件零点位置（工件零点以机床零点为基准偏移）。

当工件夹紧到机床上后求出偏移值，并通过操作面板输入到规定的数据区。程序可以通过选择相应的 G 功能 G54～G59 激活此值。

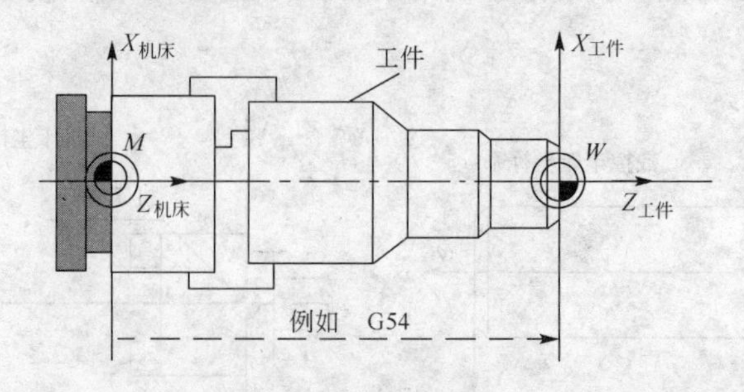

图 5-13 编程坐标系

操作过程如图 5-14 所示：

通过按“参数偏移”键和“零点偏移”软键可以选择零点偏移。

屏幕上显示出可设定零点偏移的情况，包括已编程的零点偏移、有效的比例系数、状态显示“镜像有效”以及所有的零点偏移。

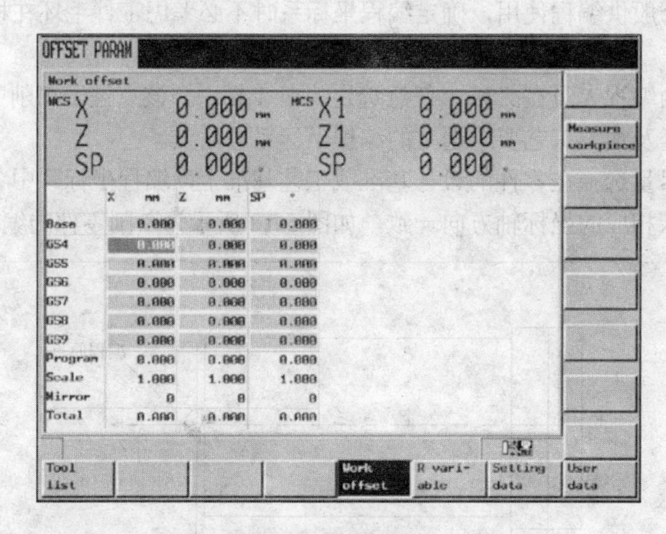

图 5-14 编程坐标系

编程：

G54;第一可设定零点偏移

G55;第二可设定零点偏移

G56;第三可设定零点偏移

G57;第四可设定零点偏移

G58;第五可设定零点偏移

G59;第六可设定零点偏移

（6）字与字的功能

① 字符与代码 字符是用来组织、控制或表示数据的一些符号，如数字、字母、标点符号、数学运算符等。数控系统只能接受二进制信息，所以必须把字符转换成 8BIT 信息组

合成的字节，用“0”和“1”组合的代码来表达。国际上广泛采用两种标准代码：

a. ISO 国际标准化组织标准代码。

b. EIA 美国电子工业协会标准代码。

这两种标准代码的编码方法不同，在大多数现代数控机床上这两种代码都可以使用，只需用系统控制面板上的开关来选择，或用 G 功能指令来选择。

② 字　在数控加工程序中，字是指一系列按规定排列的字符，作为一个信息单元存储、传递和操作。字是由一个英文字母与随后的若干位十进制数字组成，这个英文字母称为地址符。

如：“X2500”是一个字，X 为地址符，数字“2500”为地址中的内容。

③ 字的功能　组成程序段的每一个字都有其特定的功能含义，以下是以 FANUC-0M 数控系统的规范为主来介绍的，实际工作中，请遵照机床数控系统说明书来使用各个功能字。

a. 顺序号字 N　顺序号又称程序段号或程序段序号。顺序号位于程序段之首，由顺序号字 N 和后续数字组成。顺序号字 N 是地址符，后续数字一般为 1～4 位的正整数。数控加工中的顺序号实际上是程序段的名称，与程序执行的先后次序无关。数控系统不是按顺序号的次序来执行程序，而是按照程序段编写时的排列顺序逐段执行。

顺序号的作用：对程序的校对和检索修改；作为条件转向的目标，即作为转向目的程序段的名称。有顺序号的程序段可以进行复归操作，这是指加工可以从程序的中间开始，或回到程序中断处开始。

一般使用方法：编程时将第一程序段冠以 N10，以后以间隔 10 递增的方法设置顺序号，这样，在调试程序时，如果需要在 N10 和 N20 之间插入程序段时，就可以使用 N11、N12 等。

b. 准备功能字 G　准备功能字的地址符是 G，又称为 G 功能或 G 指令，是用于建立机床或控制系统工作方式的一种指令。后续数字一般为 1～3 位正整数，见表 5-1。

表 5-1　G 功能字含义

G 功能字	FANUC 系统	SIEMENS 系统
G00	快速移动点定位	快速移动点定位
G01	直线插补	直线插补
G02	顺时针圆弧插补	顺时针圆弧插补
G03	逆时针圆弧插补	逆时针圆弧插补
G04	暂停	暂停
G05	—	通过中间点圆弧插补
G17	*XY* 平面选择	*XY* 平面选择
G18	*ZX* 平面选择	*ZX* 平面选择
G19	*YZ* 平面选择	*YZ* 平面选择
G32	螺纹切削	—
G33	—	恒螺距螺纹切削
G40	刀具补偿注销	刀具补偿注销
G41	刀具补偿—左	刀具补偿—左
G42	刀具补偿—右	刀具补偿—右

续表

G 功能字	FANUC 系统	SIEMENS 系统
G43	刀具长度补偿—正	—
G44	刀具长度补偿—负	—
G49	刀具长度补偿注销	—
G50	主轴最高转速限制	—
G54～G59	加工坐标系设定	零点偏置
G65	用户宏指令	—
G70	精加工循环	英制
CYCLE95	外圆粗切循环	米制
G72	端面粗切循环	—
G73	封闭切削循环	—
G74	深孔钻循环	—
G75	外径切槽循环	—
G76	复合螺纹切削循环	—
G80	撤销固定循环	撤销固定循环
G81	定点钻孔循环	固定循环
G90	绝对值编程	绝对尺寸
G91	增量值编程	增量尺寸
G92	螺纹切削循环	主轴转速极限
G94	每分钟进给量	直线进给率
G95	每转进给量	旋转进给率
G96	恒线速控制	恒线速度
G97	恒线速取消	注销 G96
G98	返回起始平面	—
G99	返回 *R* 平面	—

c. 尺寸字　尺寸字用于确定机床上刀具运动终点的坐标位置。

其中，第一组 X、Y、Z、U、V、W、P、Q、R 用于确定终点的直线坐标尺寸；第二组 A、B、C、D、E 用于确定终点的角度坐标尺寸；第三组 I、J、K 用于确定圆弧轮廓的圆心坐标尺寸。在一些数控系统中，还可以用 P 指令暂停时间、用 R 指令圆弧的半径等。

多数数控系统可以用准备功能字来选择坐标尺寸的制式，如 FANUC 诸系统可用 G21/G22 来选择米制单位或英制单位，也有些系统用系统参数来设定尺寸制式。采用米制时，一般单位为 mm，如 X100 指令的坐标单位为 100mm。当然，一些数控系统可通过参数来选择不同的尺寸单位。

d. 进给功能字 F　进给功能字的地址符是 F，又称为 F 功能或 F 指令，用于指定切削的进给速度。对于车床，F 可分为每分钟进给和主轴每转进给两种，对于其他数控机床，一般只用每分钟进给。F 指令在螺纹切削程序段中常用来指令螺纹的导程。

e. 主轴转速功能字 S　主轴转速功能字的地址符是 S，又称为 S 功能或 S 指令，用于指定主轴转速，单位为 r/min。对于具有恒线速度功能的数控车床，程序中的 S 指令用来指定车削加工的线速度。

f. 刀具功能字 T　刀具功能字的地址符是 T，又称为 T 功能或 T 指令，用于指定加工时所用刀具的编号。对于数控车床，其后的数字还兼作指定刀具长度补偿和刀尖半径补偿用。

g. 辅助功能字M　辅助功能字的地址符是M，后续数字一般为1～3位正整数，又称为M功能或M指令，用于指定数控机床辅助装置的开关动作，见表5-2。

表5-2　M功能字含义

M功能字	含　义	M功能字	含　义
M00	程序停止	M06	换刀
M01	计划停止	M07	2号冷却液开
M02	程序停止	M08	1号冷却液开
M03	主轴顺时针旋转	M09	冷却液关
M04	主轴逆时针旋转	M30	程序停止并返回开始处
M05	主轴旋转停止	M17	返回子程序

（7）程序格式

① 程序段格式　程序段是可作为一个单位来处理的、连续的字组，是数控加工程序中的一条语句。一个数控加工程序是由若干个程序段组成的。

程序段格式是指程序段中的字、字符和数据的安排形式。现在一般使用字地址可变程序段格式，每个字长不固定，各个程序段中的长度和功能字的个数都是可变的。地址可变程序段格式中，在上一程序段中写明的、本程序段里又不变化的那些字仍然有效，可以不再重写。这种功能字称为续效字。

程序段格式举例：

```
N30 G01 X88.1 Y30.2 F500 S3000 T02 M08
```

N40 X90（本程序段省略了续效字“G01，Y30.2，F500，S3000，T02，M08”，但它们的功能仍然有效）

在程序段中，必须明确组成程序段的各要素：

移动目标：终点坐标值*X*、*Y*、*Z*；

沿怎样的轨迹移动：准备功能字G；

进给速度：进给功能字F；

切削速度：主轴转速功能字S；

使用刀具：刀具功能字T；

机床辅助动作：辅助功能字M。

② 加工程序的一般格式

a. 程序开始符、结束符　程序开始符、结束符是同一个字符，ISO代码中是%，EIA代码中是EP，书写时要单列一段。

b. 程序名　程序名有两种形式：一种是由英文字母O和1～4位正整数组成；另一种是由英文字母开头，字母数字混合组成的。一般要求单列一段。

c. 程序主体　程序主体是由若干个程序段组成的。每个程序段一般占一行。

d. 程序结束指令　程序结束指令可以用M02或M30。一般要求单列一段。

e. 程序字的顺序　如果程序中有很多指令时，建议按如下顺序排列：

```
N__ G__ X__ Z__ F__  S__ T__ D__ M__ H__
```

加工程序的一般格式举例：

```
%                                    // 开始符
O1000                                // 程序名
```

```
N10 G00 G54 X50 Y30 S3000 M03
N20 G01 X88.1 Y30.2 F500 T1D1 M08
N30 X90                                   // 程序主体
…
N300 M30                                  // 结束符
%
```

5.2.2 基本指令

（1）G00 快速点定位

① 功能：

G0 三轴快速移动用于快速定位刀具，可以在几个轴上同时执行快速移动，由此产生一线性轨迹。机床数据中规定每个坐标轴快速移动速度的最大值，一个坐标轴运行时就以此速度快速移动。如果快速移动同时在两个轴上执行，则移动速度为两个轴可能的最大速度。用 G0 快速移动时在地址 F 指定进给率无效（图 5-15）。

编程格式：G0 X…Z…；

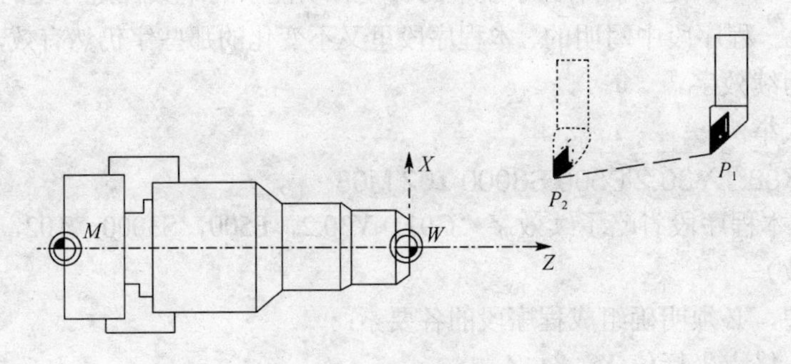

图 5-15　刀具快速移动

G0 一直有效，直到被 G 功能组中其他的指令(G1, G2, G3, …) 取代为止。

② 编程举例：

```
N10 G0 X100 Z65              ; 直角坐标系
…
N50 G0 RP=16.78 AP=45        ; 极坐标系
```

③ 说明：

G 功能组中还有其他的 G 指令用于定位功能。在用 G60 准确定位时，可以在窗口下选择不同的精度。另外，用于准确定位还有一个单程序段方式有效的指令：G9。

在进行准确定位时请注意对几种方式的选择。

（2）G01 直线插补

① 功能：

刀具以直线从起始点移动到目标位置，按地址 F 下设置的进给速度运行。所有的坐标轴可以同时运行（图 5-16）。

G1 一直有效，直到被 G 功能组中其他的指令(G0, G2, G3, …) 取代为止。

编程格式：G1 X…Z…F…；

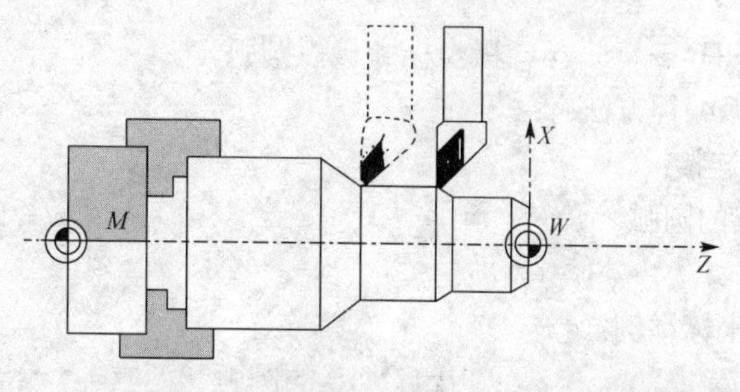

图 5-16　直线插补

② 编程举例：

N05 G0 G90 X40 Z200 S500 M3	;刀具快快速移动到 P_1，3 轴同时移支，主轴转速=500r/min，顺时针旋转
N10 G1 Z−120 F100	;进刀到 Z−12，进给率 100mm/min
N15 X20 Z105	;刀具以直线运行到 P_2
N20 G0 Z80	;快速移动空运行
N25 Z100	;快速移动空运行
N30 M2	;程序结束

（3）G02/G03 圆弧插补（图 5-17）

① 功能：

刀具以圆弧轨迹从起始点移动到终点，方向由 G 指令确定:

G2—顺时针方向;

G3—逆时针方向。

图 5-17　圆弧插补

G2 和 G3 一直有效，直到被 G 功能组中其他的指令(G0, G1, …)取代为止。

说明：其他的圆弧编程方法有：

CT—圆弧用切线连接;

CIP—通过中间点的圆弧。

② 编程格式：

G2/G3 X… Z… I… K…	圆心和终点
G2/G3 CR=… X… Z…	半径和终点
G2/G3 AR=… I… K…	张角和圆心
G2/G3 AR=… X… K…	张角和终点

```
G2/G3 AP=…   RP=…            极坐标和极点圆弧
```

说明：其他的圆弧编程方法有：

CT—圆弧用切线连接；

CIT—通过中间点的圆弧。

③ 编程举例：

圆心坐标和终点坐标举例：

```
N5 G90 Z30 X40                ；用于N10的圆弧起始点
N10 G2 Z50 X40 K10 I-7        ；终点和圆心
```

终点和半径尺寸举例：

```
N5 G90 Z30 X40                ；用于N10的圆弧起始点
N10 G2 Z50 X40 CR=12.207      ；终点和半径
```

说明：CR数值前带负号“-”表明所选插补圆弧段大于半圆。

终点和张角尺寸举例：

```
N5 G90 Z30 X40                ；用于N10的圆弧起始点
N10 G2 Z50 X40 AR=105         ；终点和张角
```

圆心和张角尺寸：

```
N5 G90 Z30 X40                ；用于N10的圆弧起始点
N10 G2 K10 I-7 AR=105         ；圆心和张角
```

（4）G04 暂停

① 功能：

通过在两个程序段之间插入一个G4程序段，可以使加工中断给定的时间，比如自由切削。G4程序段(含地址F或S)只对自身程序段有效，并暂停所给定的时间。在此之前编程的进给量F和主轴转速S保持存储状态。

② 编程格式：

```
G4 F…    暂停时间，s
G4 S…    暂停主轴转速
```

③ 编程举例：

```
N5 G1 F200 Z-50 S300 M3       ；进给率F,主轴转速S
N10 G4 F2.5                   ；暂停2.5s
N20 Z70
N30 G4 S30                    ；主轴暂停30r，相当于在S=300r/min
                                和转速修调100%时暂停t=0.1min
N40 X…                        ；进给率和主轴转速继续有效
```

注释：G4 S…只有在受控主轴情况下才有效（当转速给定值同样通过S…编程时）。

（5）F 进给率

① 功能：

进给率F是刀具轨迹速度，它是所有移动坐标轴速度的矢量和。坐标轴速度是刀具轨迹速度在坐标轴上的分量。 进给率F在G1、G2、G3、G5插补方式中生效，并且一直有效，直到被一个新的地址F取代为止。

② 编程格式：

```
F…
```

注释：在取整数值方式下可以取消小数点后面的数据，如F300。地址F的单位由G功能确定：

G94和G95：

G94直线进给率，mm/min；

G95旋转进给率，mm/r只有主轴旋转才有意义。

③ 编程举例：

```
N10 G94 F310            ；进给量，mm/min
N110 S200 M3            ；主轴旋转
N120 G95 F15.5          ；进给量，mm/r
```

注释：G94和G95更换时要求写入一个新的地址F。

（6）S 主轴转速转向

① 功能：

当机床具有受控主轴时，主轴的转速可以设置在地址S下，单位r/min。旋转方向和主轴运动起始点、终点通过M指令规定。

M3 主轴正转；

M4 主轴反转；

M5 主轴停。

注释：在S值取整情况下可以去除小数点后面的数据，比如S270。

说明： 如果在程序段中不仅有M3或M4指令，而且还写有坐标轴运行指令，则M指令在坐标轴运行之前生效。只有在主轴启动之后，坐标轴才开始运行。

② 编程举例：

```
N10 S270 M3             ；在X、Z轴运行之前，主轴以270r/min启动，方向顺时针
    G1 X70 Z20 F300
…
N80 S450 …              ；改变转速
…
N170 G0 Z180 M5         ；Z轴运行，主轴停止
```

（7）G25、G26主轴转速极限

① 功能：

通过在程序中写入G25或G26指令和地址S下的转速，可以限制特定情况下主轴的极限值范围。与此同时，原来设定数据中的数据被覆盖。G25或G26指令均要求一独立的程序段。原先设置的转速S保持存储状态。

② 编程：

```
G25 S…      主轴转速下限
G26 S…      主轴转速上限
```

说明： 主轴转速的最高极限值在机床数据中设定。通过面板操作可以激活用于其他极限情况的设定参数。

③ 编程举例：

```
N10 G25 S12             ；主轴转速下限：12r/min
```

```
N20 G26 S700        ；主轴转速上限：700r/min
```

（8）G33 恒螺距螺纹切削（图 5-18）

① 功能：

用 G33 功能可以加工下述各种类型的恒螺距螺纹：

- 圆柱螺纹；
- 圆锥螺纹；
- 外螺纹/内螺纹；
- 单螺纹和多重螺纹；
- 多段连续螺纹。

前提条件：主轴上有位移测量系统。

G33 一直有效，直到被 G 功能组中其他的指令(G0，G1，G2，G3，…)取代为止。

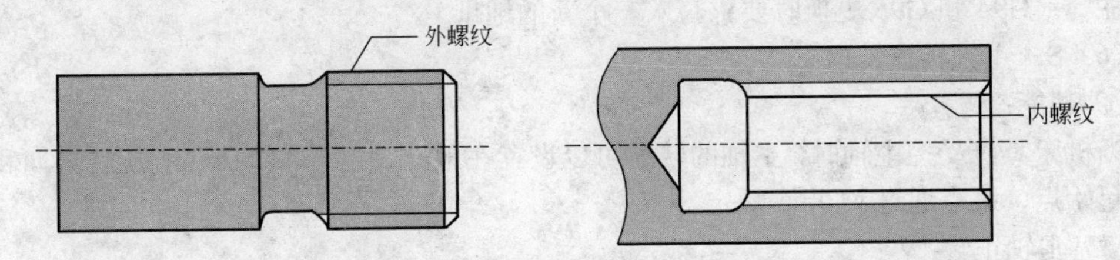

图 5-18　圆柱内螺纹、外螺纹

② 编程格式（图 5-19）：

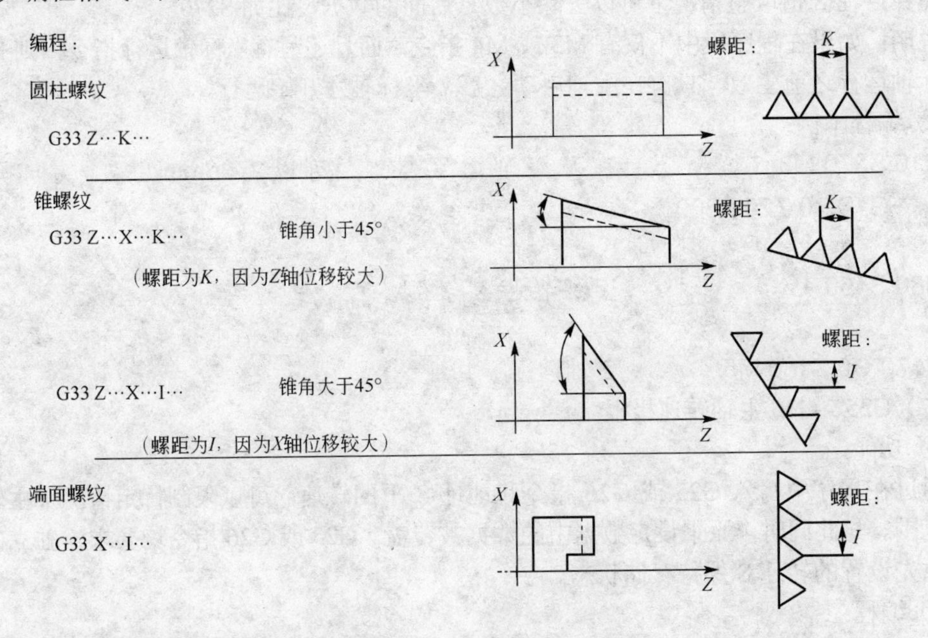

图 5-19　Z 轴、X 轴螺距举例

锥形螺纹：在具有 2 个坐标轴尺寸的圆锥螺纹加工中，螺距地址 I 或 K 下必须设置较大位移（大螺纹长度）的螺纹尺寸，另一个较小的螺距尺寸不用给出。

起始点偏移：在加工螺纹中，切削位置偏移以后以及在加工多头螺纹时均要求起始点偏移一位置 SF=…。G33 螺纹加工中，在地址 SF 下编程起始点偏移量（绝对位置）。

③ 编程举例：

圆柱双头螺纹，起始点偏移 180°，螺纹长度（包括导入空刀量和退出空刀量）100mm，螺距 4mm/r。右旋螺纹，圆柱已经预制。

```
N10 G54 G0 G90 X50 Z0 S500 M3      ;回起始点，主轴右转
N20 G33 Z-100 K4 SF=0              ;螺距：4mm/r
N30 G0 X54
N40 Z0
N50 X50
N60 G33 Z-100 K4 SF=180            ;第二条螺纹线，180° 偏移
N70 G0 X54…
```

多段连续螺纹：如果多个螺纹段连续编程，则起始点偏移只在第一个螺纹段中有效，也只有在这里才使用此参数。

轴速度：在 G33 螺纹切削中，轴速度由主轴转速和螺距的大小确定。在此 F 下编程的进给率保持存储状态。但机床数据中规定的轴最大速度（快速定位）不允许超出（图 5-20）。

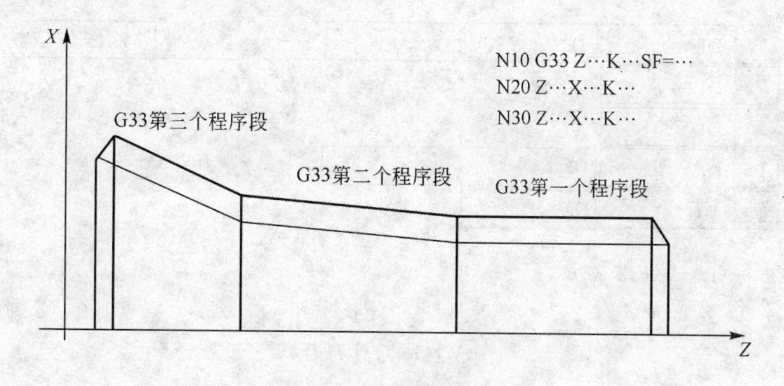

图 5-20　多段连续螺纹编程

注意：在螺纹加工期间， 主轴修调开关必须保持不变；进给修调开关无效。

5.2.3　刀具补偿

（1）刀具指令 T

① 功能：

编程 T 指令可以选择刀具。在此，是用 T 指令直接更换刀具、还是仅仅进行刀具的预选，这必须在机床数据中确定：

- 用 T 指令直接更换刀具（刀具调用）。
- 仅用 T 指令预选刀具，另外还要用 M6 指令才可进行刀具的更换。

注意：在选用一个刀具后，程序运行结束以及系统关机/开机对此均没有影响，该刀具一直保持有效。如果手动更换一刀具，则更换情况必须要输入到系统中， 从而使系统可以正确地识别该刀具。比如，可以在 MDA 方式下启动一个带新的 T 指令的程序段。

② 编程格式：

```
T…    刀具号: 1～32000 ， T0 :没有刀具
```

③ 编程举例：

不用 M6 更换刀具：

```
N10 T1                ；刀具 1
…
N70 T588              ；刀具 588
用 M6 更换刀具：
N10 T14…              ；预选刀具 14
…
N15 M6                ；执行刀具更换，刀具 T14 有效
```

（2）刀具补偿号 D（图 5-21）

① 功能：

一个刀具可以匹配从 1～9 几个不同补偿的数据组(用于多个切削刃)。另外可以用 D 及其对应的序号设置一个专门的切削刃。如果没有编写 D 指令，则 D1 自动生效。如果设置 D0，则刀具补偿值无效。

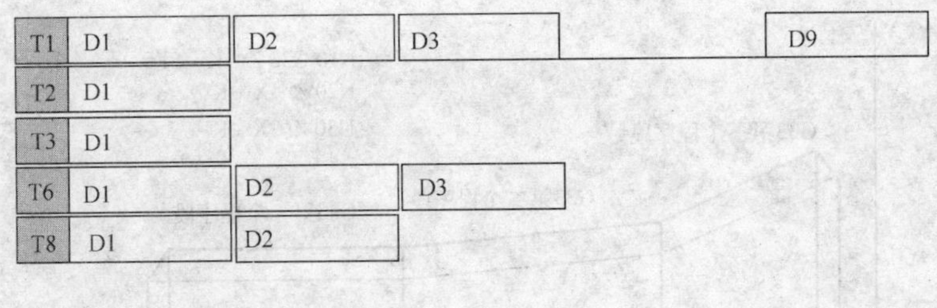

图 5-21 刀具刀沿

图 5-22 所示为车刀所要求的长度补偿值；

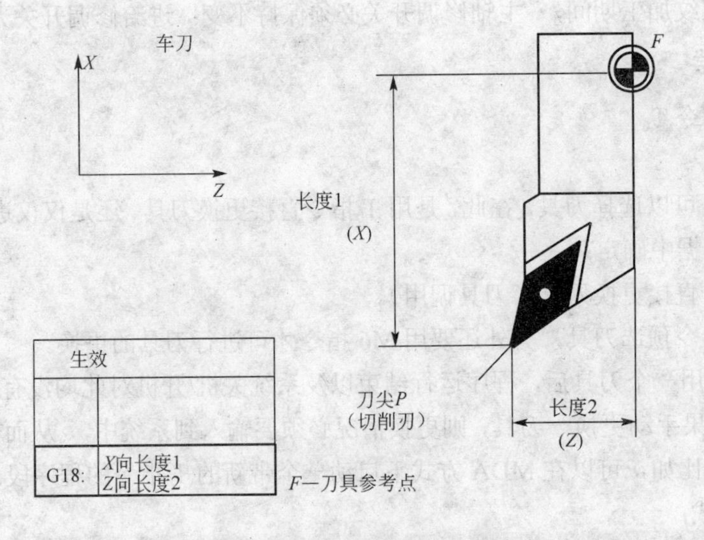

图 5-22 车刀所要求的长度补偿值

图 5-23 所示为具有两个切削刃的车刀长度补偿。

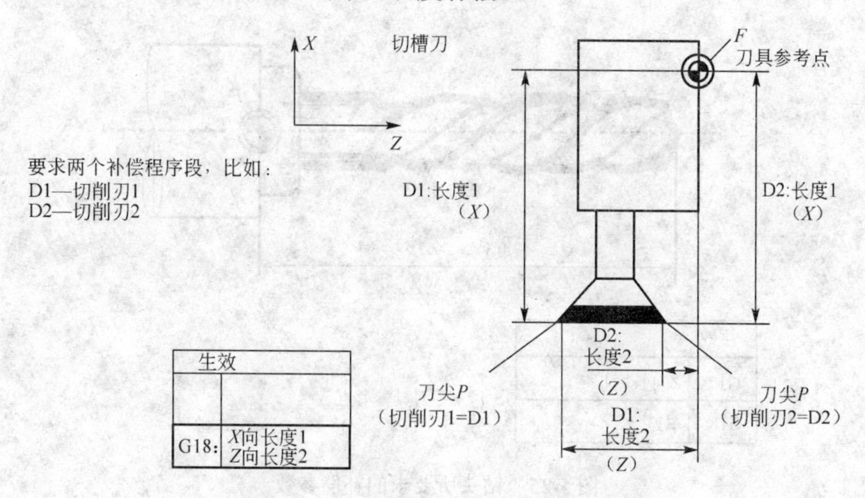

图 5-23　具有两个切削刃的车刀长度补偿

图 5-24 所示为具有刀尖半径补偿的车刀所要求的补偿参数。

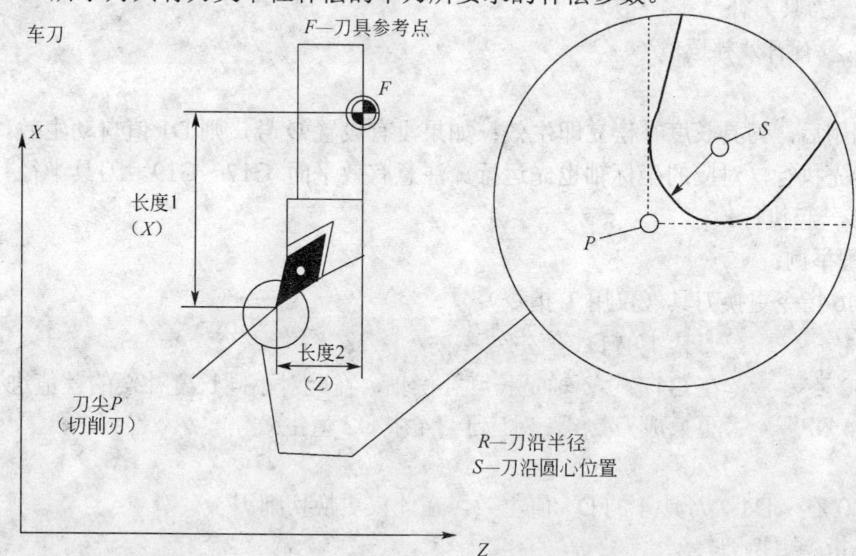

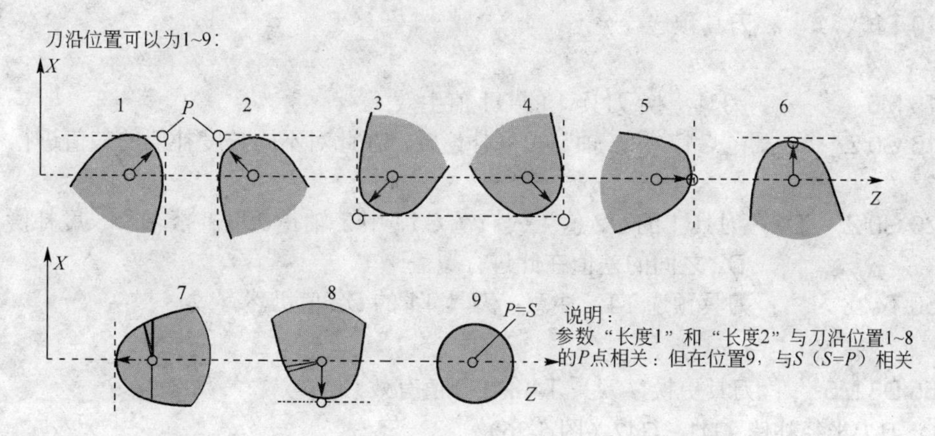

图 5-24　具有刀尖半径补偿的车刀所要求的补偿参数

图 5-25 所示为钻头所要求的补偿参数。

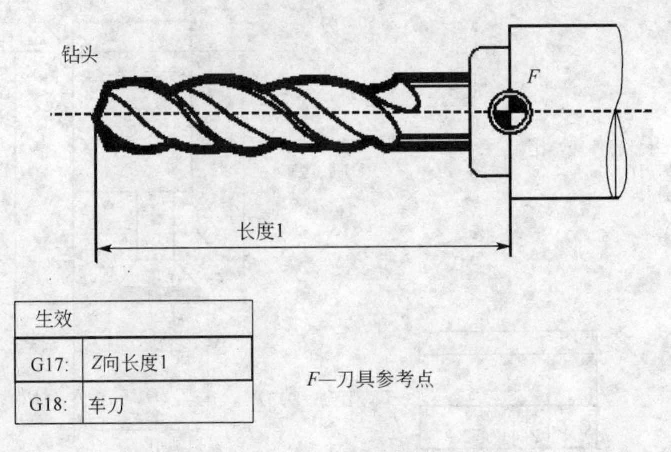

生效	
G17:	Z向长度1
G18:	车刀

图 5-25　钻头所要求的补偿参数

② 编程格式：

```
D…      刀具刀补号：1～9
D0：    没有有效补偿值
```

说明：

刀具调用后，刀具长度补偿立即生效；如果没有设置 D 号，则 D1 值自动生效。先设置的长度补偿先执行，对应的坐标轴也先运行。注意有效平面 G17～G19。刀具半径补偿必须与 G41/G42 一起执行。

③ 编程举例：

不用 M6 指令更换刀具（仅用 T 指令）：

```
N10 T1          ；刀具 1 的 D1 值生效
N11 G0 Z…       ；在 G17 中 Z 轴是长度补偿轴，在此对不同长度补偿的差值进行覆盖
N50 T4 D2       ；更换成刀具 4，对应于 T4 中 D2 值生效
…
N70 G0 Z… D1；刀具 4 的 D1 值生效，在此仅更换切削刃
用 M6 指令更换刀具:
N10 T1          ；刀具预选
…
N15 M6          ；刀具更换,刀具 1 的 D1 值生效
N16 G0 Z…       ；在 G17 中 Z 轴是长度补偿轴，在此对不同长度补偿的差值进行覆盖
…
N20 G0 Z… D2；刀具 1 的 D2 值生效，在 G17 中 Z 轴是长度补偿轴，长度补偿 D1～
                D2 之间的差值在此进行覆盖
N50 T4          ；刀具预选 T4，注意：刀具 T1 的 D2 值仍然有效
…
N55 D3 M6       ；刀具更换，刀具 T4 的 D3 值有效
```

（3）刀尖半径补偿 G41、G42（图 5-26）

① 功能：

系统在所选择的平面 G17～G19 中以刀具半径补偿的方式进行加工。刀具必须有相应的刀补号才能有效。刀尖半径补偿通过 G41/G42 生效。控制器自动计算出当前刀具运行所产生的、与编程轮廓等距离的刀具轨迹（图 5-27、图 5-28）。

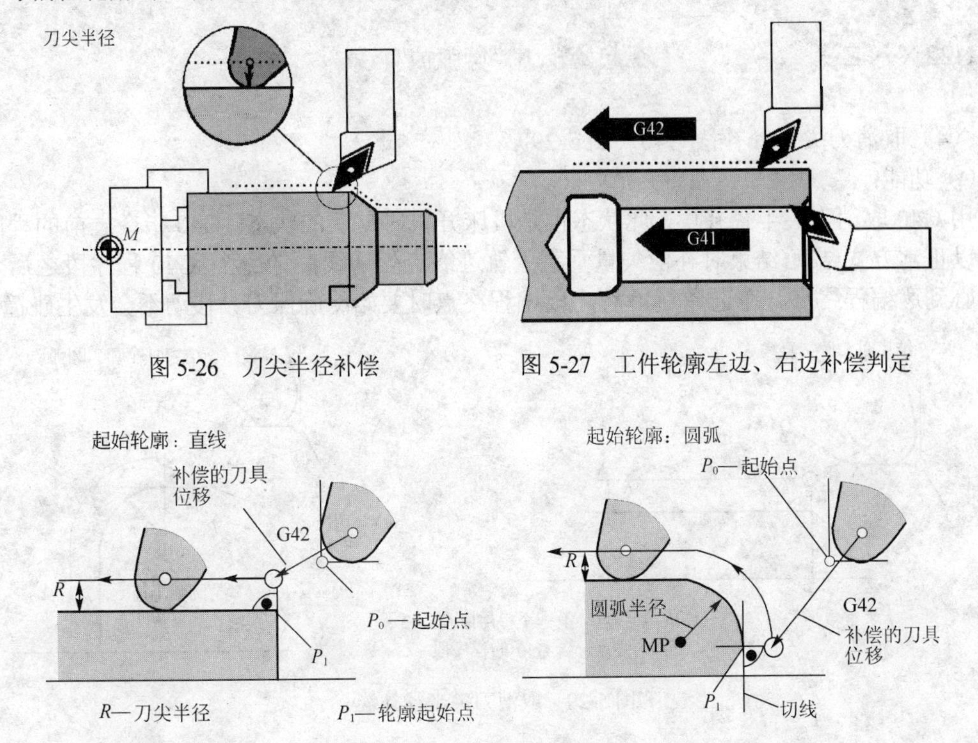

图 5-26　刀尖半径补偿　　图 5-27　工件轮廓左边、右边补偿判定

图 5-28　刀尖半径补偿

② 编程格式：

```
G41 X…  Z…      ；在工件轮廓左边刀补
G42 X…  Z…      ；在工件轮廓右边刀补
```

刀具以直线回轮廓，并在轮廓起始点处与轨迹切向垂直。正确选择起始点，可以保证刀具运行不发生碰撞。

③ 注意事项：

a．必须处于 G18 有效状态。

b．只有在线性插补时(G0、G1)才可以进行 G41/G42 的选择。

c．编程两个坐标轴，如果只给出一个坐标轴尺寸，则第二个坐标轴自动地以最后编程的尺寸赋值。

d．G41、G42 程序段，通常是在刀具切削工件的前一个程序段设定。

④ 编程举例：

```
N10 T…
N20 G17 D2 F300            ；第二个刀补号,进给率 300 mm/min
N25 X…Z…                   ；P0—起始点
N30 G1 G42 X…  Z…          ；选择工件轮廓右边补偿，P1
N30 X…  Z…                 ；起始轮廓，圆弧或直线
```

```
在选择了刀具半径补偿之后也可以执行刀具移动或者M指令：
…
N20 G1 G41 X…  Z…        ；选择轮廓左边刀补
N21 Z…                   ；进刀
N22 X…  Z…               ；起始轮廓，圆弧或直线
…
```

（4）取消刀尖半径补偿G40（图5-29）

① 功能：

用G40取消刀尖半径补偿，此状态也是机床开机时默认的状态。G40指令之前的程序段刀具以正常方式结束(结束时补偿矢量垂直于轨迹终点处切线)。在运行G40程序段之后，刀具中心到达编程终点。在选择G40程序段编程终点时要始终确保刀具移动不会发生碰撞。

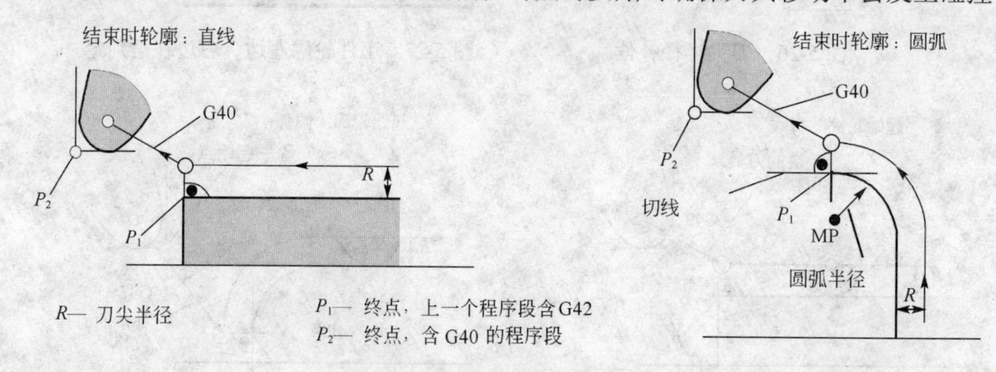

图5-29　取消刀尖半径补偿

② 编程格式：

```
G40 X…  Z…   取消刀尖半径补偿
```

注释：只有在线性插补(G0、G1)情况下才可以取消补偿。

③ 编程举例：

```
N100 X…  Z…              ；最后程序段轮廓，圆弧或直线，P1
N110 G40 G1 X…  Z…       ；取消刀尖半径补偿，P2
```

5.2.4　固定循环

（1）钻中心孔 CYCLE 82

① 编程格式（表5-3）：

表5-3　刀尖半径补偿参数CYCLE82（RTP，RFP，SDIS，DP，DPR，DTB）

RTP	Real	返回平面（绝对坐标）
RFP	Real	参考平面（绝对坐标）
SDIS	Real	安全高度（无正负号输入）
DP	Real	最后钻孔深度（绝对坐标）
DPR	Real	相对参考平面的最后钻孔深度（无正负号输入）
DTB	Real	到达最后钻孔深度时的停顿时间（断屑）

② 功能：

刀具按照设置的主轴速度和进给率钻孔，直到输入的最后的钻孔深度。

③ 操作顺序：

循环执行前已到达位置：

钻孔位置是所选平面的两个坐标轴中的位置。

循环形成以下的运行顺序：

- 使用 G0 回到安全高度。
- 按循环调用前所设置的进给率（G1）移动到最后的钻孔深度。
- 在最后钻孔深度处的停顿时间。
- 使用 G0 退回到返回平面。

④ 参数说明（图 5-30）：

RFP 和 RTP（参考平面和返回平面）：

通常，参数平面（RFP）和返回平面（RTP）具有不同的值。在循环中，返回平面高于参考平面。这说明从返回平面到最后钻孔深度的距离大于参考平面到最后钻孔深度间的距离。

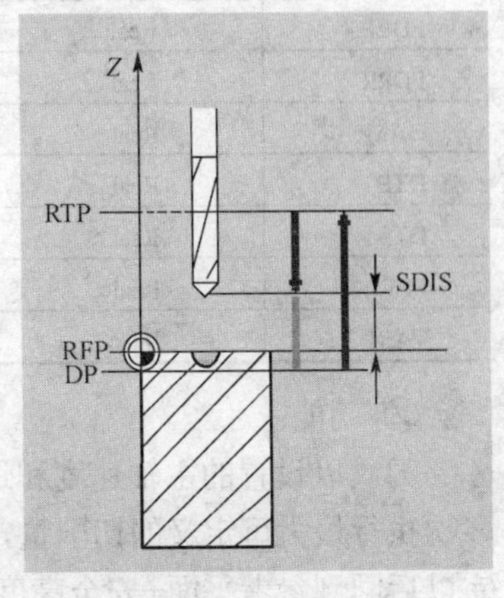

图 5-30　参数说明

SDIS（安全高度）：

安全高度为相对参考平面刀具的抬刀安全距离，其方向由循环自动确定。

DP 和 DPR（最后钻孔深度）：

最后钻孔深度可以定义成参考平面的绝对值或相对值，如果是相对值定义，循环会采用参考平面和返回平面的位置自动计算相应的深度。

DTP（停止时间）：

DIP 设置了到达最后钻孔深度的停顿时间（断屑），单位为 s。

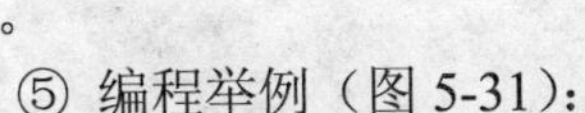

⑤ 编程举例（图 5-31）：

```
G00 G90 X0 Z50 M03 S300            ；主轴转速
T1 D1 F0.5                          ；刀具号码
CYCLE82 (50, 0, 2, −25, 25, 1)      ；调用钻孔循环,离工件表面 2mm 处进给，到达深
                                      度后停止 1s
G0 Z50
G00 X100 Z100
M2
```

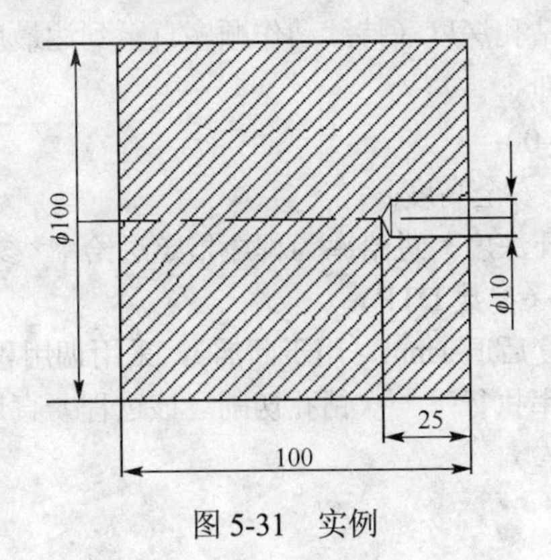

图 5-31　实例

（2）深孔钻削 CYCLE 83

① 编程格式（表 5-4）：

表 5-4 深孔钻削参数 CYCLE83（RTP，RFP，SDIS，DP，DPR，FDEP，FDPR，DAM，DTB，DTS，FRF，VARI）

RTP	Real	返回平面（绝对坐标）
RFP	Real	参考平面（绝对坐标）
SDIS	Real	安全高度（无符号输入）
DP	Real	最后钻孔深度（绝对坐标）
DPR	Real	相对参考平面的最后钻孔深度（无符号输入）
FDEP	Real	第一次钻孔深度（绝对坐标）
FDPR	Real	相对参考平面的第一次钻孔深度（无符号输入）
DAM	Real	每次切削量（无符号输入）
DTB	Real	到达最后钻孔深度时的停顿时间（断屑）
DTS	Real	到第一次钻孔深度和用于排屑的停顿时间
FRF	Real	第一次钻孔深度的进给率系数：范围 0.001～1
VARI	Int	加工类型：断屑=0；排屑=1

② 功能：

刀具以设置的主轴速度和进给率开始钻孔，直至定义的最后钻孔深度。深孔钻削是通过多次执行最大可定义的切削量，直至到达最后钻孔深度来实现的。钻头可以在每次进给深度完以后回到参考平面+安全高度用于排屑，或者每次退回 1mm 用于断屑。

③ 操作顺序：

循环启动前到达位置：

钻孔位置在所选平面的两个进给轴中。

循环形成以下动作顺序：

深孔钻削排屑时（VARI=1）：

- 使用 G0 回到参考平面+安全高度。
- 使用 G1 移动到第一次钻孔深度，进给率为程序设定进给率×参数 FRF。
- 在最后钻孔深度处停顿时间（参数 DTB）。
- 使用 G0 返回到参考平面+安全高度，用于排屑。
- 起始点停顿时间（参数 DTS）。
- 使用 G0 回到上次到达的钻孔深度，并保持预留量距离。
- 使用 G1 钻削到下一个钻孔深度（持续动作顺序直至到达最后钻孔深度）。
- 使用 G0 退回到返回平面。

深孔钻削断屑时（VARI=0）：

- 用 G0 返回到参考平面+安全高度。
- 用 G1 钻孔到第一次钻孔深度，进给率为程序指定进给率×参数 FRF。
- 最后钻孔深度停顿时间（参数 DTP）。
- 使用 G1 从当前钻孔深度后退 1mm（用于断屑），采用调用程序中设置的进给率。
- 用 G1 按所设置的进给率执行下一次钻孔切削（该过程一直进行下去，直至到达最终钻削深度）。
- 用 G0 退回到返回平面。

④ 参数说明（图 5-32）：

对于参数 RIP、RFP、SDIS、DP、DPR，参见 CYCLE82。

参数 DP（或 DPR）、FDEP（或 FDPR）和 DMA：

- 首先进行首次钻深，只要不超过总的钻孔深度。
- 从第二次钻孔开始，到达的深度由上一次钻深减去每次切削量获得，但要求钻深大于所设置的每次切削量。
- 当剩余量大于两倍的递减量时，以后的钻削量等于递减量。
- 最终的两次钻削行程被平分，所以始终大于一半的递减量。
- 如果第一次的钻深值和总钻深不符，则输出错误信息 61107“首次钻深定义错误”，而且不执行循环程序。

DTP（停顿时间）：

DTP 设置到达最终钻深的停顿时间（断屑），单位为 s。

DTS（停顿时间）：

起始点的停顿时间只在 VARI=1（排屑）时执行。

FRF（进给率系数）：

对于此参数，可以输入一个进给率系数，该系数只适用于循环中的首次钻孔深度。

VARI（加工类型）：

如果参数 VARI=0，钻头在每次到达钻深后退回 1mm 用于断屑。如果 VARI=1（用于排屑），钻头每次移动到参考平面+安全高度。

注意：预期量的大小由循环内部计算所得。

⑤ 编程举例（图 5-33）：

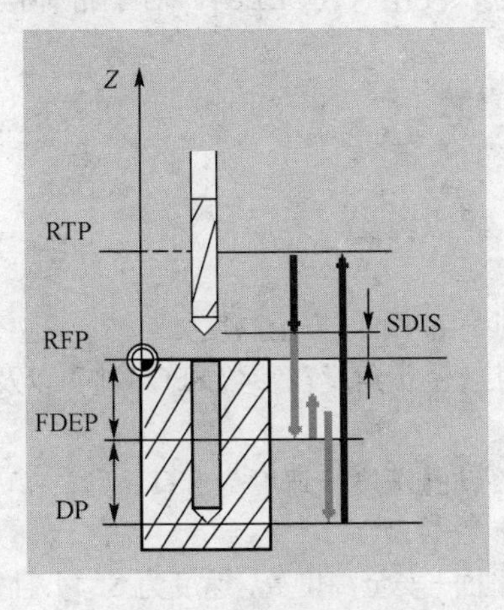

图 5-32　参数说明

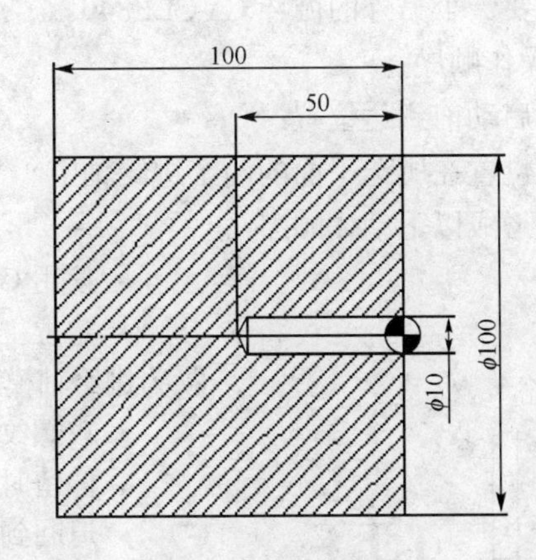

图 5-33　实例

```
T1 D1                                   ；刀具号码
G00 G90 X0 Z50 M03 S300                 ；主轴转速
F0.5
CYCLE83 (50, 0, 2, –50, 50, –5, 5，4, 0.5, 0, 0.5, 1) ；调用钻孔循环
G0 Z50
```

```
G00 X100 Z100
M2
```

（3）刚性攻螺纹 CYCLE 84

① 编程格式（表 5-5）：

表 5-5　刚性攻螺纹参数 CYCLE84（RTP，RFP，SDIS，DP，DPR，DTB，SDAC，PIT，MPIT，SPOS，SST，SST1）

RTP	Real	返回平面（绝对坐标）
RFP	Real	参考平面（绝对坐标）
SDIS	Real	安全高度（无符号输入）
DP	Real	最后钻孔深度（绝对坐标）
DPR	Real	相对参考平面的最后钻孔深度（无符号输入）
DTB	Real	停顿时间（断屑）
SDAC	Int	循环结束后的旋转方向，值：3、4 或 5（用于 M3、M4 或 M5）
MPIT	Real	螺距由螺纹尺寸决定（有符号），数值范围：3（用于 M3）～48（用于 M48）；符号决定了在螺纹中的旋转方向
PIT	Real	螺纹由数值决定（有符号），数值范围：0.001～2000.000mm；符号决定了在螺纹中的旋转方向
SPOS	Real	循环中定位主轴的位置（以度为单位）
SST	Real	攻螺纹速度
SST1	Real	退回速度

② 功能：

刀具以设置的主轴转速和进给率进行攻螺纹直至定义的最终螺纹深度。CYCLE84 可以用于刚性攻螺纹。

注意：只有主轴在技术上进行位置控制，才可以使用 CYCLE84。对于带补偿夹具的攻螺纹，需要一个另外的循环 CYCLE840。

③ 操作顺序：

循环启动前到达位置：

钻孔位置在所选平面的两个进给轴中。

循环形成以下动作顺序：

- 使用 G0 回到参考平面+安全高度处。
- 定位主轴停止（停止角度在参数 SPOS 中）以及将主轴转换为进给轴模式。
- 攻螺纹至最终钻孔深度，速度为 SST。
- 停留时间（参数 DTB）。
- 退回到参考平面+安全高度处，速度为 SST1 且方向相反。
- 使用 G0 退回到返回平面；通过在循环调用前重新设置有效的主轴速度以及 SDAC 下设置的旋转方向，从而改变主轴模式。

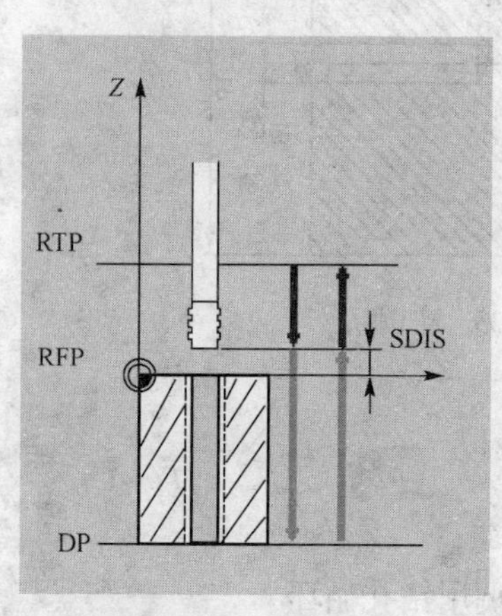

图 5-34　参数说明

④ 参数说明（图 5-34）：

对于参数 RTP、RFP、SDIS、DP、DPR，参见 CYCLE82。

DTB（停顿时间）：

停顿时间以 s 编程。车螺纹时，建议忽略停顿时间。

SDAC（循环结束后的旋转方向）：

在 SDAC 下设置循环结束后的旋转方向，循环内部自动执行攻螺纹时的反方向。

MPIT 和 PIT：

可以将螺纹的值定义为螺纹大小（公称螺纹只在 M2～M8）或螺距。不需要的参数在调用中省略或赋值为零。

RH 或 LH 螺纹由螺距参数符号定义：

- 正值—RH（用于 M3）；
- 负值—LH（用于 M4）。

如果两个螺纹螺距参数的值有冲突，循环将产生报警 61001“螺纹螺距错误”且循环终止。

SPOS（主轴角度）：

攻螺纹前，使用命令 SPOS 使主轴在设定角度准确停止并转换成位置控制。

SST（速度）：

参数 SST 包含了用于攻螺纹程序的主轴速度。

SST1（退回速度）：

在 SST1 下使用 G332 设置了主轴攻螺纹完成后退回的速度。如果该参数的值为零，则按照 SST 下设置的速度退回。

⑤ 编程举例：

刚性攻螺纹：在位置 $X0$ 处进行刚性攻螺纹，钻孔轴是 Z 轴。未设置停止时间；设置的深度值为相对值。必须给旋转方向参数和螺距参数赋值。被加工螺纹公称直径为 M5。

```
N10 G0 G90 G54 T6 D1                  ；技术值的定义
N20 D1 X0 Z40                         ；接近钻孔位置
N30 CYCLE84（4，0，2，30，5，90，200，500）；循环调用，已忽略 PIT 参数；未
                    给绝对深度或停顿时间输入数值
                    主轴在 90° 位置；攻螺纹速度是 200，退回速度是 500mm/min
N40 M2                                ；程序结束
```

（4）铰孔 CYCLE 85

① 编程格式（表 5-6）：

表 5-6　铰孔参数 CYCLE85（RTP，RFP，SDIS，DP，DPR，DTB，FFR，RFF）

RTP	Real	返回平面（绝对坐标）
RFP	Real	参考平面（绝对坐标）
SDIS	Real	安全高度（无符号输入）
DP	Real	最后钻孔深度（绝对坐标）
DPR	Real	相对参考平面的最后钻孔深度（无符号输入）
DTB	Real	最后铰孔深度时停顿时间（断屑）
FFR	Real	进给率
RFF	Real	退回进给率

② 功能：

刀具按设置的主轴速度和进给率铰孔，直至到达最后钻孔深度。切削和退刀的进给率分别是参数 FFR 和 RFF 的值。

③ 操作顺序：

循环启动前到达位置：

钻孔位置在所选平面的两个进给轴中。

循环形成以下动作顺序：

- 使用 G0 回到参考平面+安全高度处。
- 使用 G1 切削至最终深度，进给率按参数 FFR 所设置的值。
- 最后铰孔深度时停顿时间。
- 使用G1返回到参考平面+安全高度处，进给率是参数FFR所设置的值。
- 使用 G0 退回到返回平面。

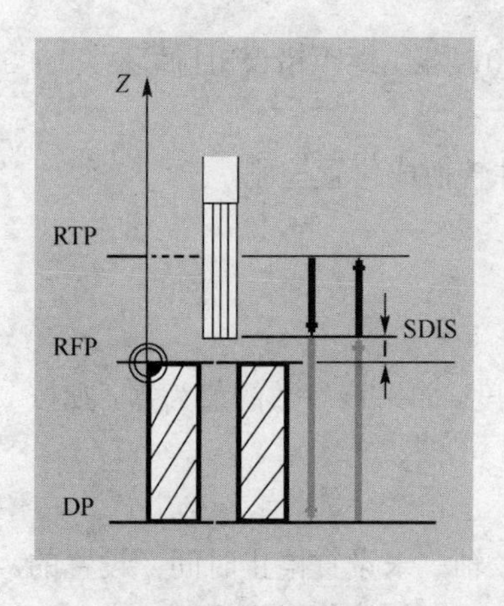

图 5-35 参数说明

④ 参数说明（图 5-35）：

对于参数 RTP、RFP、SDIS、DP，参见 CYCLE82。

DTP（停顿时间）：

DTB 设置到最后铰孔深度时的停顿时间，单位为 s。

FFR（进给率）：

切削时 FFR 下设置的进给率值有效。

RFF（退回进给率）：

从孔底退回到参考平面+安全高度时，RFF 下设置的进给率值有效。

⑤ 编程举例：

铰孔：

```
N10 T1 D1 G54 G0 X100 Z100
N20 S300 M3
N30 Z50 X0   M8                                   ；接近铰孔位置
N40 CYCLE85（50，0，2，-25，25，0，300，450）       ；循环调用,无安全距离
N50 M2                                            ；程序结束
```

（5）镗孔 CYCLE 86

① 编程格式（表 5-7）：

表 5-7 镗孔参数 CYCLE86（RTP，RFP，SDIS，DP，DRP，DTB，SDIR，RPA，RPO，RPAP，SPOS）

RTP	Real	返回平面（绝对值）
RFP	Real	参考平面（绝对值）
SDIS	Real	安全高度（无符号输入）
DP	Real	最后钻孔深度（绝对值）
DRP	Real	相对参考平面的最后钻孔深度（无符号输入）
DIB	Real	最后钻孔深度时停顿时间（断屑）
SDIR	Int	旋转方向，值：3（用于 M3）；4（用于 M4）
RPA	Real	平面中第一轴上的返回路径（增量，带符号输入）
RPO	Real	平面中第二轴上的返回路径（增量，带符号输入）
RPAP	Real	镗孔轴上的返回路径（增量，带符号输入）
SPOS	Real	主轴定位停止角度（以度为单位）

② 功能：

此循环可以使用镗刀进行镗孔。刀具按照设置的主轴转速和进给率进行镗孔，直至达到最后镗孔深度。镗孔时，一旦到达镗孔深度，便激活了定位主轴停止功能。然后，主轴从返回平面快速回到设置的返回位置。

③ 操作顺序：

循环启动前的到达位置：

钻孔位置在所选平面的两个进给轴中。

循环形成以下动作顺序：

- 使用 G0 回到参考平面+安全高度处。
- 循环调用前使用 G1 及所设置的进给率镗到最终钻孔深度处。
- 最后钻孔深度处停顿时间。
- 主轴定位停止在 SPOS 参数设置的角度。
- 使用 G0 在三个方向上返回。
- 使用 G0 在镗孔轴方向返回到参考平面+安全高度处。
- 使用 G0 再退回到返回平面（平面的两个轴方向上的初始钻孔位置）。

④ 参数说明（图 5-36）：

对于参数 RTP、RFP、SDIS、DP、DPR，参见 CYCLE82。

DTB（停顿时间）：

DTB 设置到最后镗孔深度时的停顿时间（断屑），单位为 s。

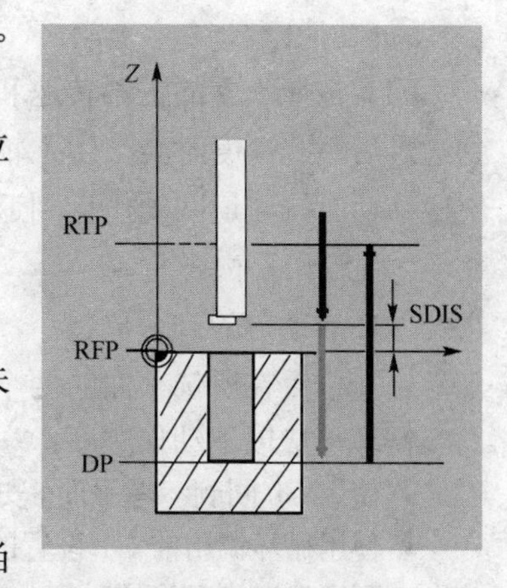

图 5-36　参数说明

SDIR（旋转方向）：

使用此参数，可以定义循环中进行镗孔时的旋转方向。如果参数的值不是 3 或 4（M3/M4），则产生报警 61102“未编程主轴方向”且不执行循环。

RPA（第一轴上的返回路径）：

使用此参数定义在第一轴上（横坐标）的返回路径，当到达最后镗孔深度并执行主轴定位停止功能后执行此返回路径。

RPO（第二轴上的返回路径）：

使用此参数定义在第二轴上（纵坐标）的返回路径，当到达最后钻孔深度并执行主轴定位停止功能后执行此返回路径。

RPAP（镗孔轴上的返回路径）：

使用此参数定义在镗孔轴上的返回路径，当到达最后钻孔深度并执行主轴定位停止功能后执行此返回路径。

SPOS（主轴位置）：

使用 SPOS 设置主轴定位停止的角度，单位为度，该功能在到达最后镗孔深度后执行。

注意：主轴在技术上能够进行旋转角度控制，则可以使用 CYCLE86。

⑤ 编程举例：

镗孔调用 CYCLE86。编程的最后钻孔深度值为绝对值。在最后钻孔深度处的停顿时间是 2s。工件的上沿在 Z110 处。在此循环中，主轴以 M3 旋转并停在 45° 位置。

```
N10 G0 F0.5 S300 M3                  ；技术值的定义
N20 T1 D1 Z50                        ；回到返回平面
N30 X0 Z50                           ；回到镗孔位置
N40 CYCLE86（50， 0，2，-30，30，2，3，-1，-1，1，45） ；使用镗孔循环
N50 M2                               ；程序结束
```

（6）带停止镗孔 CYCLE 88

① 编程格式（表 5-8）：

表 5-8 带停止镗孔参数 CYCLE88（RTP，RFP，SDIS，DP，DRP，DTB，SDIR）

RTP	Real	返回平面（绝对值）
RFP	Real	参考平面（绝对值）
SDIS	Real	安全高度（无符号输入）
DP	Real	最后钻孔深度（绝对值）
DRP	Real	相对参考平面的最后钻孔深度（无符号输入）
DTB	Real	最后钻孔深度时停顿时间（断屑）
SDIR	Int	旋转方向，值：3（用于 M3）；4（用于 M4）

② 功能：

刀具按照设置的主轴转速和进给率进行镗孔，直至达到最后镗孔深度。带停止镗孔时，到达最后镗孔深度时会产生主轴无方向 M5 停止和已设置的停止。按“CYCLE START”键在快速移动时持续退回动作直到返回平面。

③ 操作顺序：

循环启动前的到达位置：

钻孔位置在所选平面的两个进给轴中。

循环形成以下动作顺序：

- 使用 G0 回到参考平面+安全高度处。
- 使用循环调用前 G1 设置的进给率移到最终镗孔深度处。
- 到镗孔深度时停顿时间。

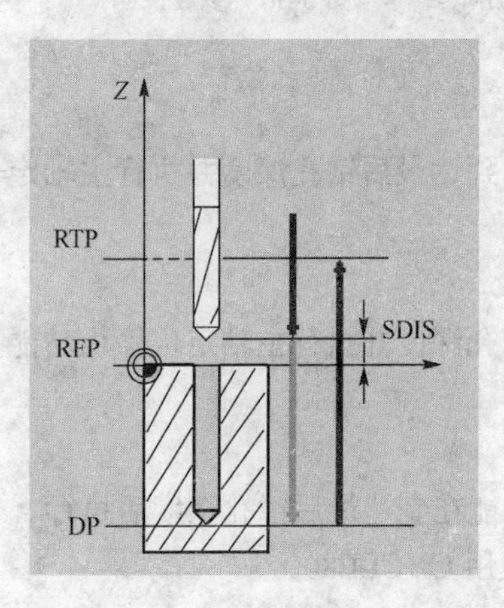

图 5-37 参数说明

- 使用 G1 返回到参考平面+安全距离处，进给率由参数 RFF 设定。
- 使用 G0 退回到返回平面。

④ 参数说明（图 5-37）：

对于参数 RTP、RFP、SDIS、DP、DPR，参见 CYCLE82。

DTB（停顿时间）：

DTB 设置到镗孔深度时（断屑）的停顿时间，单位为 s。

SDIR（旋转方向）：

所设置的旋转方向对镗孔时有效。如果参数的值不是 3 或 4（M3/M4），则产生报警 61102“未编程主轴方向”及循环终止。

⑤ 编程举例：

带停止镗孔调用 CYCLE88。镗孔轴是 Z 轴。安全距离设置值是 3mm，M4 在循环中有效。

```
N10 G54 G90 F1 S450                    ；技术值的定义
N20 G0 X0 Z50                          ；接近镗孔位置
N30 CYCLE88（50，0，3，-30，30，0.5，4）；主轴反转镗孔
N40 M2                                 ；程序结束
```

（7）切槽 CYCLE 93

① 编程格式（表 5-9）：

表 5-9　切槽参数 CYCLE93（SPD，DPL，WIDG，DIAG，STAG1，ANG1，ANG2，RCO1，RCO2，RCI1，RCI2，FAL1，FAL2，IDEP，DIB，VARI）

SPD	Real	横向坐标轴起始点
DPL	Real	纵向坐标轴起始点
WIDG	Real	切槽宽度（无符号输入）
DIAG	Real	切槽深度（无符号输入）
STAG1	Real	轮廓和纵向轴之间的角度
ANG1	Real	侧面角 1：在切槽一边，由起始点决定
ANG2	Real	侧面角 2：在另一边
RCO1	Real	半径/倒角 1，外部：位于由起始点决定的一边
RCO2	Real	半径/倒角 2，外部
RCI1	Real	半径/倒角 1，内部：位于起始点侧
RCI2	Real	半径/倒角 2，内部
FAL1	Real	槽底的精加工余量
FAL2	Real	侧面的精加工余量
IDEP	Real	进给深度（无符号输入）
DIB	Real	槽底停顿时间
VARI	Int	加工类型范围值：1～8 和 11～18

② 功能：

切槽循环可以用于纵向和表面加工时对任何垂直轮廓单元进行对称和不对称的切槽。可以进行外部和内部的切槽。

③ 操作顺序：

进给深度（面向槽底）和宽度（从槽到槽）在循环内部计算并分配给相同的最大允许值。在倾斜表面切槽时，刀具将以最短的距离从一个槽移动到下一个槽。在此过程中，循环内部计算出到轮廓的安全距离。

步骤 1：

每次进给后刀具会退回以便断屑。

步骤 2：

垂直于进给方向按一步或几步加工槽，而每一步依次按进给深度来划分。从沿槽向内的第二次切削开始，退刀前刀具将退回 1mm。

步骤 3：

如果在 ANG1 或 ANG2 下设置了角度值，只进行一次侧面的毛坯切削。如果槽宽较大，则分几步沿槽宽进行进给。

步骤 4：

从槽沿到槽中心平行于轮廓进行精加工余量的毛坯切削。在此过程中，循环可以自动选择或不选择刀具半径补偿。

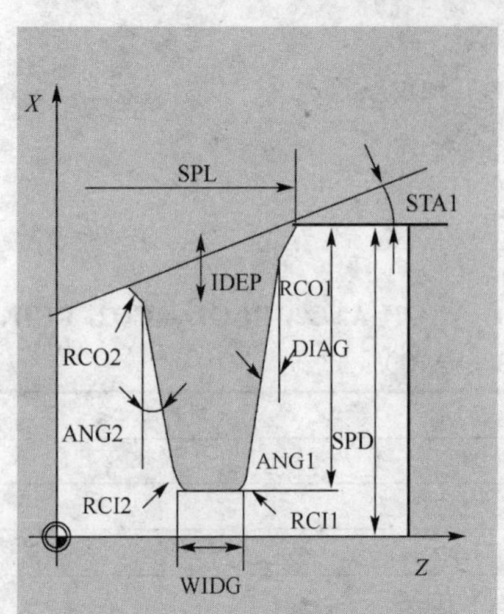

图 5-38 参数说明

④ 参数说明（图 5-38）：

SPD 和 SPL（起始点）：

可以使用这些坐标来定义槽的起始点，从起始点开始，在循环中计算出轮廓。循环计算出循环开始的起始点。切削外部槽时，刀具首先会按纵向轴方向移动，切削内部槽时，刀具首先按横向轴方向移动。

WIDG 和 DIAG（槽宽和槽深）：

参数槽宽（WIDG）和槽深（DIAG）用来定义槽的形状。计算时，循环始终认为是以 SPD 和 SPL 为基准。

去掉切削沿半径后，最大的进给量是刀具宽度的 95%，从而会形成切削重叠。

如果所设置的槽宽小于实际刀具宽度，将出现错误信息 61602“刀具宽度定义不正确”，同时加工终止。如果在循环中发现切削沿宽度等于零，也会出现报警。

STA1(角)：

使用参数 STA1 来编程加工槽时的斜线角。该角可以采用 0°～180°，并且始终用于纵坐标轴。

ANG1 和 ANG2（侧面角）：

不对称的槽可以通过不同定义的角来描述，范围 0°～89.999°。

RCO1、RCO2 和 RCI1、RCI2（半径/倒角）：

槽的形状可以通过输入槽边或槽底的半径/倒角来修改。注意：输入的半径是正号，而倒角是负号。

如何考虑编程的倒角与参数 VARI 的十位数有关。

- 如果 VARI<0（十位数=0），倒角 CHF=…。
- 如果 VARI>10，倒角带 CHF 编程。

FAL1 和 FAL2（精加工余量）：

可以单独设置槽底和侧面的精加工余量。在加工过程中，进行毛坯切削直至最后余量。然后使用相同的刀具沿着最后轮廓进行平行于轮廓的切削。

IDEP（进给深度）：

通过设置一个进给深度，可以将近轴切槽分成几个深度进给。每次进给后，刀具退回 1mm 以便断屑。在所有情况下必须设置参数 IDEP。

VARI（加工类型）：

槽的加工类型由参数 VARI 的单位数定义。它可以采用图中所示的值。

参数的十位数表示倒角是如何考虑的。

VARI1～8：倒角被考虑成 CHF。

VARI11～18：倒角被考虑成 CHR。

如果参数具有其他不同的值，循环将终止并产生报警 61002“加工类型定义错误”。

如果半径/倒角在槽底接触或相交，或者在平行于纵向轴的轮廓段进行表面切槽，循环将不能执行，并出现报警61603“槽形状定义不正确”。

调用切槽循环之前，必须使能一个双刀沿刀具。两个切削沿偏移值必须以两个连续刀具沿保存，而且在首次循环调用之前必须激活第一个刀具号。循环本身定义将使用哪一个加工步骤和哪一个刀具补偿值并自动使能。循环结束后，在循环调用之前设置的刀具补偿号重新有效。当循环调用时，如果刀具补偿未设置刀具号，循环执行将终止并出现报警 61000“无有效的刀具补偿”。

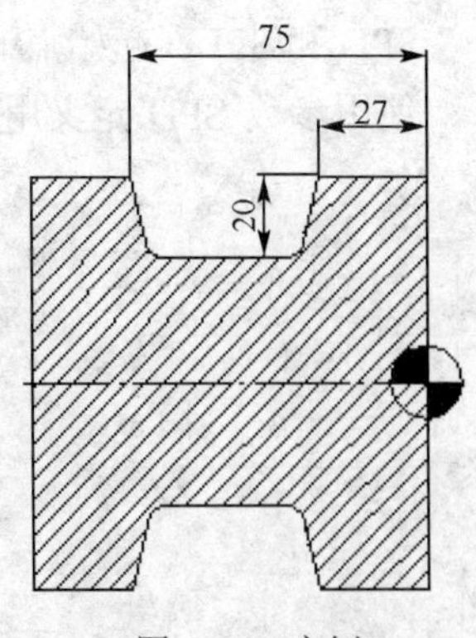

图 5-39 实例

⑤ 编程举例（图 5-39）：

```
G54 G0 X200 Z200                              ；坐标系设定
T1 D1                                         ；1 号刀具
M3 S800
G0 X200
CYCLE93 (100.000, -30.000, 45.000, 20.000,    ；调用切槽循环
    0.000, 15.000, 15.000, 0.000, 0.000,
    2.000, 2.000, 0.200, 0.200, 4.000,
    1.000, 5)
G0 X200 Z200
M5
M2
```

（8）退刀槽形状 E、F CYCLE 94

① 编程格式（表 5-10）：

表 5-10 退刀槽 E、F 参数 CYCLE94（SPD，SPL，FORM）

SPD	Real	横向轴的起始点（无符号输入）
SPL	Real	纵向轴刀具补偿的起始点（无符号输入）
FORM	Char	设定形状：E（用于形状 E）；F（用于形状 F）

② 功能：

使用此循环，可以按DIN509进行形状为E和F的退刀槽切削，并要求成品直径大于3mm。

③ 操作顺序：

循环启动前到达位置：

起始位置可以是任意位置，但须保证回该位置开始加工时不发生刀具碰撞。

该循环具有如下时序过程：

- 用 G0 回到循环内部所计算的起始点。
- 根据当前的刀尖位置选择刀尖半径补偿，并按循环调用之前所设置的进给率进行退刀槽的加工。
- 用 G0 回到起始点，并用 G40 指令取消刀尖半径补偿。

④ 参数说明（图 5-40）：

SPD 和 SPL（起始点）：

使用参数 SPD 定义用于加工的成品的直径。在纵向轴的成品直径使用参数 SPL 定义，如果根据 SPD 所编程的成品直径小于 3mm，则循环中断并产生报警 61601“成品直径太小”。

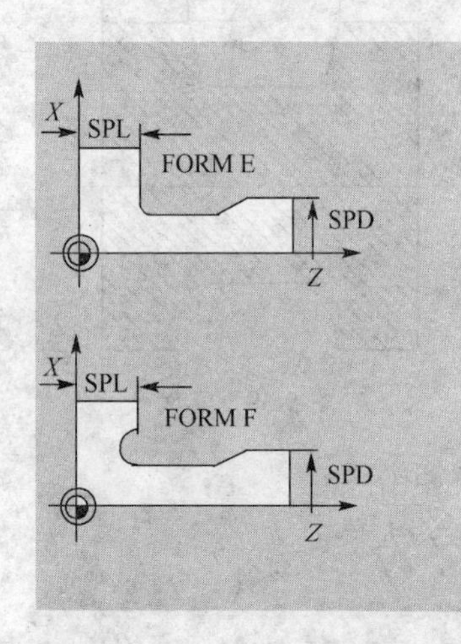

图 5-40 参数说明

形状（设定）：

通过此参数确定 DIN509 标准所规定的形状 E 和 F。如果该参数的值不是 E 或 F，则循环终止并产生报警 61609“形状设定错误”。循环通过有效的刀具补偿自动计算刀尖方向，循环可以在刀尖方向 1～4 时运行。如果循环检测出刀尖位置在 5～9 的任一位置，则循环终止并产生报警 61608“设定错误的刀尖位置”。

循环自动计算起始点值。它的位置是在纵向距离末尾直径 2mm 和最后尺寸 10mm 的位置。有关设置的坐标值的起始点的位置由当前有效刀具的刀尖位置决定。

如果由于刀具后角太小而无法使用所选的刀具加工退刀槽形状，系统将出现信息“退刀槽形状已改变”。但是，加工依然继续。调用循环之前，必须激活刀具补偿。否则，报警 61000“无有效的刀具补偿”输出，然后循环终止。

⑤ 编程举例：

此程序可以编程 E 形状的退刀槽：

```
N10 T1 D1 S300 M3 G95 F0.3          ；技术值的定义
N20 G0 G90 Z100 X50                 ；选择起始位置
N30 CYCLE94（20，60，“E”）           ；循环调用
N40 G90 G0 Z100 X50                 ；回到下一个位置
N50 M02                             ；程序结束
```

（9）毛坯切削 CYCLE 95

① 编程格式（表 5-11）：

表 5-11 毛坯切削参数 CYCLE95（NPP，MID，FALZ，FALX，FAL，FF1，FF2，FF3，VARI，DT，DAM，VRT）

NPP	String	轮廓子程序名称
MID	Rcal	进给深度(无符号输入)
FALZ	Rcal	在纵向轴的精加工余量(无符号输入)
FALX	Rcal	在横向轴的精加工余量(无符号输入)
FAL	Rcal	轮廓的精加工余量
FF1	Rcal	非切槽加工的进给率
FF2	Rcal	切槽时的进给率
FF3	Rcal	精加工的进给率
VARI	Rcal	加工类型，范围值：1～12
DT	Rcal	粗加工时用于断屑时的停顿时间
DAM	Rcal	粗加工因断屑而中断时所经过的长度
_VRT	Rcal	粗加工时从轮廓退回的行程，增量(无符号输入)

② 功能：

使用粗车削循环，可以进行轮廓切削（图 5-41）。该轮廓已编程在子程序中。轮廓可以包括凹凸切削。使用纵向和表面加工可以进行外部和内部轮廓的加工。工艺可以随意选择(粗加工、精加工、综合加工)。粗加工轮廓时，按最大的编程进给深度进行切削且到达轮廓的交点后清除平行于轮廓的毛刺，进行粗加工直到编程的精加工余量。

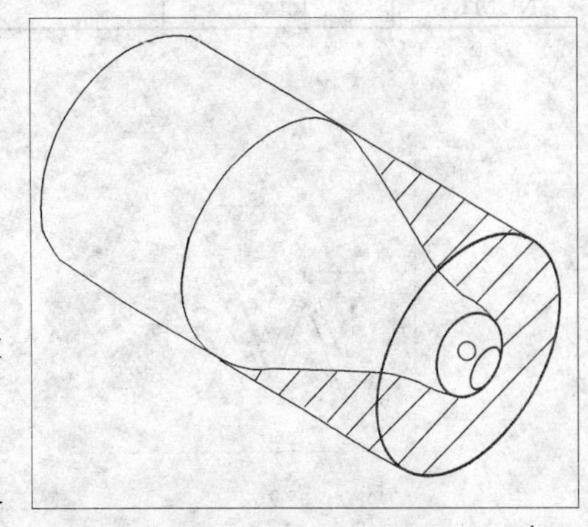

图 5-41　CYCLE95 循环

在粗加工的同一方向进行精加工。刀具半径补偿可以由循环自动选择或不选择。

③ 操作顺序：

循环开始前所到达的位置：

起始位置可以是任意位置，但须保证从该位置回轮廓起始点时不发生刀具碰撞。

循环形成以下动作顺序：

循环起始点在内部被计算出并使用 G0 在两个坐标轴方向同时回该起始点。

无凹凸切削的粗加工：

- 内部计算出到当前深度的进给并用 G0 返回。
- 使用 G1 进给率为 FF1 回到轴向粗加工的交点。
- 使用 G1/G2/G3 和 FF1 沿轮廓+精加工余量进行平行于轮廓的倒圆切削。
- 每个轴使用 G0 退回在__VAR 下所设置的量。
- 重复此顺序直至到达加工的最终深度。
- 进行无凹凸切削成分的粗加工时，坐标轴依次返回循环的起始点。

（10）螺纹切削 CYCLE 97

① 编程（表 5-12）：

表 5-12　螺纹切削参数 CYCLE97（PIT，MPIT，SPL，FPL，DM1，DM2，APP，ROP，TDEP，FAL，IANG，NSP，NRC，NID，VARI，NUMT）

PIT	Real	螺距
MPIT	Real	螺纹尺寸值：3（用于 M3）～60（用于 M60）
SPL	Real	螺纹终点，位于横向轴上
FPL	Real	螺纹终点，位于纵向轴上
DM1	Real	起始点的螺纹直径
DM2	Real	终点的螺纹直径
APP	Real	空刀导入量（无符号输入）
ROP	Real	空刀退出量（无符号输入）
TDEP	Real	螺纹深度（无符号输入）
FAL	Real	精加工余量（无符号输入）
IANG	Real	进给切入角：“+”或“−”
NSP	Real	首圈螺纹的起始点偏移（无符号输入）

续表

NRC	Int	粗加工切削量（无符号输入）
NID	Int	停顿次数
VARI	Int	定义螺纹的加工类型：1～4
NUMT	Int	螺纹头数（无符号输入）

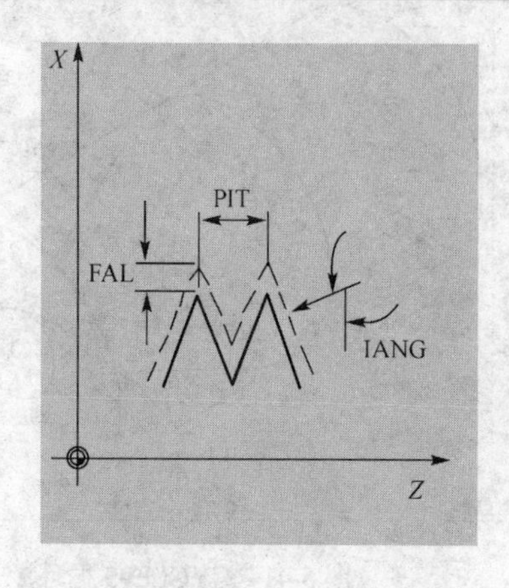

图 5-42 PIT

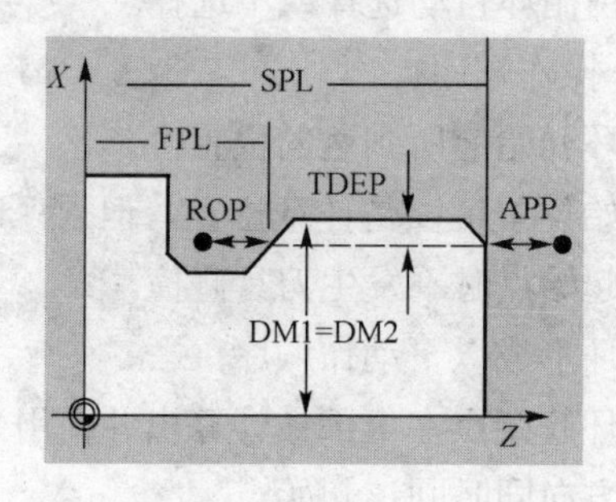

图 5-43 螺纹参数

② 功能：

使用螺纹切削循环可以获得在纵向和表面加工中具有恒螺距的圆形和锥形的内外螺纹。螺纹可以是单头螺纹和多头螺纹。多头螺纹加工，每个螺纹依次加工。

自动执行进给时，可在每次恒进给量切削或恒切削截面积进给中选择。右手或左手螺纹是由主轴的旋转方向决定的，该方向必须在循环执行前设置好。车螺纹时，进给率和主轴转速调整都不起作用。

重要信息：为了可以使用此循环，需要使用带有位置控制的主轴。

③ 操作顺序：

循环启动前到达的位置：

任意位置，但必须保证刀尖可以没有碰撞地回到所设置的螺纹起始点+导入空刀量。

该循环有如下的时序过程：

- 用 G0 回第一头螺纹导入空刀量起始点。
- 按照参数 VARI 定义的加工类型进行粗加工进刀。
- 根据编程的粗切削次数重复螺纹切削。
- 用 G33 切削精加工余量。
- 根据停顿次数重复此操作。
- 对于其他的螺纹，重复整个过程。

④ 参数说明：

PIT 和 MPIT（螺距和螺纹尺寸）：

要获得公制的圆柱螺纹，也可以通过参数 MPIT（M03～M60）设置螺纹尺寸。只能选择使用其中一种参数。如果参数冲突，循环将产生报警 61001“螺距无效”且中断（图 5-42）。

DM1 和 DM2（直径）：

使用此参数来定义螺纹起始点和终点的螺纹直径。如果是内螺纹，则是孔的直径。

SPL、FPL、APP 和 ROP 的相互联系（起始点、终点、空刀导入量、空刀退出量）：

编程的起始点（SPL 和 FPL）为螺纹最初的起始点。但是，循环中使用的起始点是由空刀导入量 APP 产生的起始点。而终点是由空刀退出量 ROP 返回的编程终点。在横向轴中，循环定义的起始点始终比设置的螺纹直径大 1mm。此返回平面在系统内部自动产生（图 5-43）。

TDEP、FAL、NRC 和 NID 的相互联系（螺纹深度、精加工余量、切削量、停顿次数）：

粗加工量为螺纹深度 TDEP 减去精加工余量，循环将根据参数 VARI 自动计算各个进给深度。当螺纹深度分成具有切削截面积的进给量时，切削力在整个粗加工时将保持不变。在这种情况下，将使用不同的进给深度值来切削。

第二个变量是将整个螺纹深度分配成恒定的进给深度。这时，每次的切削截面积越来越大，但由于螺纹深度值较小，则形成较好的切削条件。完成第一步中的粗加工以后，将取消精加工余量 FAL，然后执行 NID 参数下设置的停顿路径。

IANG（切入角）：

如果要以合适的角度进行螺纹切削，此参数的值必须设为零。如果要沿侧面切削，此参数的绝对值必须设为刀具侧面倒角的一半。

进给的执行是通过参数的符号定义的。如果是正值，进给始终在同一侧面执行，如果是负值，在两个侧面分别执行。在两侧交替的切削类型只适用于圆形螺纹。如果用于锥形螺纹，IANG 值虽然是负，但是循环只沿一个侧面切削。

NSP(起始点偏移)和 NUMT（头数）：

用 NSP 参数可设置角度值用来定义待切削部件的螺纹圈的起始点，这称为起始点偏移，范围从 0～359.9999。如果未定义起始点偏移或该参数未出现在参数列表中，螺纹起始点则自动在零度标号处。

使用参数 NUMT 可以定义多头螺纹的头数。对于单头螺纹，此参数值必须为零或在参数列表中不出现。螺纹在待加工部件上平均分布；第一圈螺纹由参数 NSP 定义。如果要加工一个具有不对称螺纹的多头螺纹，在编程起点偏移时必须调用每个螺纹的循环。

VARL（加工类型）：

使用参数 VARL（表 5-13）可以定义是否执行外部或内部加工，及对于粗加工时的进给采取任何加工类型。VARI 参数可以有 1～4 的值。

表 5-13　加工类型

值	外部/内部	恒定进给/恒定切削截面积
1	A	恒定进给
2	I	恒定进给
3	A	恒定切削截面积
4	I	恒定切削截面积

⑤ 编程举例（图 5-44）：

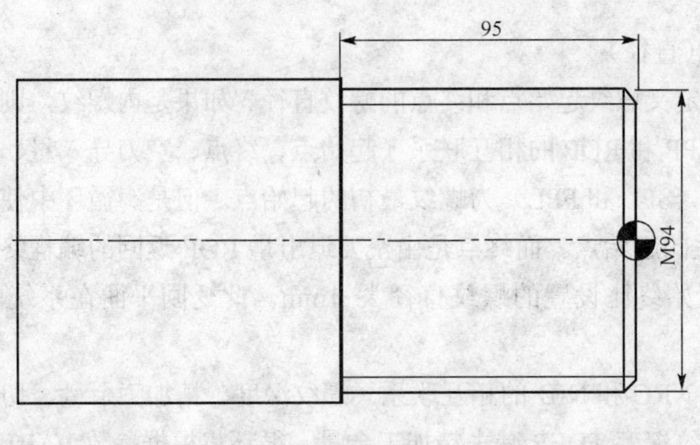

图 5-44　实例

```
T1 D1                                        ；1 号刀长补
G0 X120 Z100
M3 S400
F500
CYCLE97 (2.000 , 3, 0.000, -95.000,          ；调用螺纹切削循环
      94.000, 94.000, 2.000, 2.000, 2.000,
      0.200, 0.000,  , 8.000,
      4.000, 1, 1.000)
G0 X120 Z200
M5
M2
```

5.2.5　子程序

（1）概述

原则上讲，主程序和子程序之间并没有区别。用子程序编写经常重复进行的加工，比如某一确定的轮廓形状。子程序位于主程序中适当的地方，在需要时进行调用、运行。

子程序的一种形式就是加工循环，加工循环包含一般通用的加工工序，诸如螺纹切削坯料切削加工等。通过给规定的计算参数赋值就可以实现各种具体的加工。

（2）结构

子程序的结构与主程序的结构一样，在子程序中也是在最后一个程序段中用 M2 结束子程序运行。

（3）子程序结束后返回主程序

程序结束：除了用 M2 指令外，还可以用 RET 指令结束子程序。

（4）子程序程序名（图 5-45）

为了方便地选择某一子程序，必须给子程序取名，但必须符合规定。

其方法与主程序中程序名的选取一样。

举例：SLEEVE7。

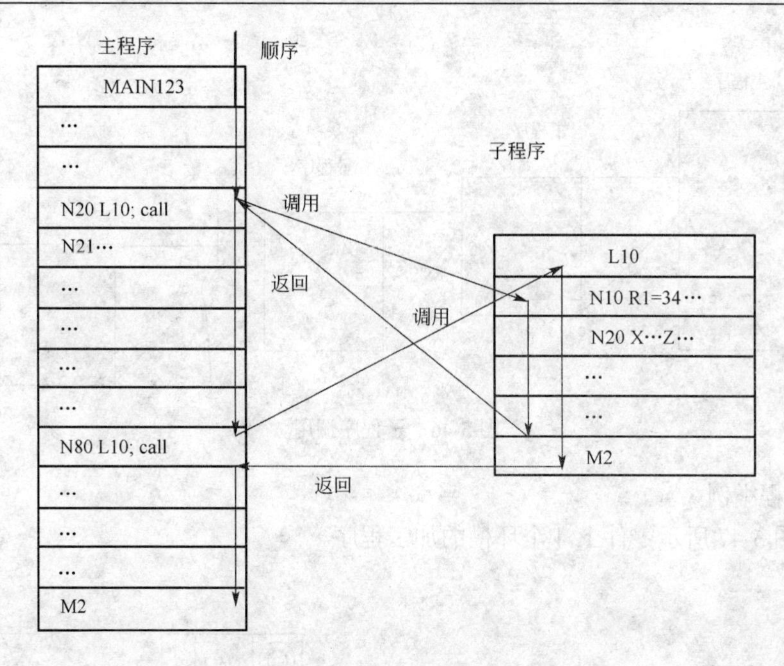

图 5-45　子程序

另外，在子程序中还可以使用地址字 L…，其后的值可以有 7 位（只能为整数）。

注意：地址字 L 之后的每个零均有意义，不可省略。

举例: L128 并非 L0128 或 L00128。

以上表示 3 个不同的子程序。

注释：子程序名称 LL6 预留给更换刀具。

（5）子程序调用

在一个程序中（主程序或子程序），可以直接用程序名调用子程序。子程序调用要求占用一个独立的程序段。

举例：

```
N10 L785        ; 调用子程序 L785
N20 WELLE7      ; 调用子程序 WELLE7
```

程序重复调用：如果要求多次连续地执行某一子程序，则在编程时必须在所调用子程序的程序次数 P…名后地址 P 下写入调用次数，最大次数可以为 9999(P1～P9999)。

举例：

```
N10 L785 P3     ; 调用子程序 L785，运行 3 次
```

（6）子程序的嵌套（图 5-46）

嵌套深度：子程序不仅可以从主程序中调用，也可以从其他子程序中调用，这个过程称为子程序的嵌套。子程序的嵌套深度可以为 8 层，也就是四级程序界面（包括主程序界面）。

说明：在子程序中可以改变模态有效的 G 功能，比如 G90～G91 的变换。在返回调用程序时请注意检查一下所有模态有效的功能指令，并按照要求进行调整。

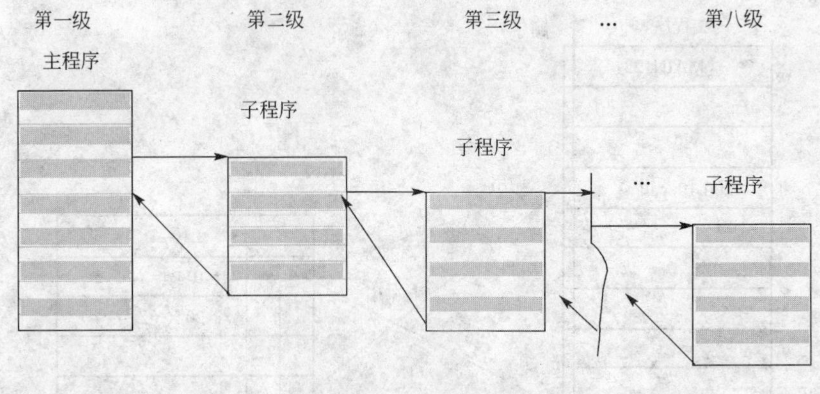

图 5-46 子程序调用

（7）编程举例

编制如图 5-47 所示零件上 4 个环槽的加工程序。

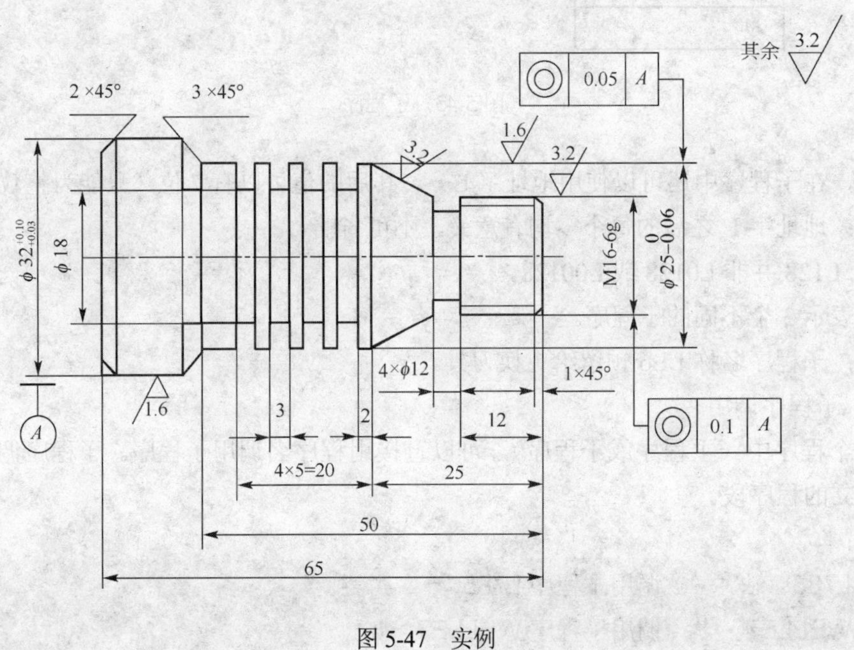

图 5-47 实例

主程序名称：LF10.MPF

```
G54 T1 D0 G90 G00 X60 Z10        ；工件坐标系，刀具补偿
S800 M03                         ；主轴正转
G01 X28 Z-25 F0.1                ；主程序路径
L10 P4                           ；呼叫子程序 L10.SPF 四次
G0   X50
     Z50
M05
M02
```

子程序名称：L10.SPF

```
M03S600
G01 G91 Z-5 F0.1                ；子程序路径
X-10
G04 F2
G01 X10
G90
M02                             ；返回到主程序
```

5.3　用户参数化编程

5.3.1　计算参数及函数命令

（1）功能

要使一个NC程序不仅仅适用于特定数值下的一次加工，或者必须要计算出数值，这两种情况均可以使用计算参数。可以在程序运行时由控制器计算或设定所需要的数值；也可以通过操作面板设定参数数值。如果参数已经赋值，则它们可以在程序中对由变量确定的地址进行赋值。

（2）格式

```
R0=…
…
R299=…
```

（3）应用说明

① 赋值　可以在以下数值范围内给计算参数赋值：

0.0000001～99999999；

8个小数位，带符号和小数点。

在取整数值时可以去除小数点。正号可以一直省去。

举例：

```
R0=3.5678R1=-37.3R2=2R3=-7R4=-45678.1234
用指数表示法可以赋值更大的数值范围：
10-300～10+300.
指数值写在 EX 字符之后；最大字符数：10（包括符号和小数点）。
EX 值域：-300～+300。
```

举例：

```
R0=-0.1EX-5;意义：R0=-0.000001
R1=1.874EX8;意义：R1=187400000
```

注：一个程序段中可以有多个赋值语句;也可以用计算表达式赋值。

② 给其他的地址赋值　通过给其他的NC地址分配计算参数或参数表达式，可以增加NC程序的通用性。可以用数值、算术表达式或计算参数对任意NC地址赋值。但对地址N、G和L例外。

赋值时在地址符之后写入符号“=”。赋值语句也可以赋值一负号。

给坐标轴地址（运行指令）赋值时，要求有一独立的程序段。

举例：

```
N10G0X=R2;给 X 轴赋值
```

③ 参数的计算　在计算参数时也遵循通常的数学运算规则。圆括号内的运算优先进行。另外，乘法和除法运算优先于加法和减法运算。

角度计算单位为度。

编程举例：R参数

```
N10R1=R1+1;由原来的 R1 加上 1 后得到新的 R1
N20R1=R2+R3R4=R5-R6R7=R8* R9R10=R11/R12
N30R13=SIN(25.3);R13 等于正弦 25.3°
N40R14=R1*R2+R3;乘法和除法运算优先于加法和减法运算 R14=(R1*R2)+R3
N50R14=R3+R2*R1;结果与程序段 N40 一样
N60R15=SQRT(R1*R1+R2*R2) R12 +R22  意义：R15= ;
```

编程举例:坐标轴赋值

```
N10G1G91X=R1Z=R2F3
N20Z=R3
N30X=-R4
N40Z=-R5
…
```

5.3.2 程序跳转

（1）程序跳转的跳转目标

功能：

标记符或程序段号用于标记程序中所跳转的目标程序段，用跳转功能可以实现程序运行分支。

标记符可以自由选取，但必须由2～8个字母或数字组成，其中开始两个符号必须是字母或下划线。

跳转目标程序段中标记符后面必须为冒号。标记符位于程序段段首。如果程序段有段号，则标记符紧跟着段号。

在一个程序中，标记符不能含有其他意义。

编程示例：

```
N10LABEL1:G1X20;LABEL1 为标记符，跳转目标程序段
…
TR789:G0X10Z20;TR789 为标记符，跳转目标程序段没有段号
N100…;程序段号可以是跳转目标
…
```

（2）绝对跳转（图5-48）

功能：

NC程序在运行时以写入时的顺序执行程序段。

程序在运行时可以通过插入程序跳转指令改变执行顺序。

跳转目标只能是有标记符或程序号的程序段。该程序段必须在此程序之内。绝对跳转指

令必须占用一个独立的程序段。

编程：

GOTOF 标记；向前跳转（向程序结束的方向跳转）

GOTOB 标记；向后跳转（向程序开始的方向跳转）

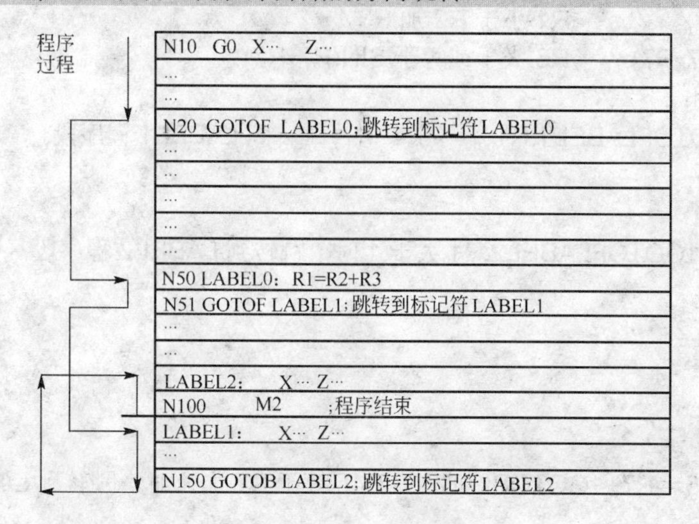

图 5-48　绝对跳转

（3）有条件跳转

① 功能：

用IF条件语句表示有条件跳转。如果满足跳转条件（也就是值不等于零），则进行跳转。跳转目标只能是有标记符或程序号的程序段。该程序段必须在此程序之内。

有条件跳转指令要求一个独立的程序段。在一个程序段中可以有许多个条件跳转指令。使用了条件跳转后有时会使程序得到明显的简化。

② 格式：

IF 条件 GOTOF 标记 ;向前跳转

IF 条件 GOTOB 标记 ;向后跳转

GOTOF;跳转方向，向前（向程序结束的方向跳转）

GOTOB;跳转方向，向后（向程序开始的方向跳转）

标记 ;所选的字符串用于标记符（跳转标识）或程序段号

IF;引入跳转条件

条件 ;计算参数，用于条件表述的计算表达式

比较运算见表5-14。

表 5-14　运算符

运算符	意义	运算符	意义
==	等于	<	小于
<>	不等于	>=	大于或等于
>	大于	<=	小于或等于

用上述比较运算表示跳转条件，计算表达式也可用于比较运算。比较运算的结果有两种，

一种为“满足”，另一种为“不满足”。“不满足”时，该运算结果值为零。

比较运算符编程示例：

```
R1>1;              R1 大于 1
1<R1;              1 小于 R1
R1<R2+R3;          R1 小于 R2 加 R3
R6>=SIN(R7*R7);    R6 大于或等于 SIN(R7*R7)
```

③ 应用说明：

```
N10IFR1GOTOFLABEL1;R1 不等于零时，跳转到 LABEL1 程序段
…
N90LABEL1: …
N100IFR1>1GOTOFLABEL2;R1 大于 1 时，跳转到 LABEL2 程序段
…
N150LABEL2: …
…
N800LABEL3: …
…
N1000IFR45==R7+1GOTOBLABEL3;R45 等于 R7 加 1 时，跳转到 LABEL3 程序段
…
一个程序段中有多个条件跳转:
N10MA1: …
…
N20IFR1==1GOTOBMA1IFR1==2GOTOFMA2…
…
N50MA2:…
```

注：第一个条件实现后就进行跳转。

5.3.3 编程举例

如图5-49所示为圆弧上点的移动。

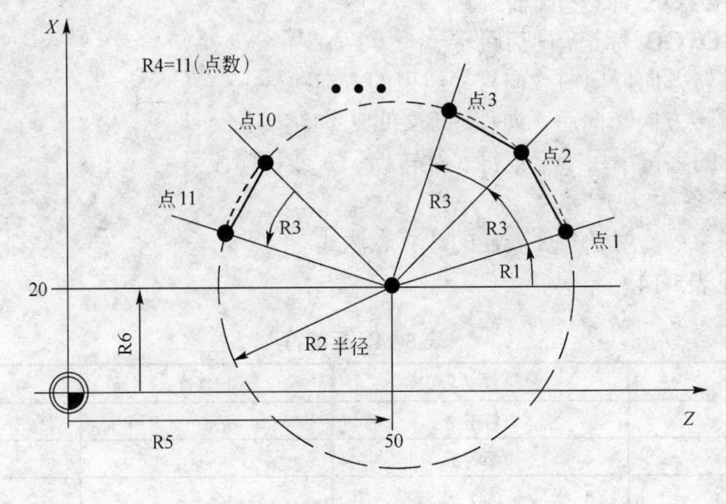

图 5-49 点移动

已知：起始角：30°，R1；圆弧半径：32 mm，R2；位置间隔：10°，R3；点数：11，R4；圆心位置，*Z*轴方向：50 mm，R5；圆心位置，*X*轴方向：20 mm，R6。

程序如下：

编程示例：

```
N10R1=30R2=32R3=10R4=11R5=50R6=20;赋初始值
N20MA1:G0Z=R2*COS(R1)+R5X=R2*SIN(R1)+R6;坐标轴地址的计算及赋值
N30R1=R1+R3R4=R4-1
N40IFR4>0GOTOBMA1
N50M2
```

注释：

在程序段N10中给相应的计算参数赋值。在N20中进行坐标轴*X*和*Z*的数值计算并进行赋值。

在程序段N30中R1增加R3角度；R4减小数值1。

如果 R4>0，则重新执行 N20，否则运行 N50，程序结束。

第 6 章　数控车床编程应用

6.1　轮廓的车削加工

6.1.1　锥度轴编程加工

① 零件如图 6-1 所示，该零件材料为 45 圆钢，无热处理要求，毛坯直径选用ϕ42 mm。

② 零件结构简单，刚性好，采用三爪卡盘夹紧，使用外圆车刀一次完成粗、精加工零件外形。切断刀割断。

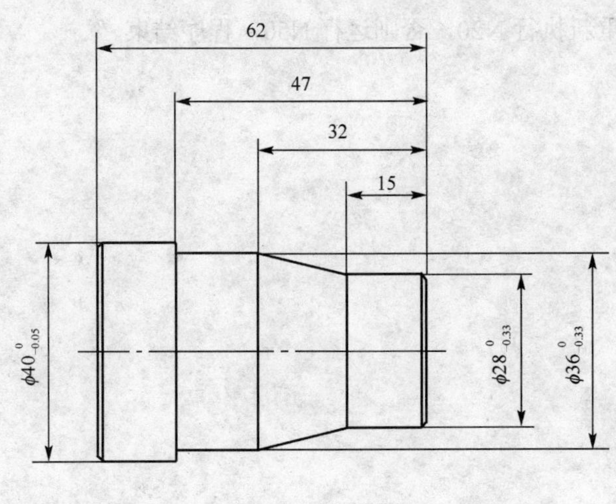

图 6-1　锥度轴

③ 粗车、精车的概念。

粗车：转速不宜太快，背吃刀量大，进给速度快，以求在最短的时间内尽快把工件余量车掉。粗车对切削表面没有严格要求，只需留一定的精车余量即可，加工中要求装夹牢靠。

精车：精车指车削的末道工序，加工能使工件获得准确的尺寸和规定的表面粗糙度。此时，刀具应较锋利，切削速度较快，进给速度应大一些。

④ 车锥体的三种加工路线。

图 6-2 所示为阶梯切削路线，此种方法粗车时背吃刀量相同，但是精车时背吃刀量不同，刀具切削路线最短。

如图 6-3 所示，车锥路线按平行锥体母线循环车削，适合车削大、小两直径之差较大的圆锥。

如图 6-4 所示，车锥时，因大小径余量不同，以小径进刀车削为准，为提高效率，大径每刀退刀点可选择较合理的不同点，但每次切削中背吃刀量是变化的，且刀具切削路线较长。

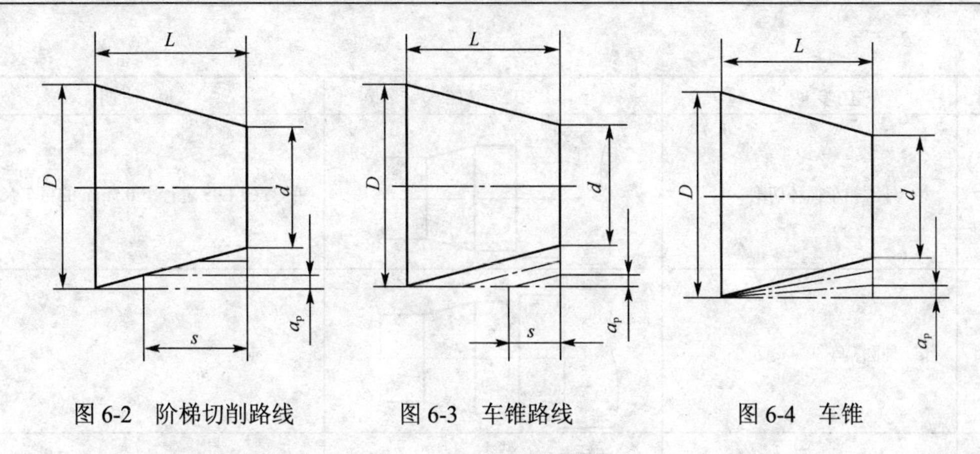

图 6-2　阶梯切削路线　　图 6-3　车锥路线　　图 6-4　车锥

⑤ 对图 6-1 所示零件进行工艺分析：

零件材料为 45 钢，加工面主要为端面、$\phi40_{-0.05}^{\ 0}$、$\phi36_{-0.036}^{\ 0}$、$\phi28_{-0.036}^{\ 0}$ 的外圆面及锥面。各外圆长度尺寸如图 6-1 所示，表面粗糙度为 Ra=6.3μm。

工件装夹：以外圆为定位基准，用三爪卡盘装夹。

走刀路线的确定：根据零件的精度要求，用三爪卡盘一次装夹，分两次走刀，即粗、精车削，可达到图样要求。加工步骤如下：车端面→各外圆粗车加工→各外圆精车加工→切断。

⑥ 对图 6-1 所示零件确定刀具及切削参数：

刀具的选择根据实际情况可选用整体式或机夹式车刀，刀片材料为硬质合金。为了保证加工精度，可分别选用不同的外圆粗、精车刀。外圆粗车刀前角一般取 0°～10°，后角取 6°～8°，主偏角取 75°左右。外圆精车刀前角一般取 15°～30°，后角取 6°～8°，主偏角取 90°～93°。

切削参数的确定取决于实际加工经验、工件的加工精度、表面质量、工件材料的性质、刀具的种类及刀具的几何角度、刀柄的刚度等诸多因素。

刀具及切削参数的选择可参考表 6-1。

表 6-1　刀具及切削参数

序号	加工面	刀号	刀 具 规 格			主轴转速 /（r/min）	进给速度 /（mm/min）
			类型	刀尖半径/mm	材料		
1	端面车削	T1	90° 外圆车刀	0.4	硬质合金	500	50
2	外圆粗加工	T1	90° 外圆车刀	0.4		500	100
3	外圆精车	T1	90° 外圆车刀	0.2		800	50
4	切断	T2	切断刀			450	30

⑦ 对图 6-1 所示零件确定加工路线：

加工过程见表 6-2。

表 6-2　加工过程

工步	工 步 内 容	工步示意图	说　　明
1	端面切削		用 G01 进行

续表

工步	工步内容	工步示意图	说明
2	外圆粗车循环切削		用 CYCLE95 进行留 0.5mm 的精车余量
3	外圆精车		
4	用切断刀切断工件		切断刀宽 4mm 用 G01 切

⑧ 对图 6-1 所示零件编制加工程序：

确定工件坐标系和对刀点、换刀点（图 6-5）：

在 *XZ* 平面内确定，以工件右端面轴心线上点为工件原点和对刀点，建立工件坐标系，采用手动试切对刀方法对刀，T01 刀具为对刀基准刀具。换刀点设置在工件以外（*X*100，*Z*150）处。

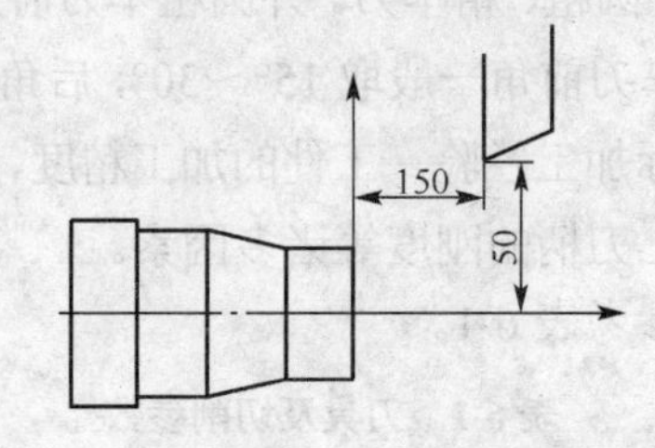

图 6-5 对刀点、换刀点

参考程序如下：

```
A1.MPF（程序名）
G54 G94（设定工件坐标系，进给单位为mm/min）
T1D1（换 1 号刀—90°粗车刀并调入 1 号刀偏值）
M03 S800 M43（主轴在高速挡位正转，转速为 800r / min）
G00 X45 Z0（快速移动到加工起点）
G01 X0 F150（以 150mm/min 的进给速度进行平端面加工）
G42 G00 X45 Z3（快速退刀到安全点，加刀尖半径右补偿）
Z0（移动到循环起始点）
CYCLE 95     （毛坯切削循环）
NPP=B1       （轮廓子程序名）
MID=3        （进刀深度，直径值）
FALZ=0.02    （Z 向精加工余量）
```

```
FALX=0.5        （X 向精加工余量，直径值）
FAL=0.1         （与轮廓相符的精加工余量）
FF1=150         （粗加工进给速度）
FF2=60          （底切进给速度）
FF3=60          （精加工进给速度）
ARI=9           （加工方式）
DT=0            （停留时间）
DAM=0           （断屑时中断该长度）
VRT=0           （粗加工时从轮廓上的退刀位移）
G00  X100
     Z150            （快速返回到换刀点）
T2D1                 （换 2 号刀—切断刀并调入 1 号刀偏值）
M3 S800              （主轴在高速档位正转，转速为 800r / min）
G42 G00 X45 Z0       （快速移动到加工起点,加刀尖半径右补偿）
B1                   （外圆精车子程序）
G40                  （取消刀尖半径补偿）
G00  X100
     Z150            （快速返回到换刀点）
T3D1                 （换 3 号刀：切断刀并调入 1 号刀偏值）
M03 S450             （主轴正转，转速为 450r / min）
G00 X45 Z-62
G01 X35 F30
G01 X40
G01 Z-61
G01 X38 Z-62
G01 X0.3
G00 X100
    Z100
M30                  （程序结束，主轴停转）

B1.SPF               （子程序名）
G01 X26              （精加工轮廓第一个坐标点）
G01 X28 Z-1
G01 Z-15
    X36 Z-32
    Z-47
    X40
    Z-65
    X45              （精加工轮廓最后一个坐标）
M17                  （子程序结束）
```

6.1.2　圆弧轴编程加工

图 6-6 为圆弧轴。

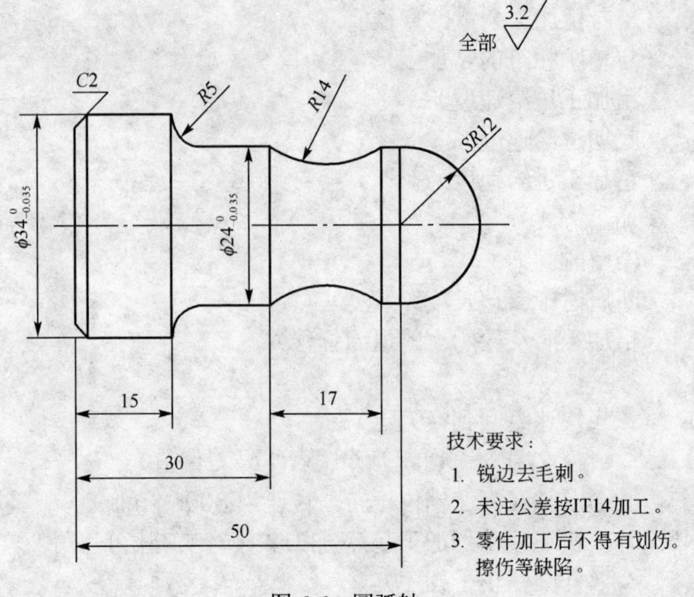

图 6-6　圆弧轴

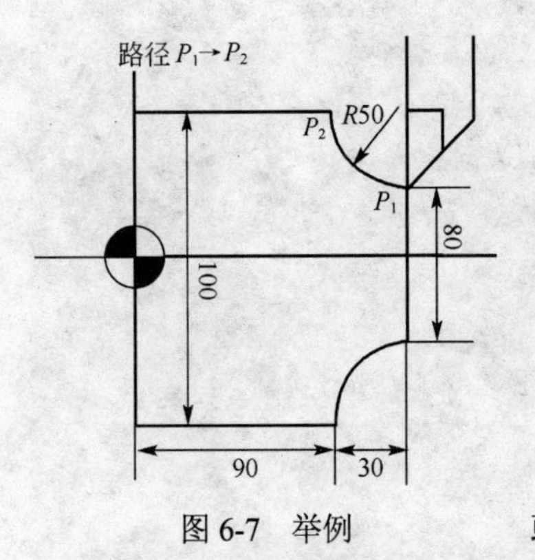

图 6-7　举例

（1）相关编程指令

① 使用 G02/G03 圆弧插补的指令：

顺时针圆 G02X__Z__I__K__（CR=）____；

逆时针圆 G03X（U）__Z（W）__I__K__（R）__；

X，Z—绝对方式指定的终点；

I，K—从起点到圆心点的矢量；

CR—圆弧半径。

② 圆弧插补举例（图 6-7）：

G02 X1000．Z90．150．K0．F0.2　；绝对坐标系程序

或 G02 X100．Z90．CR=50．F0.2

③ 圆弧顺、逆的判定：

方法一：沿圆弧所在平面（如 *ZX* 平面）的垂直坐标轴的负方向（−*Y*）看去，顺时针方向用 G02，逆时针方向用 G03 如图 6-8 所示。

数控车床是两坐标机床，只有 *X* 和 *Z* 轴，判断圆弧的顺逆应按右手定则，要将 *Y* 轴也加上去考虑。观察者让 *Y* 轴的正方向指向自己（即沿 *Y* 轴的负方向看去），站在这样的位置上就能正确判断 *ZX* 平面上圆弧的顺、逆了。

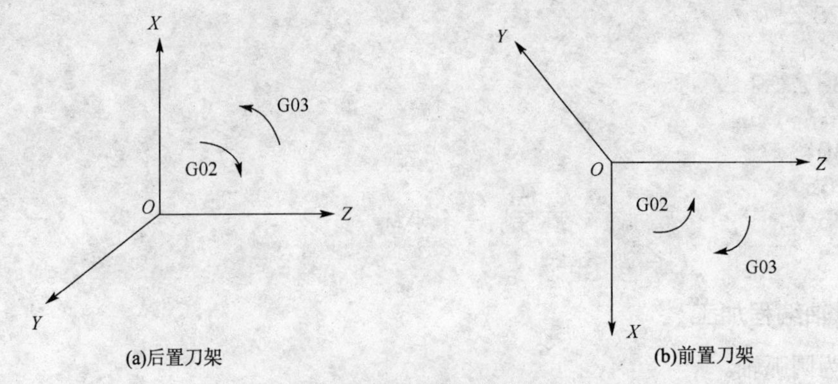

图 6-8　圆弧顺、逆的判定

方法二：在实际编程过程中，可以不考虑右手笛卡儿坐标系，直接看零件图就知道圆弧加工该用什么指令。圆弧插补的顺逆判断的简便方法是：在圆弧编程时，只分析零件图轴线上半部分圆弧形状，当沿该段圆弧形状从起点画向终点为顺时针方向时用 G02，反之用 G03，如图 6-9 所示。

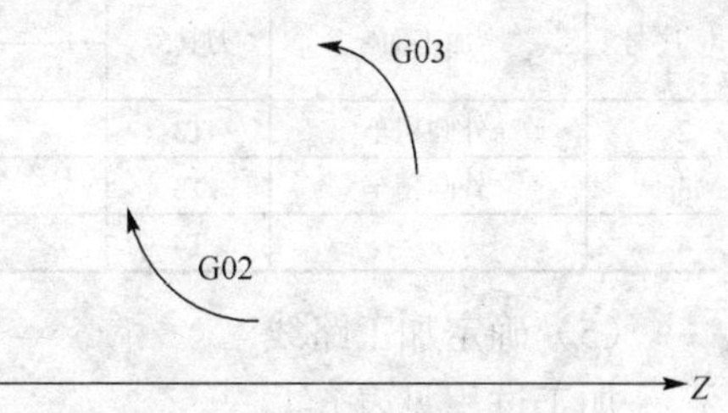

图 6-9　圆弧顺、逆的判定

（2）车圆弧常用加工路线介绍

① 图 6-10 所示为同心圆弧切削路线，即用不同的半径圆来车削，最后将所需圆弧加工出来，此方法在确定了每次吃刀量后，对圆心角为 90°，圆弧的起点、终点坐标较易确定，数值计算简单，编程方便，但空行程时间较长。

② 图 6-11 所示为阶梯切削路线，即先粗车成台阶，最后一刀精车出圆弧，此方法在确定了每刀吃刀量后，须精确计算出粗车的终刀距，即求出圆弧与直线的交点，此方法刀具切削运动距离较短，但数值计算较烦琐。

③ 图 6-12 为车锥法切削路线，即先车一个圆锥，再车圆弧，但要注意车锥的起点和终点的确定，若确定不好，则可能损坏圆弧表面，也可能将余量留得过大，粗加工路线以不超过图中 *D* 点为宜。

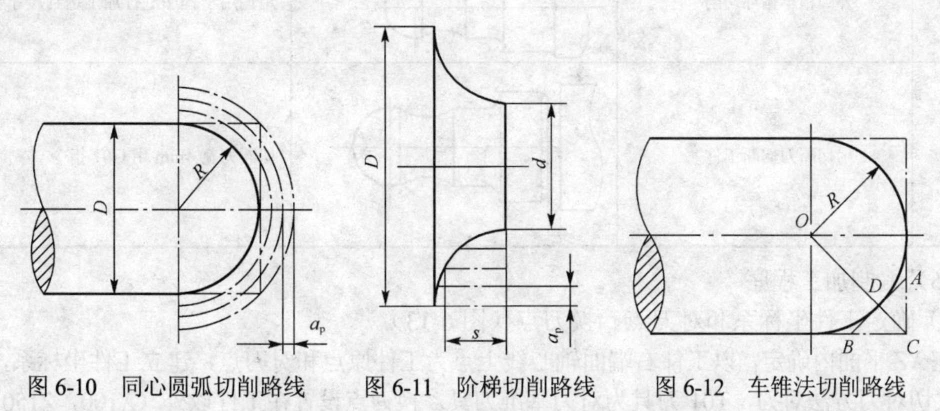

图 6-10　同心圆弧切削路线　　图 6-11　阶梯切削路线　　图 6-12　车锥法切削路线

（3）工艺分析

零件材料为 45 钢，加工面主要为 *R*14 和 *R*5 圆弧面、*SR*12 球面及 $\phi34_{-0.035}^{\ 0}$、$\phi24_{-0.035}^{\ 0}$ 的外圆。各外圆长度尺寸如图 6-6 所示，表面粗糙度均为 *Ra*=3.2μm。

① 工件装夹：以外圆为定位基准，用三爪卡盘装夹。

② 走刀路线的确定：根据零件的精度要求，用三爪卡盘一次装夹，分两次走刀，即粗、精车削，可达到图样要求。加工步骤如下：车端面→各外圆粗车加工→各外圆精车加工→切断。

（4）确定刀具及切削参数

刀具及切削参数的选择见表 6-3。

表 6-3　刀具及切削参数

序号	加工面	刀具号	刀具规格		主轴转速/(r/min)	进给速度/(mm/min)
			类型	材料		
1	端面车削	T1	80° 偏刀	硬质合金	800	50

续表

序号	加工面	刀具号	刀具规格		主轴转速/(r/min)	进给速度/(mm/min)
			类型	材料		
2	外圆粗车	T3	35°尖刀	硬质合金	600	80
3	外圆精车	T3	35°尖刀		1000	50
4	切断	T4	切断刀		600	50

（5）确定加工路线

加工过程见表 6-4。

表 6-4　加工过程

工步号	工 步 内 容	工步图	工步说明
1	车削端面		用 G01 指令
2	外圆粗车循环切削		用 CYCLE95 进行留 0.5mm 的精车余量
3	外圆精车循环切削		用调用子程序进行加工达到尺寸要求
4	用切断刀切断工件	4	切断刀宽 4mm 用 G01 指令

（6）编制加工程序

① 确定工件坐标系和对刀点、换刀点（图 6-13）：

在 *XZ* 平面内确定，以工件右端面轴心线上点为工件原点和对刀点，建立工件坐标系，采用手动试切对刀方法对刀，T01 刀具为对刀基准刀具。换刀点设置在工件以外（*X*100，*Z*150）处。

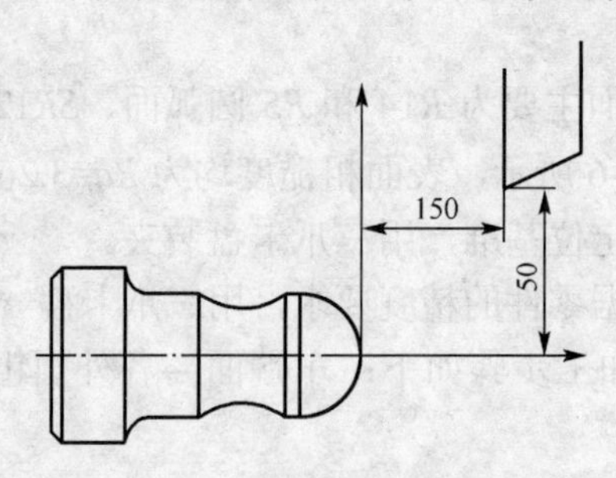

图 6-13　工件坐标系和对刀点、换刀点

② 参考程序如下：

```
A2.MPF
N10   G94 G00 X100 Z150;          换刀参考点
N20   T1D1;                       换 1 号刀
```

```
N30   M03 S800;                       启动主轴
N40   G00 X38 Z0.1;                   快速定位至（38，0.1）点
N50   G01 X-1 F50;                    车端面
N60   G00 X35 Z2;                     快速定位至（35，2）点，外圆循环起点
N70 CYCLE 95   （毛坯切削循环）
NPP=B2         （轮廓子程序名）
MID=3          （进刀深度，直径值）
FALZ=0.02      （Z 向精加工余量）
FALX=0.5       （X 向精加工余量，直径值）
FAL=0.1        （与轮廓相符的精加工余量）
FF1=150        （粗加工进给速度）
FF2=60         （底切进给速度）
FF3=60         （精加工进给速度）
ARI=9          （加工方式）
DT=0           （停留时间）
DAM=0          （断屑时中断该长度）
VRT=0          （粗加工时从轮廓上的退刀位移)
G00   X100 Z100 （快速返回到换刀点）
T2D1             （换 2 号刀：切断刀并调入 1 号刀偏值）
M3 S800          （主轴在高速档位正转，转速为 800r / min）
G42 G00 X35 Z2  （快速移动到加工起点,加刀尖半径右补偿）
B2               （外圆精车子程序）
G00 X100 Z150   （快速返回到换刀点）
T3D1
M3 S600
G00 X35 Z-63;
G01 X30 F50;
G00 X35;
G00 Z-61;
G01 X34;
X30 W-2;                倒角
G01 X0;                 切断
G00   X100;
Z150;
M30;                    结束
%
B2.SPF （子程序名）
N80   G00 G41 X0;
N90   G01 Z0 F100;
N100   G03 X24 Z-12 CR=12 F50;
N110   G01 Z-42 ；
N120   G02 X34 Z-47 CR=5 ；
```

```
N130  G1 G40 Z-70
N140  G1 X36;    (精加工轮廓最后一个坐标)
M17 (子程序结束)
```

6.1.3 轴套的编程加工

(1) 软爪的使用

在数控车床上广泛使用软爪技术。软爪通过端面锯齿和T形键，定位在液压卡盘上，用螺钉将软爪固定（图6-14）。软爪为45钢、调质。每次更换加工零件时，根据要夹持或反撑工件的尺寸、形状、定位方式对软爪进行车削。

通过在机床上对软爪车削，可以保证三个软爪与主轴的同轴度。轴套类零件经常需要调头加工工件两端的孔，两端的孔一般有同轴度要求，可通过使用软爪来保证。

(2) 切削软爪步骤

- 夹持一适当尺寸的同心圆块（如图6-15所示）。

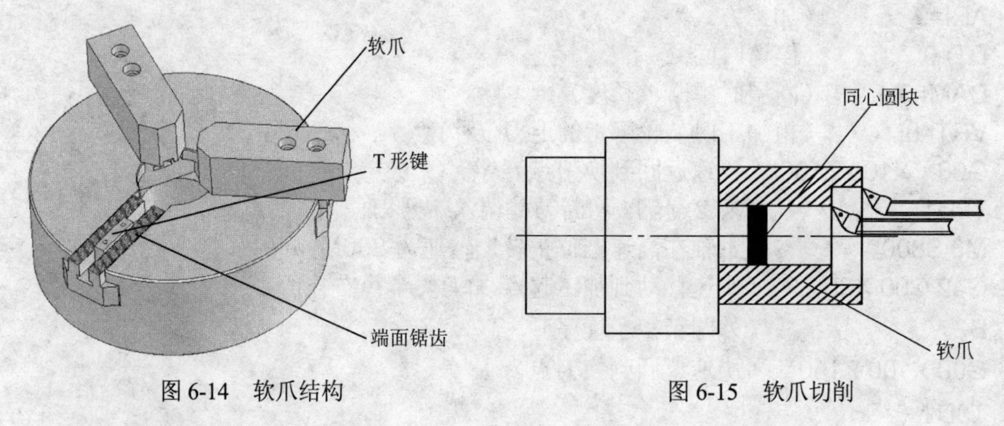

图6-14　软爪结构　　　　图6-15　软爪切削

- 切削所需的夹持直径，且预留约0.5mm。
- 粗车至夹持尺寸。
- 同心圆夹块刀具退出后，松开夹头，取下同心夹块。

(3) 软爪切成直径与工件直径的关系

软爪切成直径（即握紧径）若大于工件直径，则较容易造成切削时工件与软爪夹持面之间的滑动，失去夹持作用。软爪切成直径若小于工件直径，较容易造成夹持时软爪两边锐角面本身的变形，夹伤工件表面（图6-16）在以上两种情况下，通常工作时采用第一种情况比较理想。

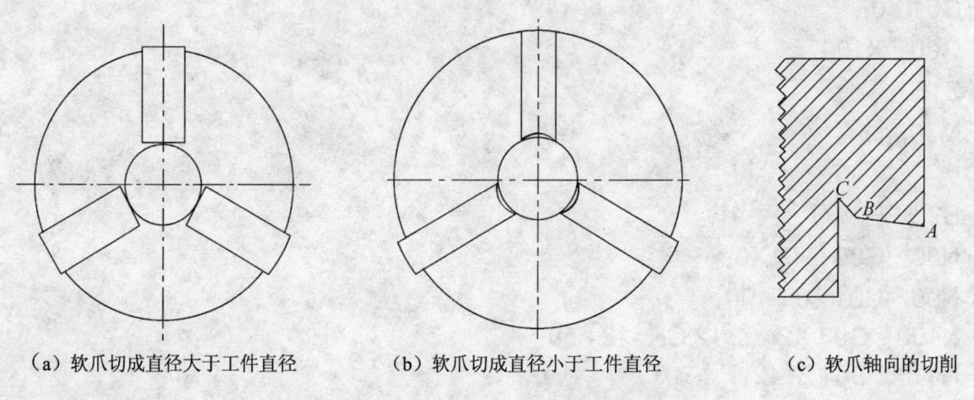

(a) 软爪切成直径大于工件直径　　(b) 软爪切成直径小于工件直径　　(c) 软爪轴向的切削

图6-16　软爪切成直径与工件直径的关系

软爪在轴向一般加工成微斜面。A 点所在圆的直径要大于 B 点所在圆的直径。

6.2　加工实例

加工零件如图 6-17 所示，毛坯尺寸为ϕ60mm×62mm，材料为 45 钢，无热处理和硬度要求。

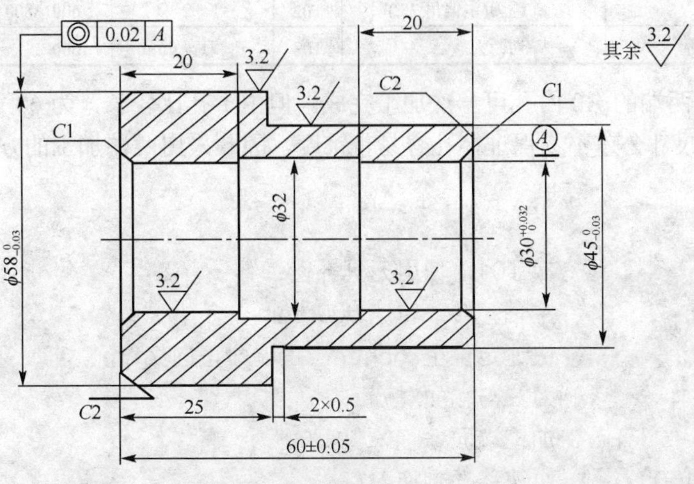

图 6-17　轴套零件

（1）工艺分析

如图 6-17 所示，零件包括简单的外圆台阶面、倒角和外沟槽、内圆柱面等加工。其中外圆ϕ58、ϕ45 和孔ϕ30 有严格的尺寸精度和表面粗糙度等要求。ϕ58 外圆对ϕ30 内孔轴线有同轴度 0.02 的技术要求，同轴度要求是此零件加工的难点和关键点。

零件加工采用工序集中的原则，分两次装夹完成加工。第一次夹右端，完成ϕ58 外圆、ϕ30 内孔（左端）的加工，保证ϕ58 外圆与ϕ30 内孔轴线的同轴度 0.02mm 要求；然后调头，采用软爪夹ϕ58 精车外圆（保护已加工面），完成右端外形加工。软爪夹外圆时，必须经过自镗，并检验软爪的跳动量（<0.01）。这样才能保证右端ϕ30 内孔与ϕ58 外圆的同轴度。

（2）确定加工顺序及进给路线

① 平端面加工，钻孔ϕ28。

② 粗、精车ϕ58 外圆。

③ 粗、精车ϕ30 内孔和ϕ32 内工艺槽，此槽为保证如ϕ30 内孔技术要求而从工艺设计上考虑，无精度要求。

④ 工件调头，软爪夹ϕ58 已加工表面，车右端面，保证 60 mm 长度。

⑤ 加工ϕ45 外圆及左端ϕ30 内孔。

⑥ 切槽。

（3）刀具的选择及切削用量的选择

刀具及切削用量如表 6-5 所示，外形加工刀具及切削用量的选择与加工轴类零件时区别不大。尤其内孔刀需特别注意，因刀杆受孔径尺寸限制，刀具强度和刚性差，切削用量要比车外圆时适当小一些。

表 6-5　刀具及切削用量

工步	工步内容	刀具名称及规格	刀具	切削用量		
				背吃刀量/mm	主轴转速/（r/min）	进给速度/（mm/r）
1	车端面、加工外圆	90º 外圆刀	T01	2	<1500	0.1 0.05(精)
2	钻孔	28mm 钻头	T04		600	0.1
3	镗孔	镗刀(主偏角 75º)	T02	1～2	600～800	0.05
4	切槽、切断	切断刀	T03	刀宽 2mm	600	0.07

提示：左右两端的ϕ30 内孔可一次加工完成。但由于孔比较长，为 60 mm，刀具刚性比较差，ϕ30 内孔尺寸公差不易保证，孔容易带锥度，因此采用两端加工的方法。

（4）程序

```
A3.MPF
T1D1;                     换 T01，使用刀具补偿
 M03 S600;                主轴正转，转速 600r/min
G00 X65Z2;                快速定位至φ65mm，距端面正向 2mm
G01 Z0 F0.1;              刀具与端面对齐
 X-1;                     加工端面
G00 X80 Z150;             快速移动到换刀点
T4D1;                     换钻头 T04，使用刀具补偿
G00 X0 Z4 S600 M03 钻孔起点，主轴正转
CYCLE83（50, 0, 2, -66, 50, -5, 5，4, 0.5, 0, 0.5, 1）  ；调用钻孔循环
G00 X80 Z150;             快速移动到换刀点
T1D1                      换外圆刀
G00 X62 Z2 S800 M03;G90 循环起点，主轴反转
CYCLE95           （毛坯切削循环）
NPP=B3            （轮廓子程序名）
MID=2             （进刀深度，直径值）
FALZ=0            （Z 向精加工余量）
FALX=0.5          （X 向精加工余量，直径值）
FAL=0             （与轮廓相符的精加工余量）
FFI=100           （粗加工进给速度）
FF2=80            （底切进给速度）
FF3=60            （精加工进给速度）
VARI=9            （加工方式）
DT=0              （停留时间）
DAM=0             （断屑时中断该长度）
VRT=0             （粗加工时从轮廓上的退刀位移）
G00 X100 Z100     （快速返回到换刀点）
G00 X100 Z100;  返回换刀点
M03 S600 T0202；换镗刀
```

```
G00 X27. 5Z2；  定位至φ27.5mm，距端面 2mm 处
CYCLE95         （毛坯切削循环）
NPP=B4          （轮廓子程序名）
MID=2           （进刀深度，直径值）
FALZ=0          （Z 向精加工余量）
FALX=0.5        （X 向精加工余量，直径值）
FAL=0           （与轮廓相符的精加工余量）
FFI=100         （粗加工进给速度）
FF2=80          （底切进给速度）
FF3=60          （精加工进给速度）
VARI=11         （加工方式）
DT=0            （停留时间）
DAM=0           （断屑时中断该长度）
VRT=0           （粗加工时从轮廓上的退刀位移）
G00 X100 Z100   （快速返回到换刀点）
M05；           停主轴
M30；           程序结束
```

工件调头装夹，车削内、外表面，端面。

```
A4.MPF；
T1D1；          1 号外圆刀
M03 S600；
G00 X65 Z2；    快速定位至φ65mm，距端面 2mm 处
G01 Z0 F0.1；   刀具对齐端面
X-1；           车削端面
G00 X60 Z2；    快速定位至φ60mm，距端面正向 2mm
CYCLE95         （毛坯切削循环）
NPP=B5          （轮廓子程序名）
MID=2           （进刀深度，直径值）
FALZ=0          （Z 向精加工余量）
FALX=0.5        （X 向精加工余量，直径值）
FAL=0           （与轮廓相符的精加工余量）
FFI=100         （粗加工进给速度）
FF2=80          （底切进给速度）
FF3=60          （精加工进给速度）
VARI=9          （加工方式）
DT=0            （停留时间）
DAM=0           （断屑时中断该长度）
VRT=0           （粗加工时从轮廓上的退刀位移）
G00 X100 ZI00 M05; 返回换刀点
S400 T3D1;         换切断刀
```

```
G00 X65.2 Z-35;          切槽
G0l X57 F0.05;
X60;
G00 X100 Z100 M05;       返回换刀点
M03 S600 T2D1            换镗刀
G00 X28 Z2               快速定位至φ28mm，距端面正向 2mm
CYCLE95                 （毛坯切削循环）
NPP=B6                  （轮廓子程序名）
MID=2                   （进刀深度，直径值）
FALZ=0                  （Z 向精加工余量）
FALX=0.5                （X 向精加工余量，直径值）
FAL=0                   （与轮廓相符的精加工余量）
FFI=100                 （粗加工进给速度）
FF2=80                  （底切进给速度）
FF3=60                  （精加工进给速度）
VARI=11                 （加工方式）
DT=0                    （停留时间）
DAM=0                   （断屑时中断该长度）
VRT=0                   （粗加工时从轮廓上的退刀位移)
G00 X100Z100 M05;        返回程序起点;停主轴
M30;                     程序结束

B3.SPF                  （子程序名）
G01 X54 Z0 F100         （精加工轮廓第一个坐标点）
G01 X58 Z-2
G01 Z-28
X62                     （精加工轮廓最后一个坐标）
M17                     （子程序结束）

B4.SPF                  （子程序名）
G01 X32 F0.05;  N210～N270 为精加工路线
Z0;
X32 F0.05;
Z-24;
X32;
Z-40;
X30;
M17                     （子程序结束）

B5.SPF                  （子程序名）
```

```
G01 X41 F0.05;
Z0;
X45 Z-2;
Z-35;
X60;
M17                （子程序结束）

B6.SPF             （子程序名）
G00X32；     内孔精加工路线
G01Z0F0.05；
X30Z-1；
Z-22；
X28;
M17                （子程序结束）
```

6.3　切槽与切断的编程加工

加工零件如图 6-18 所示，毛坯尺寸为ϕ35mm×80mm，材料为 45 钢，无热处理和硬度要求。

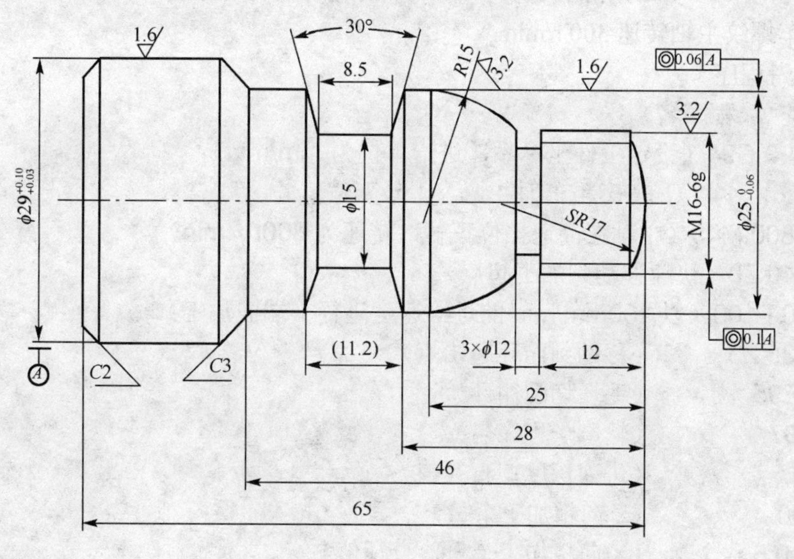

图 6-18　切槽、切断

工艺分析：

（1）零件图工艺分析

该零件表面由圆柱、圆锥、圆弧、外沟槽、外螺纹等组成，其中多个直径尺寸有较高的尺寸精度和表面粗糙度要求，外圆 *SR*17mm 的尺寸公差兼有控制端部球面形状误差的作用，ϕ25mm 外圆轴线与ϕ29mm 外圆轴线同轴度要求 0.05mm，M6-6g 螺纹轴线与ϕ29mm 外圆轴线同轴度要求 0.1mm，尺寸标注完整，轮廓描述清楚，零件材料为 LY12 硬铝，无热处理和硬度要求。

通过上述分析，采取以下几点工艺措施：

① 对图样上给定的几个精度要求较高的尺寸全部取中差值。

② ϕ25mm 外圆轴线与ϕ29mm 外圆轴线同轴度要求 0.05mm，M6-6g 螺纹轴线与ϕ29mm 外圆轴线同轴度要求 0.1mm。为保证两处同轴度要求，采用一次装夹把螺纹与两处外圆一次加工完成。

（2）确定装夹方案

左端采用三爪自定心卡盘定心夹紧。

（3）确定加工顺序及进给路线

加工顺序按由粗到精、由近到远的原则确定。即先从右到左进行粗车（留 0.5mm 精车余量），然后从右到左进行精车，再车削外沟槽、车削螺纹，最后倒角切断。

（4）刀具选择

① 车削轮廓用 90°外圆车刀，刀具材料 YT15。

② 3mm 宽切断刀（切槽刀），刀具材料 YT15。

③ 60°外螺纹车刀,刀具材料 W18Cr4V。

（5）切削用量选择

① 背吃刀量的选择，轮廓粗车时选 3mm。

② 主轴转速的选择，车直线和圆弧时，粗车切削速度 0.3mm/r，精车切削速度 0.05mm/r，主轴转速—粗车 800r/min、精车 1200r/min，车削外沟槽切削速度 40 r/min，主轴转速—粗车 500r/min，车螺纹主轴转速 300 r/min。

（6）参考程序

```
A5.MPF （程序名）
G54 G90 G94（设定工件坐标系，进给单位为 mm/min）
T1 D1（换 1 号刀—90°粗车刀并调入 1 号刀偏值）
M03 S800 M43（主轴在高速挡位正转，转速为 800r / min）
G00 X40 Z0（快速移动到加工起点）
G01 X0 F100（以 100mm/min 的进给速度进行平端面加工）
G00 X35 Z3        （移动到循环起始点）
CYCLE95           （毛坯切削循环）
NPP=B7            （轮廓子程序名）
MID=2             （进刀深度，直径值）
FALZ=0            （Z 向精加工余量）
FALX=0.5          （X 向精加工余量，直径值）
FAL=0             （与轮廓相符的精加工余量）
FFI=100           （粗加工进给速度）
FF2=80            （底切进给速度）
FF3=60            （精加工进给速度）
VARI=9            （加工方式）
DT=0              （停留时间）
DAM=0             （断屑时中断该长度）
VRT=0             （粗加工时从轮廓上的退刀位移)
```

```
G00 X100 Z100    （快速返回到换刀点）
T3 D1            （换 3 号切断刀并调入 1 号刀具补偿号）
M03 S400         （主轴降速到 400r / min）
G00 X20 Z-18     （快速移动到退刀槽 Z 向起始点）
G01 X12 F80      （切退刀槽到φ12）
G00 X100
    Z100         （快速返回到换刀点）
T4 D1            （换 4 号螺纹刀并调入 1 号刀具补偿号）
M03 S500         （主轴降速到 500r / min）
G00 X20 Z3       （移动到螺纹循环起始点）
CYCLE97          （螺纹切削循环）
PIT=2            （螺距值）
MPIT=0           （螺纹尺寸）
SPL=0            （纵向螺纹起始点）
FPL=-14          （纵向螺纹终点）
DM1=16           （起点螺纹直径）
DM2=16           （终点螺纹直径）
APP=2            （导入位移）
ROP=2            （收尾位移）
TDEP=1.2         （螺纹深度）
FAL=0.1          （精加工余量）
IANG=0           （进给角度）
NSP=0            （起始点偏移）
NRC=9            （粗加工走刀次数）
NID=2            （空走刀次数）
VARI=1           （螺纹加工方式）
NUMT=0           （螺纹导程）
VRT=0            （可变退回位移）
G00 X100 Z100    （快速返回到换刀点）
T3 D1            （换 3 号切断刀并调入 1 号刀具补偿号）
M03 S400
G00 X30
    Z-37.85      （快速移动到 V 形槽 Z 向起始点）
G01 X15.5
G00 X30
    Z-34.85
    X15.5
G00 X30
    Z-32.35
G01 X15.5
G00 X30
    Z-31
```

```
G01 X25
    X15 Z-32.35
    Z-37.85
G00 X30
    Z-39.2
G01 X25
    X15 Z-37.85
    Z-36 （V 形槽结束）
G00 X100
G00 X32 Z-68
G01 X25 F50
    X29
    Z-66
    X25 Z-68(切断倒角)
G00 X100
    Z100（快速返回到换刀点）
M30（程序结束，主轴停转）

B7.SPF（子程序名）
G01 X0 Z0 F100(精加工轮廓第一个坐标点)
G02 X16 Z-2 CR=17
G01 Z-15
G02 X25 Z-25 CR=15
G01 Z-46
G01 X26
G01 X32 Z-49
G01 Z-48
X35（精加工轮廓最后一个坐标）
M17（子程序结束）
```

（7）注意事项

① 车外径槽时，刀具安装应垂直于工件中心线，以保证车削质量。

② 车断面槽时，为了避免车刀与工件沟槽的较大圆弧面相碰，刀尖处的负后刀面应根据断面槽圆弧的大小磨成圆弧形，并保证一定的后角。

③ 车槽时，注意在槽底要用 G04 暂停指令，使刀具在短时间内实现无进给光整加工，达到清根的作用。

6.4 螺纹的车削加工

6.4.1 加工实例 1—螺纹的编程加工

（1）相关工艺知识

① 在保证生产效率和正常切削的情况下，宜选择较低的主轴转速。

在螺纹加工中，原则上其转速只要能保证主轴每转一周时，刀具沿主进给轴(多为 Z 轴)方向位移一个螺距。对于螺距为3mm，进给速度为3r/min，与普通车削（其中典型的进给速度大约为0.3r/min）相比，螺纹车削的进给速度要高出10倍。螺纹加工刀片刀尖处的作用力可能要高100～1000倍。

承受这种作用力的螺纹加工刀具端部半径一般为 0.04mm，而常规车削刀具的半径为0.8mm。对于螺纹加工刀具，该半径受许可的螺纹形状根部半径（其大小由相关螺纹标准规定）的严格限制，它还受所需要的切削动作限制，因为材料无法承受普通车削中的剪切过程，否则会发生螺纹变形。

切削力较大和作用力聚集范围较窄导致的结果是：螺纹加工刀具要承受比一般车刀高得多的应力。

② 恒切削量加工：

在螺纹加工中，螺纹需要多次进刀才能完成螺纹的加工。每刀的切削深度，在螺纹加工中是非常关键的。如果每刀进给是恒定的（不推荐采用这种方式），则切削力和金属去除率从上一刀到下一刀会剧烈增加。

例如，在采用恒定的切削深度0.25mm加工一个60°螺纹形状时，第二刀去除的材料为第一刀的3倍。与随后每刀操作一样，去除的金属量连续成指数上升。

为了避免这种切除量增加并维持比较现实的切削力，切深应该随着各刀操作而减少，保证恒切削量加工。

③ 普通螺纹的加工尺寸：

数控车床对普通螺纹的加工需要一系列尺寸，普通螺纹加工的尺寸主要包括以下两个方面：

a．螺纹加工前工件直径：

考虑螺纹加工牙型的膨胀量，螺纹加工前工件直径 $D/d-0.1P$，即螺纹大径减0.1倍螺距，一般根据材料变形能力取比螺纹大径小0.1～0.5mm。

b．螺纹刀最终进刀位置：

螺纹刀最终进刀位置可以参考螺纹底径，即：

螺纹小径为：大径－2倍牙高；牙高=0.54P（P 为螺距）。

④ 数控车床车削螺纹的方法：

数控车床不再使用挂轮方式车螺纹，而是由主轴编码盘测得当前主轴转速后，由数控系统控制刀具按主轴带动工件回转一圈、刀具向前进给一个导程的距离，保持这样一种控制关系而车出螺纹，既省去了挂轮系统，又使操作变得简单快捷。由于采用纯软件算法控制，使得锥螺纹和多头螺纹的加工也比较容易实现。

⑤ 车削螺纹前工件的工艺要求：

a．螺纹大径一般应车得比基本尺寸小0.2～0.4mm（约0.13P）；保证车好螺纹后牙顶处有0.125P 的宽度。

b．车螺纹前先用车刀在工件端面上倒角至略小于螺纹小径。

c．螺纹加工参数计算：

例：M30×1.5

按普通三角螺纹粗牙的尺寸计算（其中 p 为导程）：

牙型角：

原始三角形高度 H=0.866p

牙型高度 h=5H/8=0.5413p

中径 d_2=d−0.6495p

小径 d_1=d−1.0825p

⑥ 螺纹的测量和检查：

a．大径的测量：可用游标卡尺或千分尺测量。

b．螺距的测量：用钢直尺量 10 个螺距的长度，用长度除以 10 得出一个螺距的尺寸。用螺距规测量。

c．中径的测量：精度较高的三角形螺纹，可用螺纹千分尺测量。

d．综合测量：用螺纹规综合检查，应以通规进、止规不进为合格。对有退刀槽的螺纹，通规应拧到底。

（2）螺纹加工

零件如图 6-19 所示，零件毛坯直径为 35mm，零件材料为 LY12 硬铝。

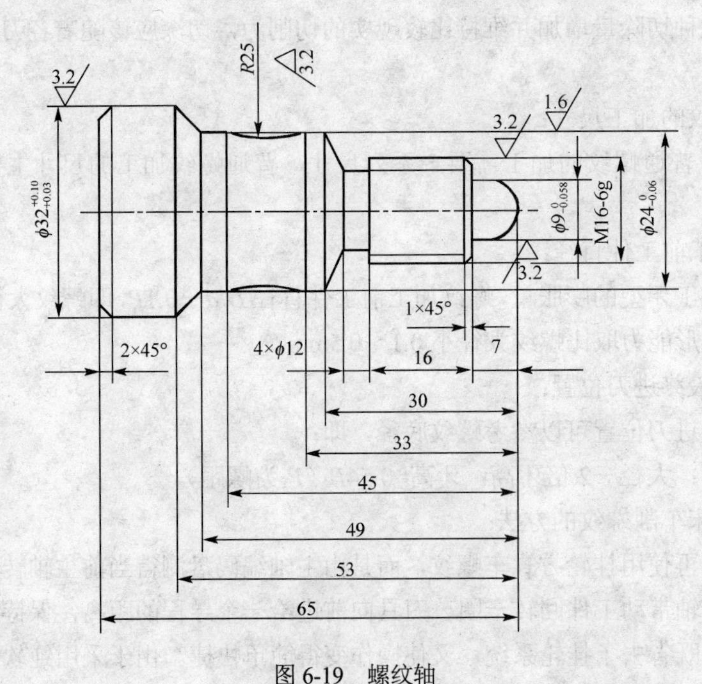

图 6-19　螺纹轴

工艺分析：

① 零件图工艺分析：

该零件表面由圆柱、圆锥、逆圆弧、顺圆弧、外沟槽、外螺纹等组成，其中多个直径尺寸有较高的尺寸精度和表面粗糙度要求，外圆ϕ9mm 的尺寸公差兼有控制端部球面形状误差的作用，尺寸标注完整，轮廓描述清楚，零件材料为 LY12 硬铝，无热处理和硬度要求。

通过上述分析，采取以下几点工艺措施：

a．对图样上给定的几个精度要求较高的尺寸全部取中差值。

b．在轮廓曲线上，*R*25 处为既过象限、又改变进给方向的轮廓曲线，因此在加工时应进行机械间隙补偿，以保证轮廓曲线的准确性。

② 确定装夹方案：

左端采用三爪自定心卡盘定心夹紧。

③ 确定加工顺序及进给路线：

加工顺序按由粗到精、由近到远的原则确定。即先从右到左进行粗车（留 0.5mm 精车余量），然后从右到左进行精车，再车削外沟槽，车削螺纹，最后倒角切断。

④ 刀具选择：

a．车削轮廓用 90°偏头车刀，刀具材料 YT15。

b．3mm 宽切断刀（割槽刀），刀具材料 YT15。

c．60°外螺纹车刀，刀具材料 W18Cr4V。

⑤ 切削用量选择：

a．背吃刀量的选择，轮廓粗车时选 2mm。

b．主轴转速的选择，车直线和圆弧时，粗车切削速度 150mm/min，精车切削速度 60mm/min，主轴转速—粗车 800r/min、精车 1200r/min，车削外沟槽切削速度 60r/min，主轴转速—粗车 300r/min，车螺纹主轴转速 200r/min。

⑥ 参考程序：

```
A6.MPF            （程序名）
G54 G94           （设定工件坐标系，进给单位为 mm/min）
T1D1              （换 1 号刀—90°粗车刀并调入 1 号刀偏值）
M03 S800 M43      （主轴在高速挡位正转，转速为 800r / min）
G00 X37 Z0        （快速移动到加工起点）
G01 X0 F150       （以 150mm/min 的进给速度进行平端面加工）
G00 X37 Z3        （快速退刀到安全点）
Z0                （移动到循环起始点)
CYCLE 95          （毛坯切削循环）
NPP=B8            （轮廓子程序名）
MID=3             （进刀深度，直径值）
FALZ=0.02         （Z 向精加工余量）
FALX=0.5          （X 向精加工余量，直径值）
FAL=0.1           （与轮廓相符的精加工余量）
FF1=150           （粗加工进给速度）
FF2=60            （底切进给速度）
FF3=60            （精加工进给速度）
ARI=9             （加工方式）
DT=0              （停留时间）
DAM=0             （断屑时中断该长度）
VRT=0             （粗加工时从轮廓上的退刀位移)
```

```
G00 X100 Z100    （快速返回到换刀点）
T3D1             （换 3 号切断刀并调入 1 号刀具补偿号）
M03 S300         （主轴降速到 300r / min）
G00 Z-27         （快速移动到退刀槽 Z 向起始点）
    X20
G01 X12 F60      （切退刀槽到φ12）
    X20
    Z-26
    X12
    X20
    Z-25.5
    X16
    X15 Z-26     （退刀槽倒角 C0.5）
G00 X100
    Z100         （快速返回到换刀点）
T4D1             （换 4 号螺纹刀并调入 1 号刀具补偿号）
M03 S200         （主轴降速到 300r / min）
G00 X20 Z3       （移动到螺纹循环起始点）
CYCLE 97         （螺纹切削循环）
PIT=2            （螺距值）
MPIT=0           （螺纹尺寸）
SPL=-7           （纵向螺纹起始点）
FPL=-23          （纵向螺纹终点）
DM1=16           （起点螺纹直径）
DM2=16           （终点螺纹直径）
APP=2            （导入位移）
ROP=2            （收尾位移）
TDEP=1.2         （螺纹深度）
FAL=0.1          （精加工余量）
IANG=0           （进给角度）
NSP=0            （起始点偏移）
NRC=9            （粗加工走刀次数）
NID=2            （空走刀次数）
VARI=1           （螺纹加工方式）
NUMT=1           （螺纹导程）
VRT=0            （可变退回位移）
G00 X100 Z100    （快速返回到换刀点）
T3D1             （换 3 号切断刀并调入 1 号刀具补偿号）
M03 S300         （升速到 300r / min）
G00 X35 Z-68     （快速移动到切断起点）
```

```
G01 X28 F60        (切φ28 的槽)
    X32
    Z-66           (倒角起点)
  X28 Z-68         (倒角)
  X0               (切断)
G00  X100
  Z100             (快速返回到换刀点)
  M30              (程序结束，主轴停转)

B8.SPF             (子程序名)
G01 X0             (精加工轮廓第一个坐标点)
G03 X9 Z-4.5 CR=4.5
G01 Z-7
    X14
    X16 Z-8
    Z-23
    X12 Z-27
    X24 Z-30
    Z-49
    X32 Z-53
    Z-68
    X36            (精加工轮廓最后一个坐标)
    M17            (子程序结束)
```

6.4.2　加工实例 2—内螺纹的编程加工

如图 6-20 所示，零件毛坯直径为 35mm，材料为 LY12 硬铝。

内螺纹切削前的底孔尺寸 $D_{孔}=d-1.0825P=30-2.165=27.835$。

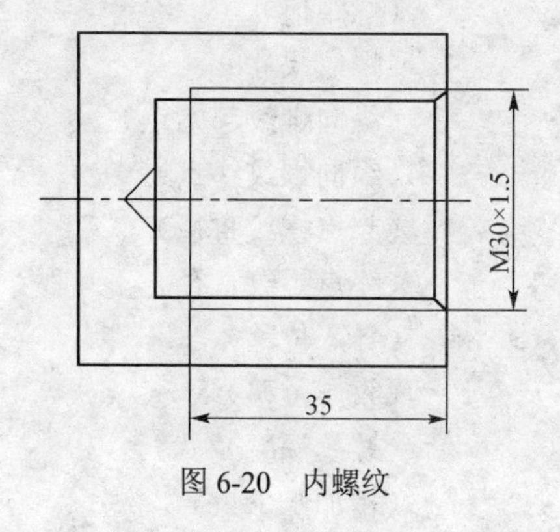

图 6-20　内螺纹

（1）工艺分析

该零件为内螺纹套，材料为硬铝，加工主要有外圆、圆弧、内螺纹端面。

（2）装夹方案

采用三爪自定心卡盘装夹，其特点为三爪可同时移动，自动定心，装夹迅速方便。

（3）确定加工顺序及进给路线

① 平端面加工、钻孔ϕ27mm。

② 粗、精车ϕ40mm 外圆及 R4 倒圆角。

③ 粗、精车ϕ30mm 内孔及倒角 C1。

④ 车 5×ϕ34mm 内沟槽。

⑤ 车 M30×1.5mm 内螺纹。

⑥ 切断。

⑦ 车左端面，倒角 C2，保证总长尺寸。

（4）刀具选择

① ϕ27mm 麻花钻，刀具材料 W18Cr4V。

② 90°外圆车刀，刀具材料 YT15。

③ 3mm 宽内沟槽刀，刀具材料 YT15。

④ 内孔镗刀，刀具材料 YT15。

⑤ 三角形内螺纹车刀，刀具材料 W18Cr4V。

⑥ 3mm 宽切断刀，刀具材料 W18Cr4V。

（5）切削用量选择

① 背吃刀量：粗车选择 2mm。

② 主轴转速选择：钻孔 300r/min，粗车 800r/min，精车 1200r/min，车槽 300r/min，车螺纹 300r/min。

③ 进给速度：粗车 100mm/min，精车 50mm/min，车槽 40mm/min，车螺纹 1.5mm/min，切断 30mm/min。

（6）参考程序

```
A7.MPF
T3D1；
G0X25.Z4.S300 M03；循环起点:X25<毛坯孔直径
CYCLE 97                    （螺纹切削循环）
        PIT=1.5             （螺距值）
        MPIT=0              （螺纹尺寸）
        SPL=0               （纵向螺纹起始点）
        FPL=-35             （纵向螺纹终点）
        DM1=28.05           （起点螺纹直径）
        DM2=28.05           （终点螺纹直径）
        APP=2               （导入位移）
        ROP=2               （收尾位移）
        TDEP=1.95           （螺纹深度）
        FAL=0.1             （精加工余量）
        IANG=0              （进给角度）
        NSP=0               （起始点偏移）
        NRC=9               （粗加工走刀次数）
        NID=2               （空走刀次数）
```

```
        VARI=2                  （螺纹加工方式）
        NUMT=1                  （螺纹导程）
        VRT=0                   （可变退回位移）
G00X100.Z100；                  回换刀点
M30；                           程序结束
```

6.5　数控车床参数化程序的应用

6.5.1　加工实例 1—椭圆轴的编程

椭圆是数控车床加工中常见的一种二次曲线轮廓，经常通过拟合的方法来描述加工轮廓，即用一系列首尾相接的短线段（起点、终点均在椭圆上）代替椭圆轮廓，线段越短，轮廓精度越高。

零件如图 6-21 所示，毛坯为ϕ35mm×70mm 的圆钢，试编写其数控车工程序。

在西门子 802D 系统中，图 6-20 中椭圆轴可以先粗、精加工左端ϕ25、ϕ32 外圆，然后掉头用毛坯循环 CYCLE95 粗加工右端（包括椭圆轮廓），最后加刀尖圆弧补偿加工整个轮廓。

右侧主程序：

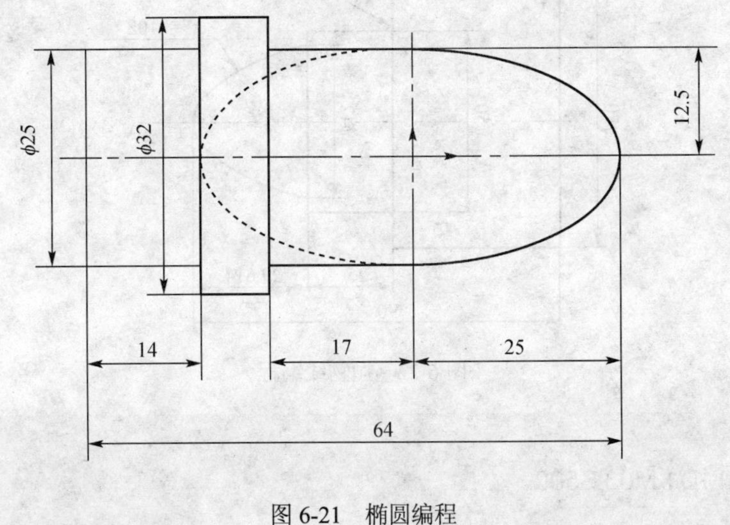

图 6-21　椭圆编程

```
A8.MPF
G90 G94 T1D1 M03 S500
M08
G00 X35 Z5
CYCLE95 (“B9”，1.5，0.05，0.2，0.2，200，100，100，1，0，0，1);粗加工
M03 S1200 F100
G42 G00 X35 Z2
B9   精加工
G40 G00 X100 Z100
```

```
M09
M30

右侧子程序：B9.SPF
G01 X0 Z0
R1=0                    （设Z为变量，用R1表示，初值为0）
MA1：                   （设置标记）
R2=1/2*SQRT(25*25-(R1+25)*( R1+25))（用含R1的表达式来表示X值）
G01 X=2*R2 Z=R1         （因为是直径编程，所以X值要乘2）
R1=R1-1                 （变量变化，即Z值每次递减1）
IF R1>-25 GOTOB MA1     （判断是否到达终点，否则继续用线段拟合椭圆）
G01 Z-42
G01 X36
M17
```

6.5.2 加工实例2—抛物线轴的编程加工

零件如图6-22所示，毛坯为ϕ75mm×100mm的圆钢，试编写数控车工程序。

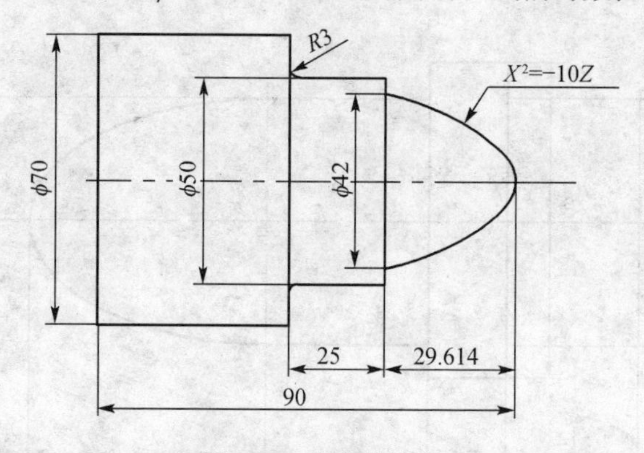

图6-22 抛物线编程

```
A9.MPF
G90 G94 T1D1 M03 S500
M08
G00 X75 Z5
CYCLE95 ("B10", 1.5, 0.05, 0.2, 0.2, 200, 100, 100, 1, 0, 0, 1);粗加工
M03 S1200 F100
G42 G00 X30 Z2
B10   精加工
G40 G00 X100 Z100
M09
M30

右侧子程序：B10.SPF
```

```
G01 X0 Z0
R1=0                        （设 X 为变量，用 R1 表示，初值为 0）
MA1：                       （设置标记）
R2=-R1*R1/10                （用含 R1 的表达式来表示 X 值）
G01 X=2*R1 Z=R2             （因为是直径编程，所以 X 值要乘 2）
R1=R1+1                     （变量变化，即 X 值每次递减 1）
IF R2>-29.614 GOTOB MA1     （判断是否到达终点，否则继续用线段拟合抛物线）
G01 X50
G01 Z-51.614
G02 X56 Z-54.614 CR=3
G01 X72
M17
```

第 7 章　综合加工实例

7.1　简单轴的编程加工实例 1

① 零件如图 7-1 所示，该零件材料为 45 圆钢，无热处理要求，毛坯直径选用ϕ52。

② 零件结构简单，刚性好，采用三爪卡盘夹紧，使用外圆车刀一次完成粗、精加工零件外形，切断刀割断。

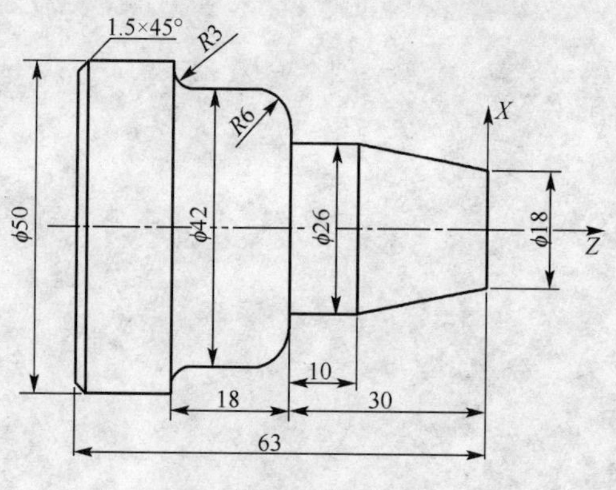

图 7-1　简单轴的加工

③ 刀具的切削用量选择见表 7-1。

表 7-1　切削用量

工步号	工 步 内 容	刀具号	刀 具 类 型	切 削 用 量	
				主轴转速/(r/min)	进给速度/(mm/r)
1	平端面粗车外形	T1	93° 菱形外圆刀 R=0.8	<800	0.2
3	精车外形	T3	93° 菱形外圆刀 R=0.4	1200	0.1
4	切断并倒角	T4	刀宽 4mm	600	0.05

④ 确定加工方法：

零件毛坯为棒料，毛坯余量较大(最大处 52−18=34mm)，需多次进刀加工。采用 CYCLE95 复式循环指令，完成粗加工，留精车余量，然后精车，最后在切断前完成 1.5×45° 的倒角。

刀具半径补偿的使用。刀尖半径 R=0.4，精加工时，使用 G42 进行刀具半径圆弧补偿。

精加工刀具起点的计算。最左端为锥面，当加工起点离端面 2mm，锥体小径需计算获得。如图 7-2 所示，锥体延长线上利用两个三角形相似，计算出 H=0.8mm，那么刀具起点锥体小径为：18−2×0.8=16.4mm。

倒角并切断：切断刀宽为 4mm，对刀点为左刀点，在编程时要左移 4mm，以保持总长 63mm。倒角因是斜线运动，需要有空间，所以按以下路线，如图 7-3 所示，先往左在总长上留 0.5～1mm 余量处切一适当深槽，退出，再进行倒角、切断，这样可以减少切断刀的摩擦，在切断时利于排屑。

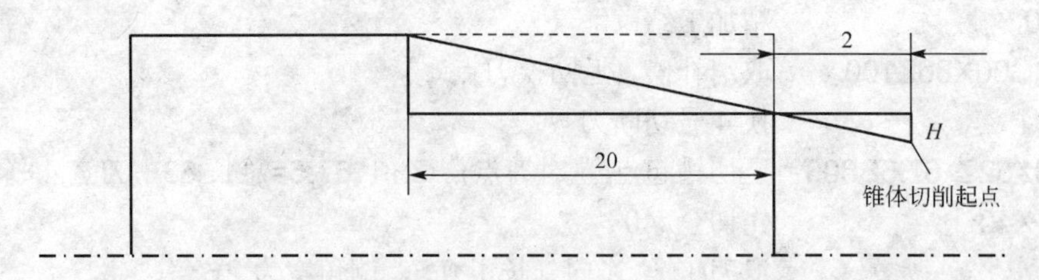

图 7-2　锥体切削起点

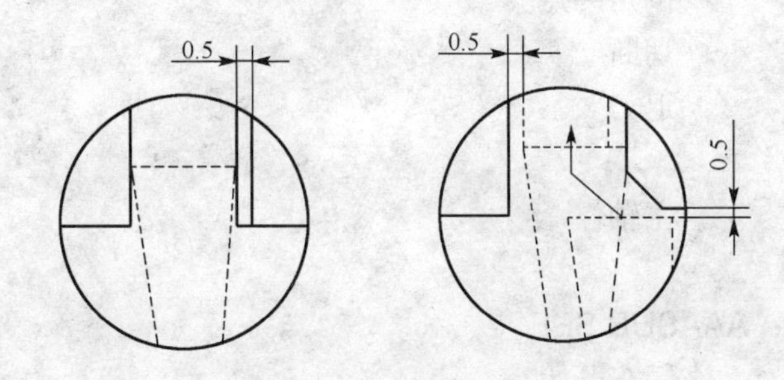

图 7-3　切断刀倒角

参考程序如下：

```
AAA.MPF
G90 G94 T1D1 换 1 号粗车刀
M08
G00X80Z150M03S1000;                回换刀点
G00X55Z0;                          快速到右端面起点
G0IX-1.6F40;                       平端面加工
G00X55Z2S800;
CYCLE95 ("AAASUB", 1.5, 0.05, 0.2, 0.2, 200, 100, 100, 1, 0, 0, 1); 粗加工
M03 S1200 F100
G42 G00 X30 Z2
AAASUB                             精加工
G40G00X80Z100S1200                 返回换刀点
T3D1                               换 2 号精车外圆刀
G00X16.4Z15S1200                   锥体小径延长起点(计算)
G42Z2                              建立刀尖半径补偿
G01X26Z-20F0.1                     精加工锥体
Z-30
X30
G03X42Z-36CR=6
G01Z-45
G02X48Z-48CR=3
```

```
G01X50
Z-70              精加工结束
G40G00X80Z100     取消补偿，返回换刀点
T4D1              换 4 号切断刀
G00X52Z-67.5S600  至切槽起点(左对刀点)，Z 值-67.5=总长 63＋刀宽 4+余量 0.5
G01X40            先切至φ40
X51               退刀(倒角 X 向延长了 0.5，倒角宽为 2)
Z-65              右刀点移到倒角延长线起点上
G01X47Z-67        倒角终点
X0                切断
G00X70            退刀
Z150
M05               主轴停
M30 程序结束
    右侧子程序：AAASUB.SPF
G00X16.4Z2        精车开始
G01X26Z-20
Z-30
X30
G03X42Z-36CR=6
G01Z-45
G02X48Z-38CR=3
G01X50
Z-70
X54               精车结束
M17
```

7.2 简单轴的编程加工实例 2

零件如图 7-4 所示，该零件材料为 45 圆钢，无热处理要求，毛坯直径选用ϕ35。

摇柄轴数控车工工艺分析：

（1）零件图工艺分析

该零件表面由圆柱、圆锥、逆圆弧、顺圆弧等组成，其中多个直径尺寸有较高的尺寸精度和表面粗糙度要求，外圆ϕ20mm 的尺寸公差兼有控制端部球面形状误差的作用，ϕ20mm 外圆轴线与ϕ32mm 外圆轴线同轴度要求 0.03mm，尺寸标注完整，轮廓描述清楚，零件材料为 LY12 硬铝，无热处理和硬度要求。

通过上述分析，采取以下几点工艺措施:

① 对图样上给定的几个精度要求较高的尺寸全部取中差值。

② 在轮廓曲线上，*R*25 两处为既过象限、又改变进给方向的轮廓曲线，因此在加工时应进行机械间隙补偿，以保证轮廓曲线的准确性。

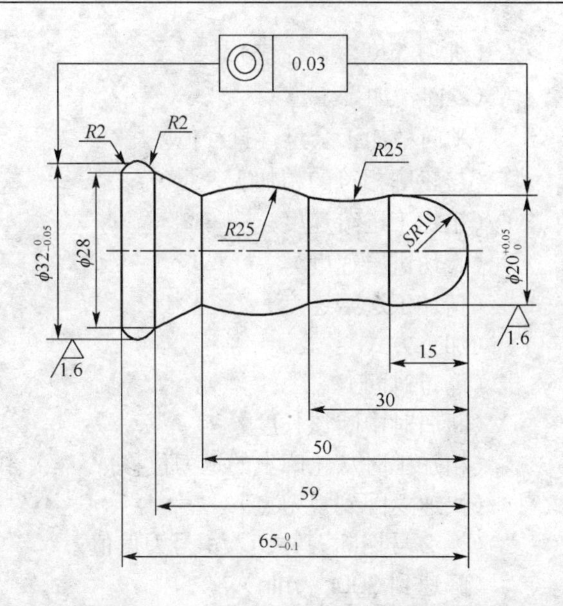

图 7-4　简单轴

（2）确定装夹方案

左端采用三爪自定心卡盘定心夹紧。

（3）确定加工顺序及进给路线

加工顺序按由粗到精、由近到远的原则确定。即先从右到左进行粗车（留 0.2mm 精车余量），然后从右到左进行精车，最后倒角切断。

（4）刀具选择

① 车削轮廓用 30°偏头车刀，刀具材料 YT15。

② 3mm 宽切断刀，刀具材料 YT15。

（5）切削用量选择

① 背吃刀量的选择，轮廓粗车时选 3mm。

② 主轴转速的选择，车直线和圆弧时，粗车切削速度 80mm/min，精车切削速度 40mm/min，主轴转速—粗车 800r/min、精车 1200r/min，车削外沟槽切削速度 40r/min，主轴转速—粗车 500r/min，车螺纹主轴转速 300 r/min。

（6）参考程序

```
A5.MPF          （程序名）
G54 G94         （设定工件坐标系，进给单位为 mm/min）
T1 D1           （换 1 号刀—30°偏刀并调入 1 号刀偏值）
M03 S800 M43    （主轴在高速挡位正转，转速为 800r / min）
G00 X37 Z0      （快速移动到加工起点）
G01 X0 F150     （以 150mm/min 的进给速度进行平端面加工）
G00 X37 Z3      （快速退刀到安全点）
    Z0          （移动到循环起始点）
CYCLE 95        （毛坯切削循环）
NPP=CCC         （轮廓子程序名）
```

```
    MID=3              （进刀深度，直径值）
    FALZ=0.02          （Z向精加工余量）
    FALX=0.5           （X向精加工余量，直径值）
    FAL=0.1            （与轮廓相符的精加工余量）
    FF1=150            （粗加工进给速度）
    FF2=60             （底切进给速度）
    FF3=60             （精加工进给速度）
    ARI=9              （加工方式）
    DT=0               （停留时间）
    DAM=0              （断屑时中断该长度）
VRT=0                  （粗加工时从轮廓上的退刀位移)
G00 X100 Z100          （快速返回到换刀点）
T2  D1                 （换2号切断刀并调入1号刀偏值）
M03 S300               （降速到300r / min）
G00 X35 Z-68           （快速移动到切断起点）
G01 X27 F30
G00 X33
    Z-66
G01 X32
G03 X28 Z-68 CR=2
G01 X0
G00 X100
    Z100               （快速返回到换刀点）
M30                    （程序结束，主轴停转）

CCC.SPF                （子程序名）
G01 X0 Z0              （精加工轮廓第一个坐标点）
G03 X20 Z-10 CR=10
G01 Z-15
G02 X20 Z-30 CR=25
G03 X20 Z-50 CR=25
G01 X28 Z-59
G03 X32 Z-61 CR=2
G01 Z-68
X33                    （精加工轮廓最后一个坐标）
M17                    （子程序结束）
RET
```

7.3 复杂轴的编程加工实例1

零件如图7-5所示，毛坯材料ϕ50mm×152mm，要求按图样单件加工。

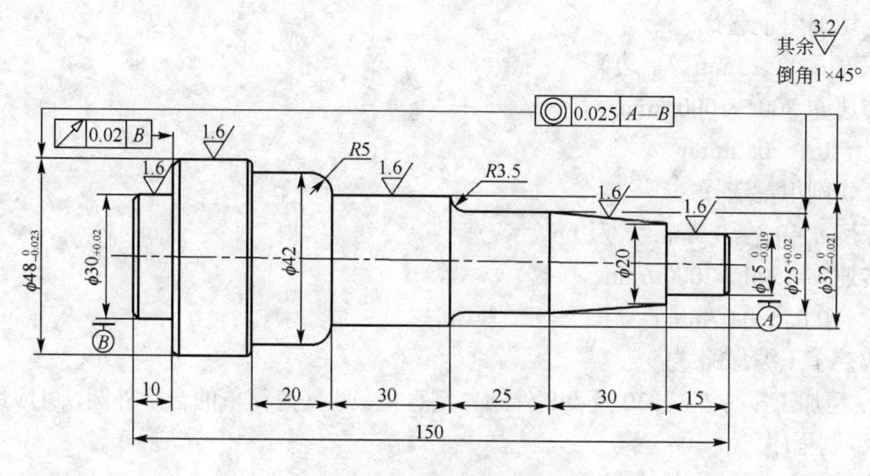

图 7-5 复杂轴类零件

（1）工艺分析

① 零件为典型轴类零件，从图纸尺寸外形精度要求来看，有五处径向尺寸都有精度要求，且其表面粗糙度都为 *Ra*1.6μm，需用精车刀进行精车加工以达到精度要求。刀具安排上需粗、精外圆车刀共两把。

粗车刀必须适应粗车时切削深、进给快的特点。主要要求车刀有强度，一次进给能车去较多余量。为了增加刀头强度，前角和后角，采用 0º～3º。主偏角应选用 90º，为增加切削刃强度和刀尖强度，切削刃上应磨有倒棱，其宽度=(0.5～0.8)*f*，*f* 为进给量，倒棱前角= −(5º～10º)，刀尖处磨有过渡刃，可采用直线形或圆弧形。为保证切削顺利进行，切屑要自行折断，应在前刀面上磨有直线形或圆弧形的断屑槽。

精车要求能达到图纸要求，并且切除金属少，因此要求车刀锋利，切削刃平直光洁，刀尖处必要时还可磨修光刃，为使车刀锋利，切削轻快，前角和后角一般应大些，为减小工件表面粗糙度，应改用较小副偏角或在刀尖处磨修光刃，其长度=(1.2～1.5)*f*。可用正值刃倾角(0º～3º)，并应有狭窄的断屑槽。

② 为了保证外圆的同轴度，采用一夹一顶的方法加工工件。顶尖可以采用死顶尖，提高顶尖端外圆与孔的同轴度。加工中须注意防止顶尖烧伤。

③ 零件加工分为普通机床加工和数控车床加工，车端面、车外圆、打中心孔在普通机床上进行，粗、精车使用数控车床加工。普通机床上车外圆、打中心孔在一次装夹中完成，保证外圆与孔的同轴度。零件加工工艺见表 7-2。

表 7-2 加工工艺

工序	内 容	设 备	夹 具	备 注
1	车端面、车外圆，长度大于工件长度的一半，打中心孔	CA6140	三爪卡盘	
2	调头，车端面，控制总长 150，车外圆，打中心孔	CA6140	三爪卡盘	中心孔即是设计基准、加工基准、测量基准
3	粗、精车ϕ30 及ϕ48 外圆并倒直角	数控车床	三爪卡盘、顶尖	
4	粗、精车ϕ15、ϕ25、ϕ32、ϕ42 外圆	数控车床	三爪卡盘、顶尖	

④ 切削用量选择（在实际操作中，可通过进给倍率开关进行调整）：

粗加工切削用量选择：

切削深度 a_p=2～3mm（单边）

主轴转速 n=800～1000r/min

进给量 f=0.1～0.2mm/r

精加工切削用量选择：

切削深度 a_p=0.3～0.5mm（双边）

主轴转速 n=1500～2000r/min

进给量 f=0.05～0.07mm/r

（2）数控车工编程路线

① 粗、精加工零件左端ϕ30 及ϕ48 外圆并倒直角。此处为简单的台阶外圆，可应用 G01、CYCLE95 编制程序。

参考程序如下：

```
AAA.MPF
T1D1                       1 号粗车刀
G00X52Z2M03S900M08         回换刀点
CYCLE95 ("AAASUB", 1.5, 0.05, 0.2, 0.2, 200, 100, 100, 1, 0, 0, 1);粗加工
M03 S1200 F100
G42 G00 X30 Z2
AAASUB                     精加工
G40G00X80Z100S1200         返回换刀点
G00X70                     退刀
Z150
M05                        主轴停
M30 程序结束
  左侧子程序：AAASUB.SPF
G00X28Z0                   精车开始
G01X30Z-1
Z-10
X46
G01X48 Z-11
Z-40
X54                        精车结束
M17
```

② 加工右端面（图 7-6）：

工件调头，装夹ϕ30mm 外圆，上顶尖。

用 CYCLE95 指令粗加工ϕ15、ϕ25、ϕ32、ϕ42 外圆尺寸，X 向留 0.5mm、Z 向留 0.1mm 的精加工余量。

用调用子程序进行外形精加工。

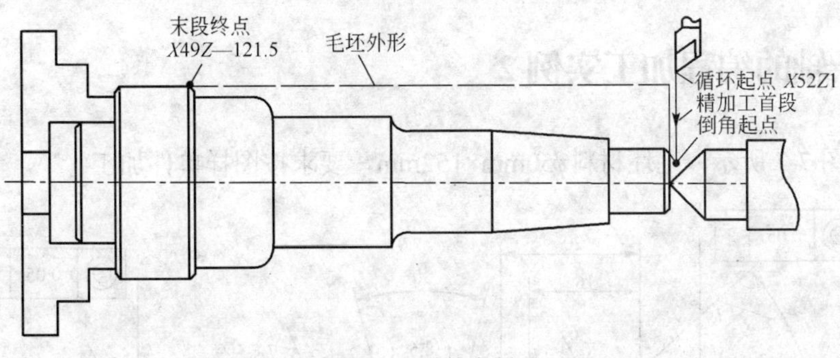

图 7-6　零件夹紧

加工右端面程序：

```
A7.MPF
T1D1                          1 号粗车刀
G00X52Z1M03S900M08            回换刀点
CYCLE95 (“A7SUB”，1.5，0.05，0.2，0.2，200，100，100，1，0，0，1);粗加工
T2D1;                         换 2 号精车刀，建立工件坐标系
G42G00X52.Z1.S1000M03;        快移到循环起点
A7SUB                         精加工
G40G00X80Z100 返回换刀点
G00X100.;                     退刀
M05 主轴停
M30 程序结束
  右侧子程序：A7SUB.SPF
G00X11.S1800;                 精车首段，倒角延长起点
G01X15.Z−1.F0.05;             倒角
Z−15.;                        加工φ15 外圆
X20.;                         锥体起点
X25.W−30.;                    车锥体
W−21.5;                       加工φ25 外圆
G02X32.W−3.5R3.5;             车 R3.5 圆角
G01W−30.;                     加工φ32 外圆
G03X42.E−5.R5.;               车 R 圆角
G01Z−120.;                    加工φ42 外圆
X46.;                         倒角起点
X49.W−1.5;                    倒角
X50;                          末段（附加段）
M17
```

此工件要经两个程序加工完成，所以调头时重新确定工件原点，程序中编程原点要与工件原点相对应，执行完成第一个程序后，工件调头执行另一程序时需重新对两把刀的 Z 向原点，因为 X 向原点在轴线上，无论工件大小都不会改变，所以 X 方向不必再次对刀。

7.4 复杂轴的编程加工实例 2

零件如图 7-7 所示，毛坯材料ϕ50mm×152mm，要求按图样单件加工。

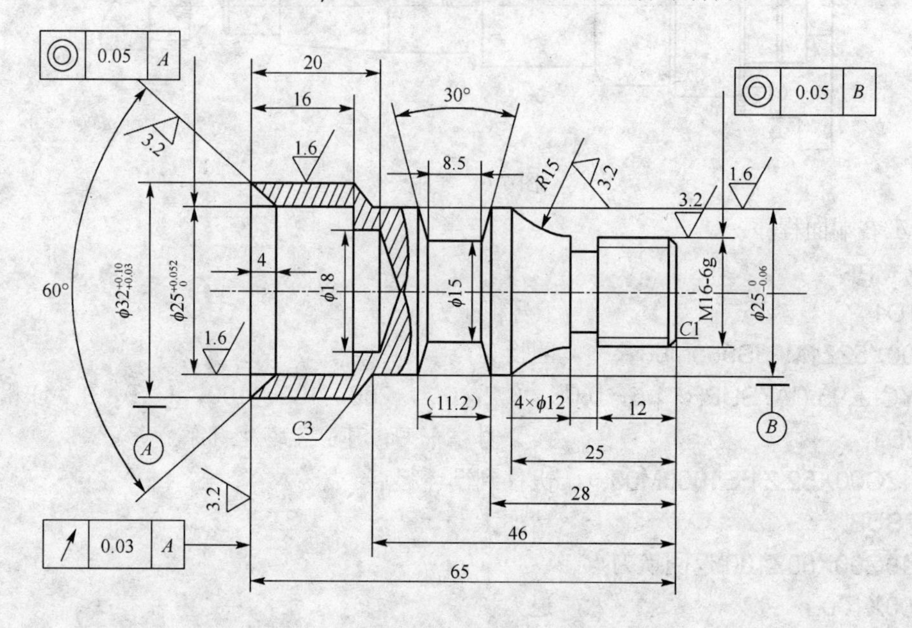

图 7-7 复杂轴

加工工艺分析：

（1）零件图工艺分析

该零件表面由圆柱、圆锥、顺圆弧、外沟槽、外三角螺纹等组成，其中多个直径尺寸有较高的尺寸精度和表面粗糙度要求，外圆ϕ20mm 的尺寸公差兼有控制端部球面形状误差的作用，ϕ20mm 外圆轴线与ϕ32mm 外圆轴线同轴度要求 0.03mm，尺寸标注完整，轮廓描述清楚，零件材料为 LY12 硬铝，无热处理和硬度要求。

通过上述分析，采取以下几点工艺措施：

① 对图样上给定的几个精度要求较高的尺寸全部取中差值。

② 左右端面均为多个尺寸的设计基准，注意尺寸的选择。

③ 零件需掉头加工，注意掉头的对刀和端面的找准。

（2）确定装夹方案、加工顺序及进给路线

① 先加工右侧带有螺纹的部分。

用三爪自定心卡盘定心夹紧，加工顺序的确定按照由粗到精、由近到远的原则，在一次装夹中尽可能多地加工出工件的表面，结合本零件的结构特征，可先粗车外圆表面，采用 CYCLE95 循环，轮廓表面车削走刀可沿零件轮廓顺序进行，然后精加工右端，保证尺寸ϕ16mm，ϕ25mm。ϕ32mm 外圆留 2mm 加工余量，再加工 V 形槽、螺纹退刀槽，最后车螺纹。

② 掉头加工左侧部分。

用铜皮将ϕ25mm 外圆处包好，再用三爪自动定心卡盘夹紧，按由外到内、由粗到精、由近到远的原则确定加工顺序，结合本零件的结构特征，先钻孔，后镗孔，再精加工外圆，最后精加工内孔。

（3）刀具选择

① 车削轮廓用 93°偏头车刀，刀具材料 YT15。

② 4mm 宽切断刀（割槽刀），刀具材料 YT15。

③ 60°外螺纹车刀，刀具材料 W18Cr4V。

④ ϕ18mm 麻花钻，刀具材料 W18Cr4V。

⑤ 硬质合金盲孔镗刀，刀具材料 YT15。

（4）切削用量选择

① 背吃刀量的选择，轮廓粗车时选 3mm。

② 主轴转速的选择，车直线和圆弧时，粗车切削速度 80mm/min，精车切削速度 40mm/min，主轴转速—粗车 800r/min、精车 1200r/min，车削外沟槽切削速度 40 r/min，主轴转速—粗车 500r/min，车螺纹主轴转速 300 r/min。

（5）参考程序

工件右端

```
 A7.MPF（右端程序名）
 G54 G90 G94（设定工件坐标系，进给单位为 mm/min）
 T1 D1（换 1 号刀—90°粗车刀并调入 1 号刀偏值）
 M03 S800 M43   （主轴在高速挡位正转，转速为 800r / min）
 G00 X35 Z0     （快速移动到加工起点）
 G01 X0 F100    （以 100mm/min 的进给速度进行平端面加工）
 G00 X35        （移动到循环起始点）
 CYCLE95        （毛坯切削循环）
NPP=DDD         （轮廓子程序名）
MID=2           （进刀深度，直径值）
FALZ=0          （Z 向精加工余量）
FALX=0.5        （X 向精加工余量，直径值）
FAL=0           （与轮廓相符的精加工余量）
FF1=100         （粗加工进给速度）
FF2=80          （底切进给速度）
FF3=60          （精加工进给速度）
VARI=9          （加工方式）
DT=0            （停留时间）
DAM=0           （断屑时中断该长度）
VRT=0           （粗加工时从轮廓上的退刀位移）
 G00 X100 Z100  （快速返回到换刀点）
 T3 D1          （换 3 号切断刀并调入 1 号刀具补偿号）
 M03 S400       （主轴降速到 400r / min）
 G00 X20 Z-16   （快速移动到退刀槽 Z 向起始点）
 G01 X12 F80    （切退刀槽到φ12）
     X20
```

```
    Z-15
    X12
G00 X100
    Z100          （快速返回到换刀点）
T4 D1             （换 4 号螺纹刀并调入 1 号刀具补偿号）
M03 S500          （主轴降速到 500r / min）
G00 X20 Z3        （移动到螺纹循环起始点）
CYCLE97           （螺纹切削循环）
PIT=2             （螺距值）
MPIT=0            （螺纹尺寸）
SPL=0             （纵向螺纹起始点）
FPL=-12           （纵向螺纹终点）
DM1=16            （起点螺纹直径）
DM2=16            （终点螺纹直径）
APP=2             （导入位移）
ROP=2             （收尾位移）
TDEP=1.2          （螺纹深度）
FAL=0.1           （精加工余量）
IANG=0            （进给角度）
NSP=0             （起始点偏移）
NRC=9             （粗加工走刀次数）
NID=2             （空走刀次数）
VARI=1            （螺纹加工方式）
NUMT=1            （螺纹导程）
VRT=0             （可变退回位移）
G00 X100 Z100     （快速返回到换刀点）
T3 D1             （换 3 号切断刀并调入 1 号刀具补偿号）
M03 S400
G00 X30
    Z-37.85       （快速移动到 V 形槽 Z 向起始点）
G01 X15.5
G00 X30
    Z-34.85
    X15.5
G00 X30
    Z-32.35
G01 X15.5
G00 X30
    Z-31
G01 X25
```

```
    X15 Z-32.35
    Z-37.85
G00 X30
    Z-39.2
G01 X25
    X15 Z-37.85
    Z-36            （V 形槽结束）
G00 X100
G00 X35 Z-68.5
G01 X0 F50          （切断，留总长余量 0.5mm）
G00 X100
    Z100            （快速返回到换刀点）
M30                 （程序结束，主轴停转）

DDD.SPF             （子程序名）
G01 X14 F20         （精加工轮廓第一个坐标点）
    X16 Z-1
    Z-16
G02 X25 Z-25 CR=15
G01 Z-46
     X32 Z-49
     Z-68
     X35
M17（子程序结束）
RET
```

工件左端：

```
A8.MPF              （左端程序名）
G54 G90 G94         （设定工件坐标系，进给单位为 mm/min）
T1 D1               （换 1 号刀—90°粗车刀并调入 1 号刀偏值）
M03 S800 M43        （主轴在高速挡位正转，转速为 800r / min）
G00 X35   Z0        （快速移动到加工起点）
G01 X0   F100       （平端面加工，保证总长 65mm）
      X31
      X32 Z-1       （倒角）
G00 X100 Z100       （返回到换刀点）
T2 D1               （换 2 号刀—镗孔刀并调入 1 号刀偏值）
G00 X16   Z10
      Z0            （移动到循环起始点）
 CYCLE95            （毛坯切削循环）
 NPP=EEE.SPF        （轮廓子程序名）
 MID=2              （进刀深度，直径值）
```

```
  FALZ=0           （Z 向精加工余量）
  FALX=0.5         （X 向精加工余量，直径值）
  FAL=0            （与轮廓相符的精加工余量）
  FF1=100          （粗加工进给速度）
  FF2=80           （底切进给速度）
  FF3=60           （精加工进给速度）
  VARI=3           （加工方式）
  DT=0             （停留时间）
  DAM=0            （断屑时中断该长度）
  VRT=0            （粗加工时从轮廓上的退刀位移)
G00 X100 Z100      （快速返回到换刀点）
M30

EEE.SPF            （左端子程序）
G01 X32            （精加工轮廓第一个坐标点）
   X25 Z-4
   Z-16
   X18
   Z-20
   X15             （精加工轮廓最后一个坐标）
M17
```

7.5 盘套件的编程加工实例 1

加工零件如图 7-8 所示，毛坯尺寸为ϕ82mm× 32mm，材料为 45 钢，无热处理和硬度要求。

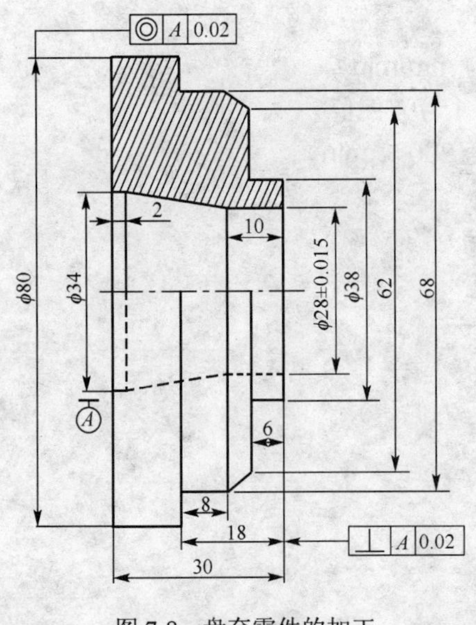

图 7-8 盘套零件的加工

（1）工艺分析

零件如图 7-8 所示，此零件属典型盘套零件。毛坯为 45 钢，内孔已粗加工至ϕ25mm。其加工对象包括外圆台阶面、倒角和外沟槽、内孔及内锥面等，且径向加工余量大。其中外圆ϕ80mm 对ϕ34mm 内孔轴线有同轴度 0.02mm 的技术要求，右端面对ϕ34mm 内孔轴线有垂直度技术要求，内孔ϕ28mm 有尺寸精度要求。

根据图形分析，此零件需经二次装夹才能完成加工。为保证ϕ80mm 外圆与ϕ34mm 内孔轴线的同轴度要求，需在一次装夹中加工完成。第二次可采用软爪装夹定位，以ϕ80mm 精车外圆为定位基准，也可采用四爪卡盘，用百分表校正内孔来定位，加工右端外形及端面。但数控机床一般不建议使用四爪卡盘，辅助工艺时间过长。

（2）确定加工顺序及进给路线

① 车左端面。

② 粗、精车ϕ80mm 外圆。

③ 粗、精车全部内孔。

④ 工件调头校正，夹ϕ80mm 精车面，车右端面，保持 30mm 长度。

⑤ 粗、精车外圆、台阶。

（3）编程方法

加工此零件内孔时可用 CYCLE95 循环加工指令，加工外圆台阶径向毛坯余量大，宜采用横向切削方式循环加工。在用复合循环指令编程时，系统会根据所给定的循环起点、精加工路线及相关切削参数，自动计算粗加工路线及刀数，免去手工编程时的人工计算。但此工件分为两个程序进行加工，在 Z 向需分两次对刀确定原点。

（4）刀具的选择及切削用量的选择

刀具及切削用量如表 7-3 所示，外形加工刀具及切削用量的选择与加工轴类零件区别不大。尤其内孔刀需特别注意，因刀杆受孔径尺寸限制，刀具刚性差，切削用量要比车外圆时适当小一些。

表 7-3 刀具及切削用量

工步	工 步 内 容	刀具名称及规格	刀具号	切 削 用 量			备注
				背吃刀量/mm	主轴转速/(r/min)	进给速度/(mm/r)	
1	车端面、车外圆	90°粗、精车外圆刀	T01	2	<1500	0.2 精 0.15	
2	镗孔	粗、精内镗刀（主偏角 93°）	T02	1～2	600～800	0.1 精 0.05	
3		ϕ20mm 钻头			600		手动

（5）SIEMENS 802D 参考程序

工件左端：

```
A8.MPF                  （左端程序名）
T1D1；                  调用外圆刀
G00 X85.Z2. M03 S850；
G01 Z0 F0.2；           端面起点
X22. F0.08；            车端面
G00 X80. Z2.；          退刀到φ80mm 外圆起点
G01 Z−15 .F0.2；        车φ80mm 外圆
G00 X100. Z150；        退到换刀点
T2D1；                  换内孔镗刀
G00 X24.5 Z2.；         快速到循环起点
  CYCLE95               （毛坯切削循环）
  NPP=EEE.SPF           轮廓子程序名）
  MID=2                 （进刀深度，直径值）
```

```
FALZ=0              （Z 向精加工余量）
FALX=0.5            （X 向精加工余量，直径值）
FAL=0               （与轮廓相符的精加工余量）
FF1=100             （粗加工进给速度）
FF2=80              （底切进给速度）
FF3=60              （精加工进给速度）
VARI=3              （加工方式）
DT=0                （停留时间）
DAM=0               （断屑时中断该长度）
VRT=0               （粗加工时从轮廓上的退刀位移）
G00 X100 Z100       （快速返回到换刀点）
M30

EEE.SPF（左端子程序）
G00 X34 S800;       精车第一段
G01Z-2.F0.05;
X28. Z-20;
Z-32.;
X27.;               精车末段
M17
```

工件调头，夹ϕ80mm 精车外圆面，用 G72 加工右端外形面。

```
A7.MPF （右端程序名）
G54 G90 G94（设定工件坐标系，进给单位为 mm/min）
T1D1;                      调用外圆刀
G00 X85. Z2. M03 S850;     刀具快速移动
G01 Z0;                    车端面起点
X22. F0.08;                平端面加工
G0 X82. Z2.;               循环起点
CYCLE95          （毛坯切削循环）
NPP=DDD          （轮廓子程序名）
MID=2            （进刀深度，直径值）
FALZ=0           （Z 向精加工余量）
FALX=0.5         （X 向精加工余量，直径值）
FAL=0            （与轮廓相符的精加工余量）
FF1=100          （粗加工进给速度）
FF2=80           （底切进给速度）
FF3=60           （精加工进给速度）
VARI=9           （加工方式）
DT=0             （停留时间）
DAM=0            （断屑时中断该长度）
VRT=0            （粗加工时从轮廓上的退刀位移）
```

```
  G00 X100 Z100    （快速返回到换刀点）
  T3 D1            （换 3 号切断刀并调入 1 号刀具补偿号）
  M03 S400         （主轴降速到 400r / min）
  G00 X20 Z-16     （快速移动到退刀槽 Z 向起始点）
  GO1 X12 F80      （切退刀槽到φ12）
      X20
      Z-15
      X12
  G00 X100
      Z100         （快速返回到换刀点）
  T4 D1            （换 4 号螺纹刀并调入 1 号刀具补偿号）
  MO3 S500         （主轴降速到 500r / min）
  G00 X20 Z3       （移动到螺纹循环起始点）
  CYCLE97          （螺纹切削循环）
 PIT=2             （螺距值）
 MPIT=0            （螺纹尺寸）
 SPL=0             （纵向螺纹起始点）
 FPL=-12           （纵向螺纹终点）
 DM1=16            （起点螺纹直径）
 DM2=16            （终点螺纹直径）
 APP=2             （导入位移）
 ROP=2             （收尾位移）
 TDEP=1.2          （螺纹深度）
 FAL=0.1           （精加工余量）
 IANG=0            （进给角度）
 NSP=0             （起始点偏移）
 NRC=9             （粗加工走刀次数）
 NID=2             （空走刀次数）
 VARI=1            （螺纹加工方式）
 NUMT=1            （螺纹导程）
 VRT=0             （可变退回位移）
 G00 X100
     Z100          （快速返回到换刀点）
 M30               （程序结束，主轴停转）
 DDD.SPF           （子程序名）
  NI00 G00 Z-18. S800;    精车第一段，Z 向移动
 G01 X68. F0.05;
 Z-10.;
 X62. Z-6.;
 X38.;
 Z0;
 N200 Z2;                 精车末段
```

M17（子程序结束）

7.6 盘套件的编程加工实例 2

加工如图 7-9 所示零件，材质为铸铝，棒料ϕ70mm×200mm。为一个毛坯多件加工。

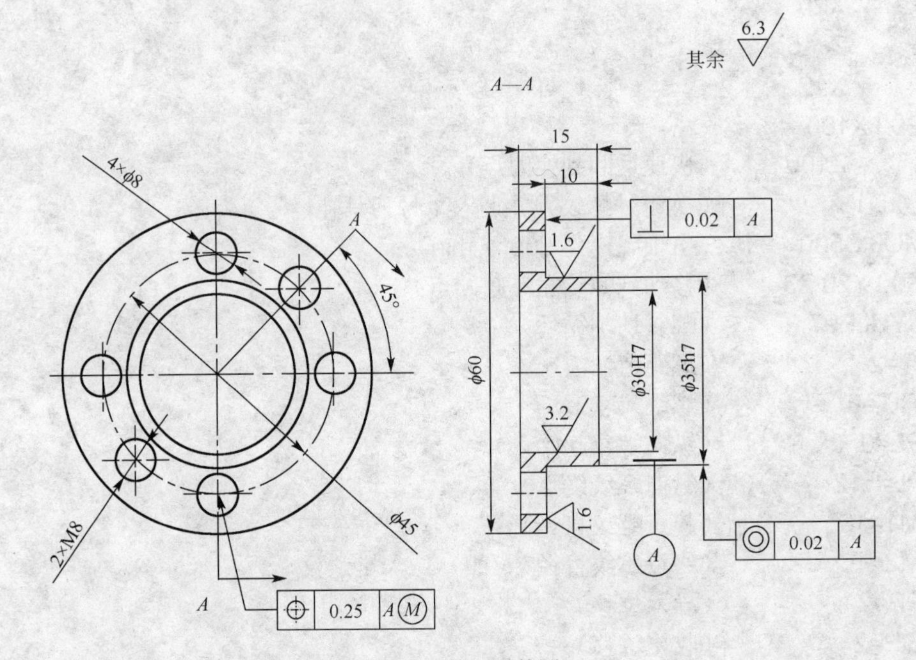

图 7-9 端面零件图

(1）工艺分析

毛坯为棒料，先在钻床上钻孔，加工效率高。

为了保证ϕ35h7 外圆对ϕ30H7 内孔的同轴度要求，及ϕ60 端面对ϕ30H7 轴线的垂直度要求，采用在一次装夹中完成该部分的加工。

ϕ35h7 外圆和ϕ60 端面有 *Ra*1.6μm 表面粗糙度要求，由于材质为铸铝，在数控车床上高速切削即可实现，但刀具的前角应当比较大，在 12°～15°，为了防止切屑黏附在刀具的前刀面和提高工件表面粗糙度，加工时必须使用切削液。

ϕ30H7 内孔有 *Ra*3.2μm 表面粗糙度要求，孔加工比外圆加工的难度大，粗糙度要求比外圆低一个等级，属于正常要求。精镗即可保证。

4×ϕ8 的内孔和 2×M8 的螺纹孔采用数控铣床加工。由于零件的材料是铝料，而且零件很薄、易变形，铣削装夹工件时，为了防止零件变形，采用芯轴定位。

(2）制订加工工艺

① 车削部分（表 7-4）：

采用三爪卡盘夹紧工件外圆。工件伸出卡盘 25mm 左右，将工件右端面中心设置为工件零点，如图 7-10 所示。

加工顺序按先粗后精、由近到远的原则确定，根据本工件结构特征，确定主要加工步骤如下：

表 7-4　数控加工工艺卡

零件名	端盖	材质	铝	件数		1
工序号	内容	刀号名称及规格	刀号	切削用量		
				主轴转速/(r/min)	进给速度/(mm/r)	背吃刀量/mm
1	车端面、车外圆	90°粗、精车外圆刀	T04	1500	0.1	2
	镗孔	粗、精内镗刀	T02	1000	0.05	
	切断并倒角	切槽刀（刀宽为 4mm）	T03	300	0.05	
2	打中心孔	ϕ10 定心钻	T01	2000	100	
	钻 4×ϕ8mm 孔	ϕ8 钻头	T02	800	100	
	钻 2×ϕ6.8 孔	ϕ6.8 钻头	T03	1000	100	
	攻螺纹 2×M8	M8 丝锥	T04	400	1.25	

采用 CYCLE95 功能对工件进行粗车，然后调用子程序进行精车。

粗、精镗ϕ30H7 孔。

切断工件。

② 铣削部分：

铣削采用芯轴对工件进行定位，采用螺母压紧方式，如图 7-11 所示。

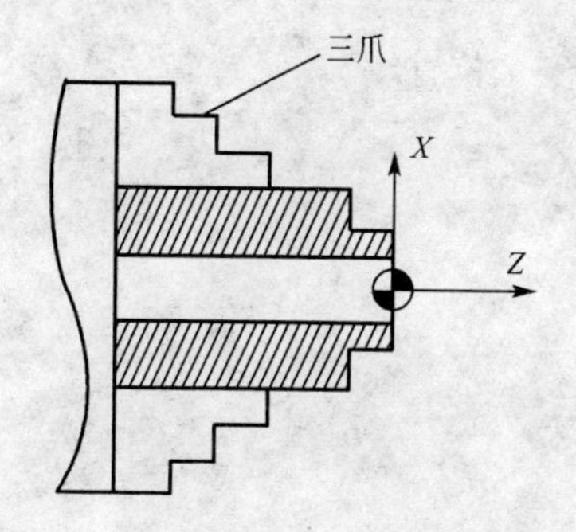

图 7-10　车削装夹方法

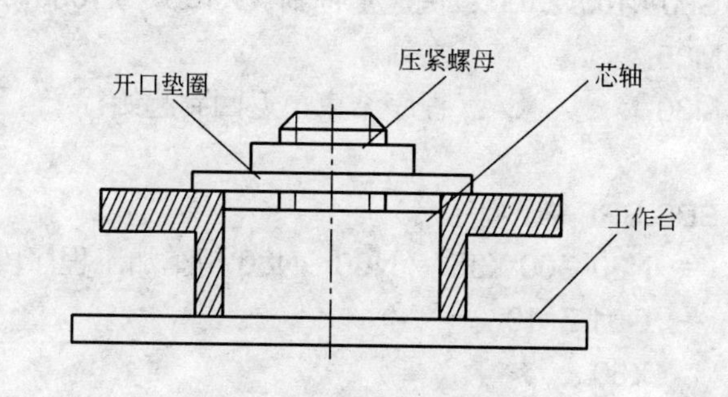

图 7-11　铣削装夹方法

加工顺序：

钻 4×ϕ8 孔。

打 2×M8 底孔（ϕ6.7）。

攻螺纹 2×M8。

加工路径顺序如图 7-12 所示。

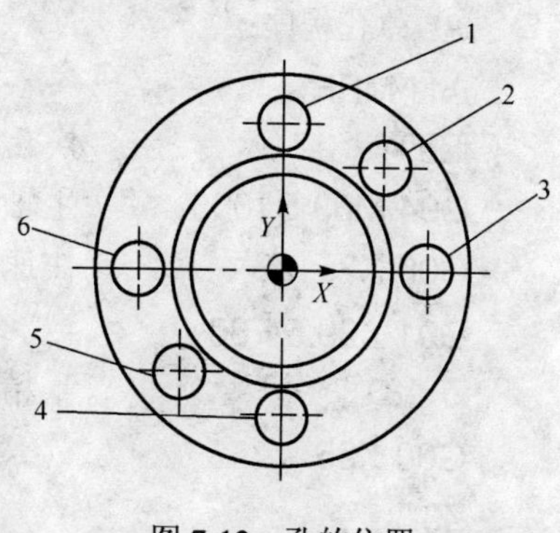

图 7-12　孔的位置

（3）加工程序

① 车外圆程序：

```
A10.MPF
T4D1;               换 4 号外圆车刀
G95 M03 S1500;      主轴正转，转速为 1500r/min
G00 X76. Z0.;       快速定位到（X76，Z3）
G01 X–1 Z0 F0.1;    车端面
G00 X76 Z3
```

```
外形
CYCLE95          （毛坯切削循环）
NPP=BBB          （轮廓子程序名）
MID=2            （进刀深度，直径值）
FALZ=0           （Z向精加工余量）
FALX=0.5         （X向精加工余量，直径值）
FAL=0            （与轮廓相符的精加工余量）
FFI=100          （粗加工进给速度）
FF2=80           （底切进给速度）
FF3=60           （精加工进给速度）
VARI=9           （加工方式）
DT=0             （停留时间）
DAM=0            （断屑时中断该长度）
VRT=0            （粗加工时从轮廓上的退刀位移)
G00 X100 Z100    （快速返回到换刀点）
BBB              精车循环
G00 X100. Z100.；快速定位到（X100，Y100），安全位置
M05；            主轴停
M30；            程序结束，返回到起始行

BBB.SPF（子程序名）
    N60 G00 X35.；  N60～N80 精车加工程序段
    G01 Z-10.；
    X60.；
N80 Z-15.；
X72
M17（子程序结束）
```

② 镗孔程序：

```
A11.MPF
T2D1；                换2号内镗刀
G94 M03 S1000；       主轴正转，转速为800r/min
G00 X25. Z3.；        快速定位到（X25，Z3）
G01 X29.5 F60
Z-18                  半精加工
G00 X25
Z3
G01 X30 F30           精加工
Z-18
G00 X25
Z3
```

```
G00 X28.Z100.;          快速定位，安全位置
T0200;                  取消刀补值
M05;                    主轴停
M30;                    程序结束，返回到起始行
```

③ 倒角并切断：

切断刀为 4mm 宽，对刀点为左刀点，在编程时要左移 4mm，以保持总长 15mm。倒角因为是斜线运动，需要有空间，所以按以下路线，如图 7-13 所示，先往左在总长上留 0.5～1mm 余量处切一适当深槽，退出来，再进行倒角并切断，这样可以减少切断刀的摩擦，在切削时利于排屑。

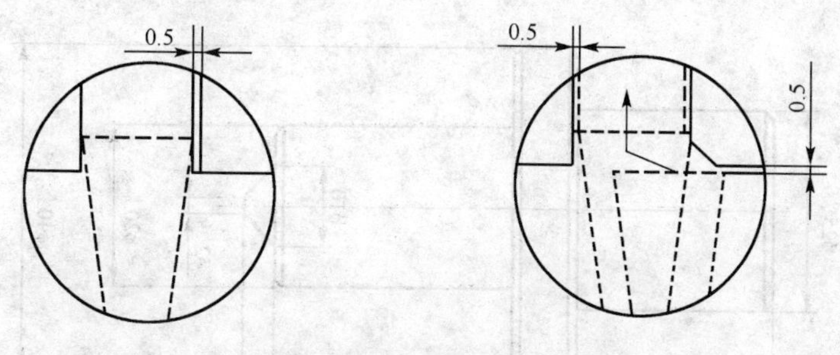

图 7-13　切断刀倒角

```
00003
T3D1
G00 X62.Z−19.5S300;        快速定位到（X62.，Z−19.5），主轴转速为 300r/min
G01 X50. F0.05;            直线进给到（X50.，Z−19.5）
X61.;
Z−17.5;                    倒角
G01 X46. Z−19. F0.05;
X0;                        切断
G00 X70.;                  在 X 向退刀
Z50.;
M05;                       主轴停止
M30;                       程序结束，返回到起始位置
```

④ 钻孔和攻螺纹程序（略）。

附　录

附录1　数控车床加工练习图集

（1）轴类

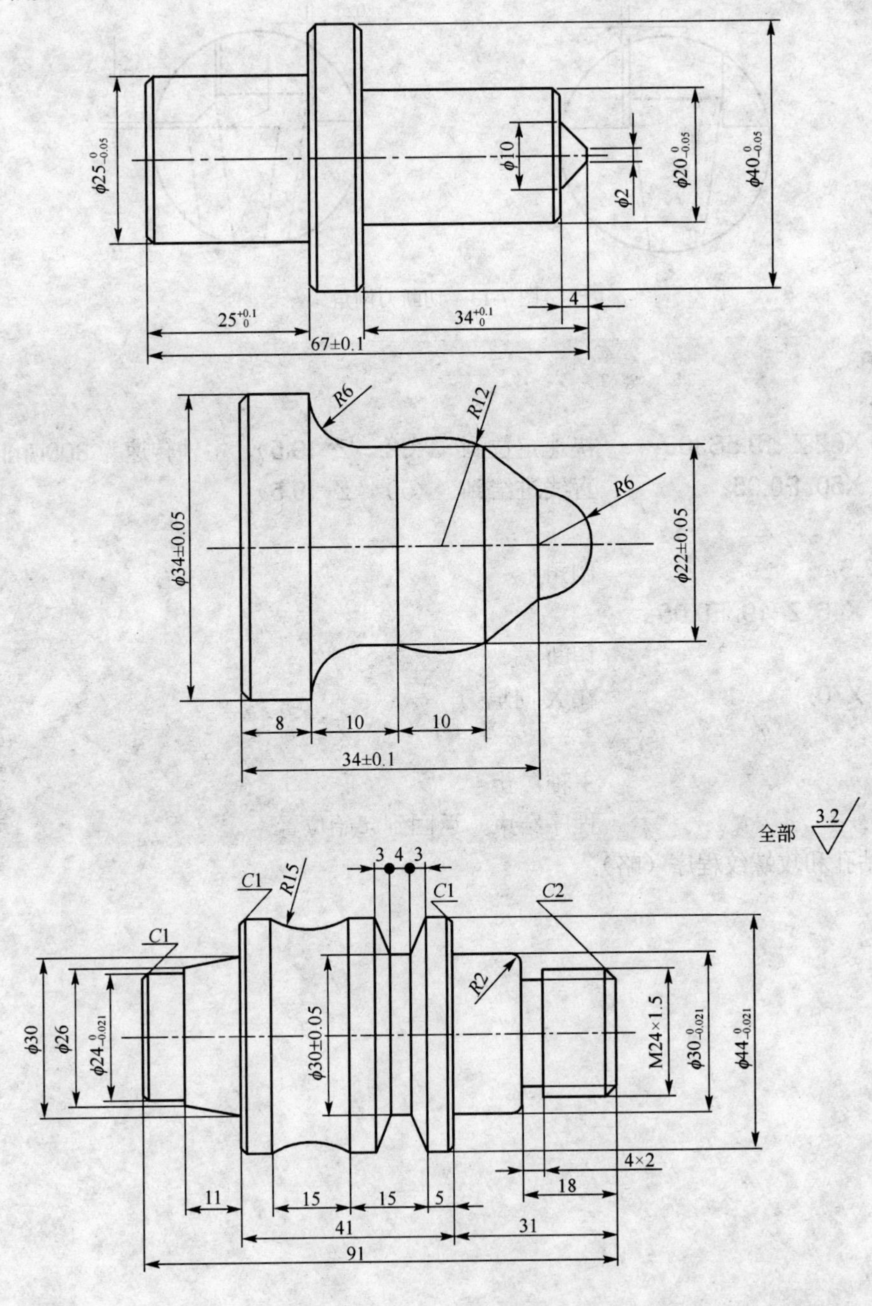

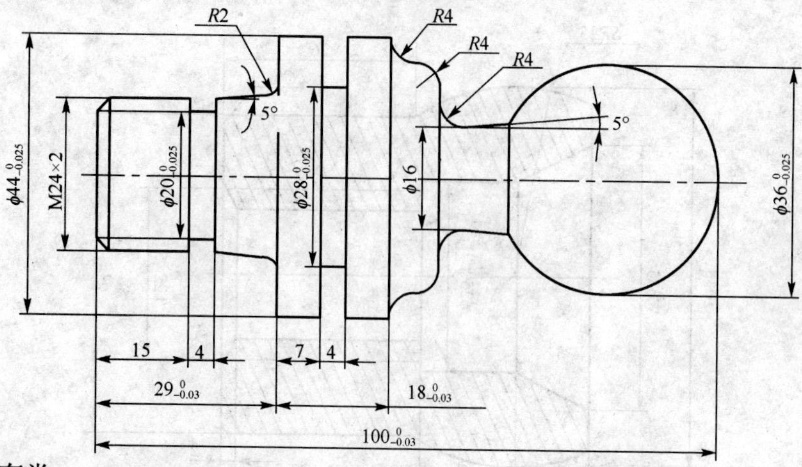
R2
R4
R4
R4
5°
5°
ϕ44 0 -0.025
M24×2
ϕ20 0 -0.025
ϕ28 0 -0.025
ϕ16
ϕ36 0 -0.025
15
4
7
4
29 0 -0.03
18 0 -0.03
100 0 -0.03

（2）盘套类

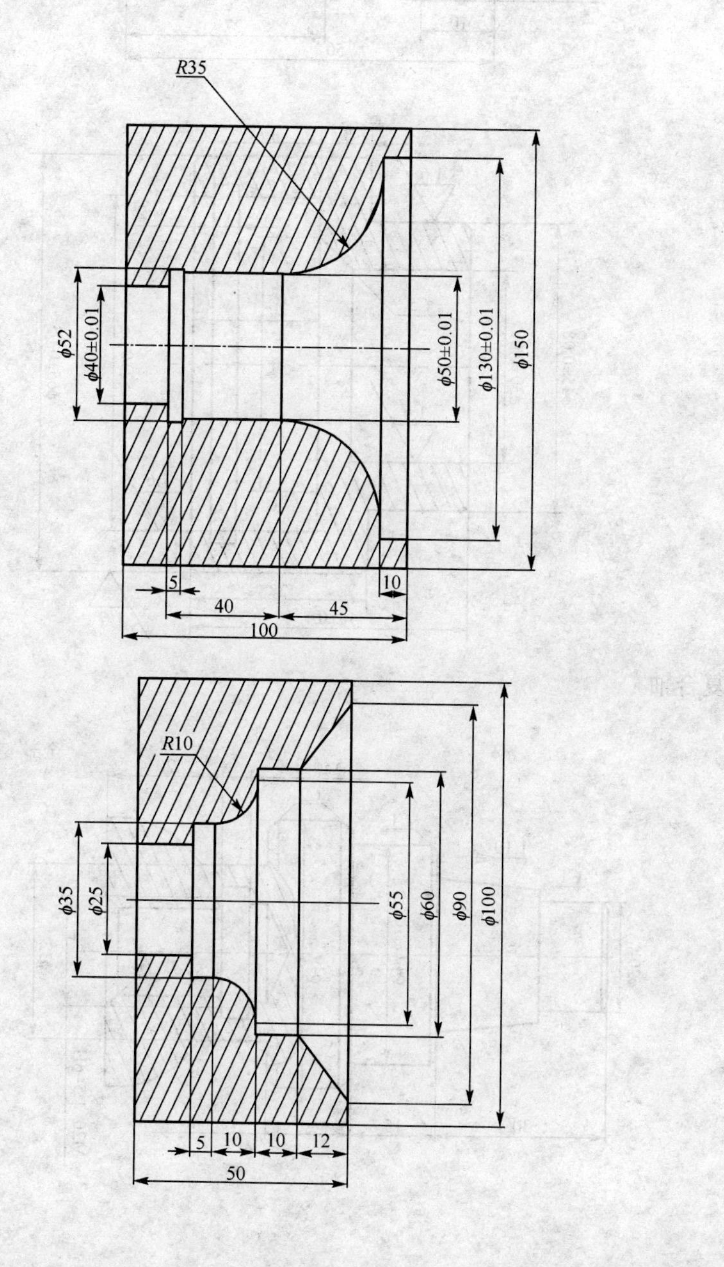
R35
ϕ52
ϕ40±0.01
ϕ50±0.01
ϕ130±0.01
ϕ150
5
40
45
10
100
R10
ϕ35
ϕ25
ϕ55
ϕ60
ϕ90
ϕ100
5
10
10
12
50

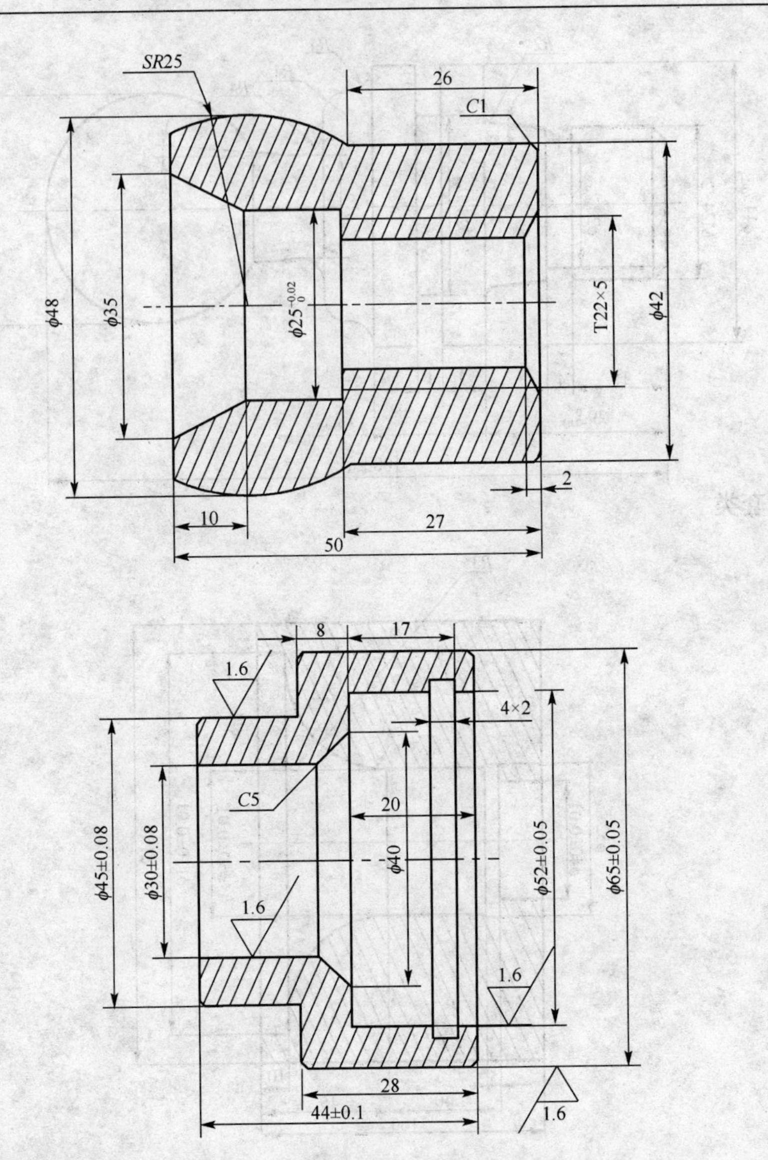
SR25
26
C1
φ48
φ35
φ25 +0.02 0
T22×5
φ42
2
10
27
50
8
17
1.6
4×2
C5
20
φ45±0.08
φ30±0.08
φ40
φ52±0.05
φ65±0.05
1.6
1.6
28
44±0.1
1.6

（3）复合轴

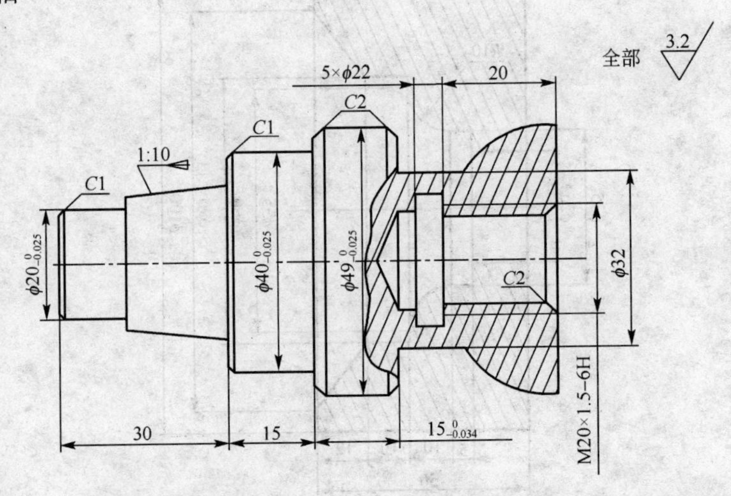
全部 3.2
5×φ22
20
C2
C1
1:10
C1
φ20 0 -0.025
φ40 0 -0.025
φ49 0 -0.025
φ32
C2
30
15
15 0 -0.034
M20×1.5-6H

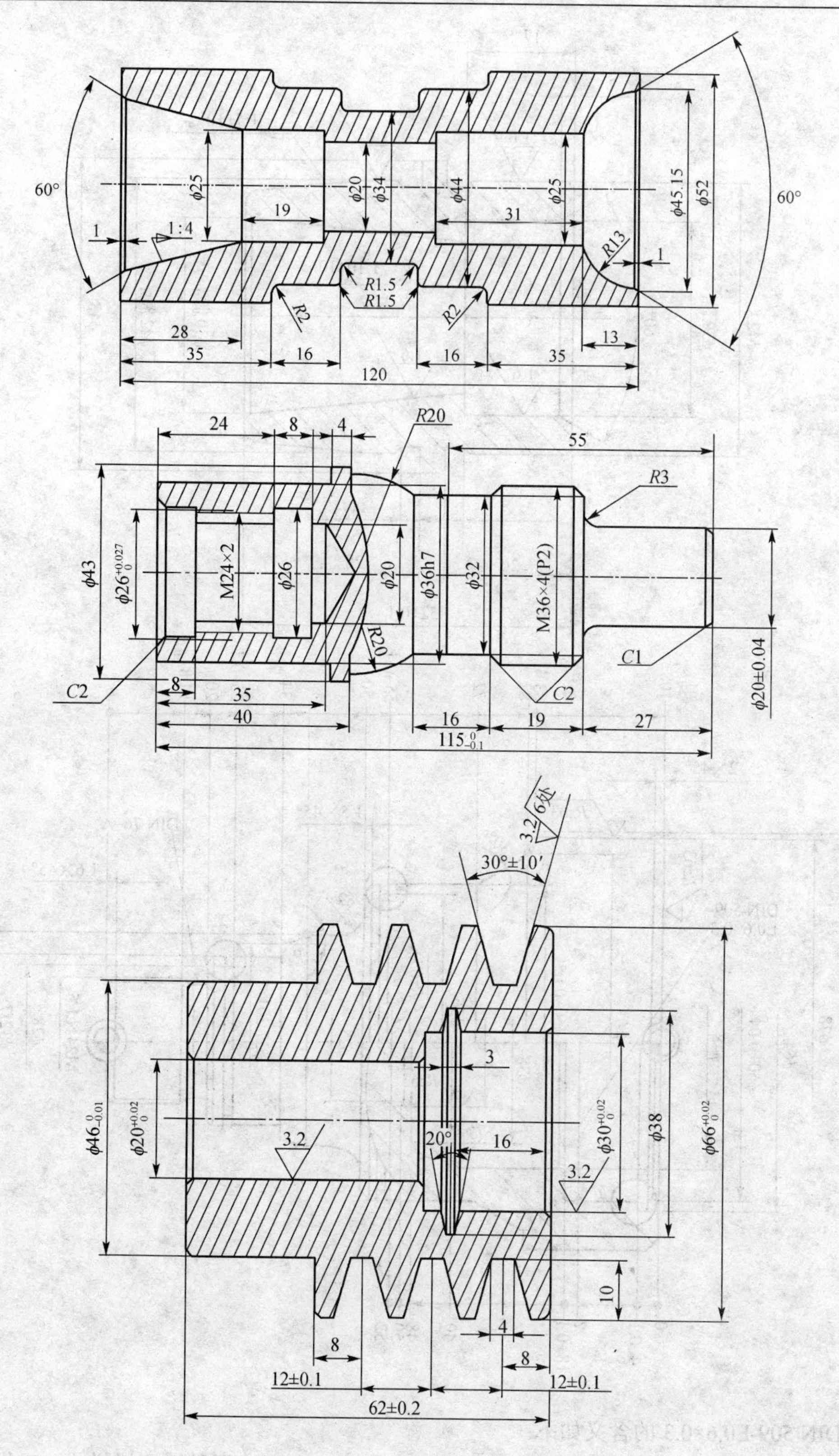
60°
ϕ25
ϕ20
ϕ34
ϕ44
ϕ25
ϕ45.15
ϕ52
60°
19
31
1
1:4
R13
1
R1.5
R1.5
R2
R2
28
35
16
16
35
13
120
24
8
4
R20
55
R3
ϕ43
ϕ26+0.027 0
M24×2
ϕ26
ϕ20
ϕ36h7
ϕ32
M36×4(P2)
R20
C1
C2
C2
ϕ20±0.04
8
35
40
16
19
27
115 0 -0.1
3.2
6处
30°±10′
3
ϕ46 0 -0.01
ϕ20+0.02 0
3.2
20°
16
ϕ30+0.02 0
3.2
ϕ38
ϕ66+0.02 0
10
4
8
8
12±0.1
12±0.1
62±0.2

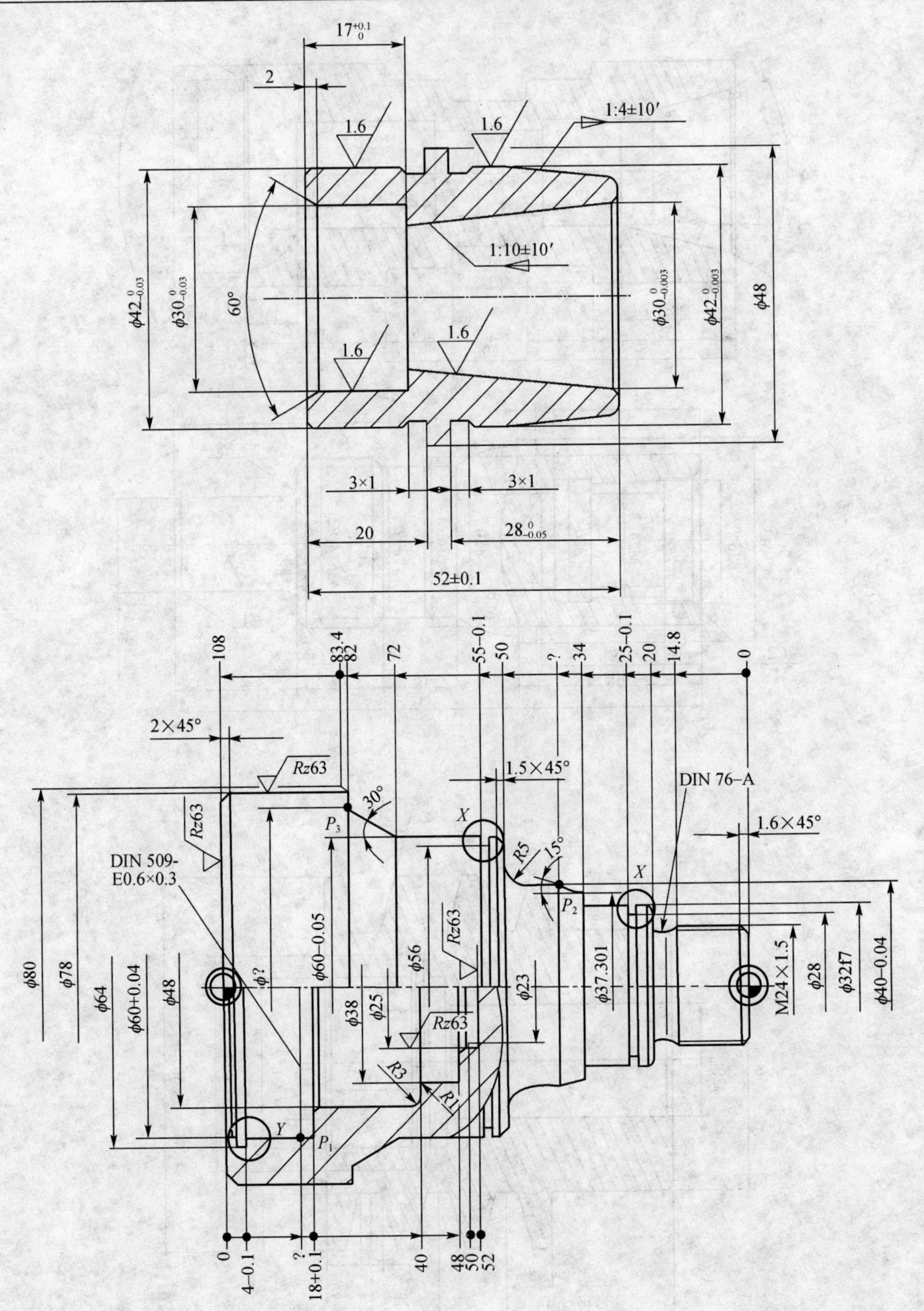

注：

DIN 509-E0.6×0.3 的含义如下：

DIN 509 ：退刀槽德国标准号，DIN509 有 E、F、G、H 四种退刀槽样式，E 代表退刀槽的形状，E 型如图所示；退刀槽内 r=0.6±0.1，槽深 $t_1 = 0.3^{+0.1}_{0}$，槽宽 $f = 2.5^{+0.2}_{0}$。

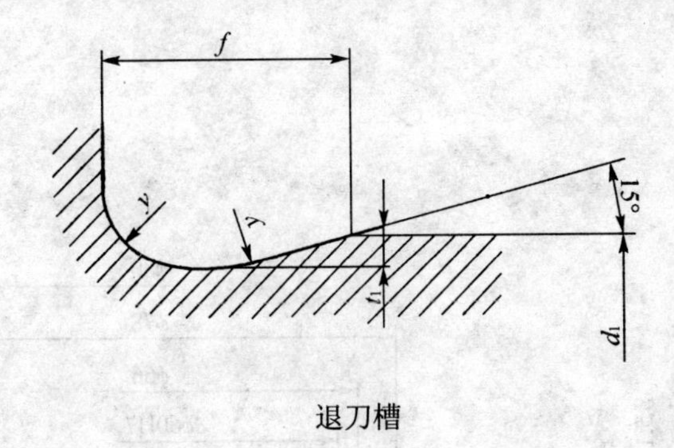

退刀槽

M24×1.5　DIN 76-A 的含义如下：

DIN 76-A：米制螺纹的螺纹收尾、肩距、退刀槽德国标准号，DIN 76 有两种退刀槽样式，A 代表正常退刀槽形状，如图所示，M24×1.5 的 $\phi d_g=\phi d$h13，g_1=3.2（min），g_2=5.2（max），r≈0.8。

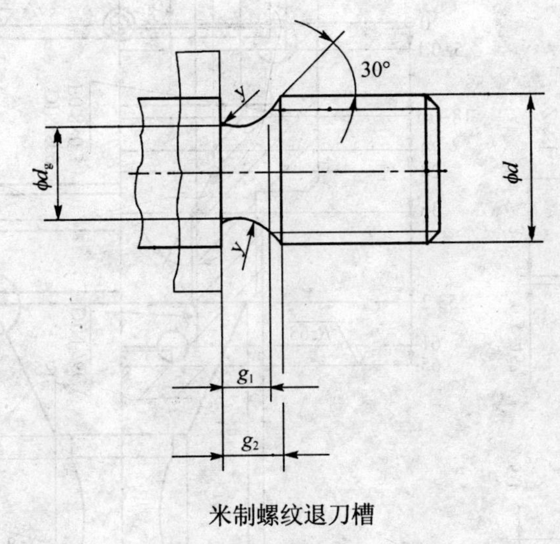

米制螺纹退刀槽

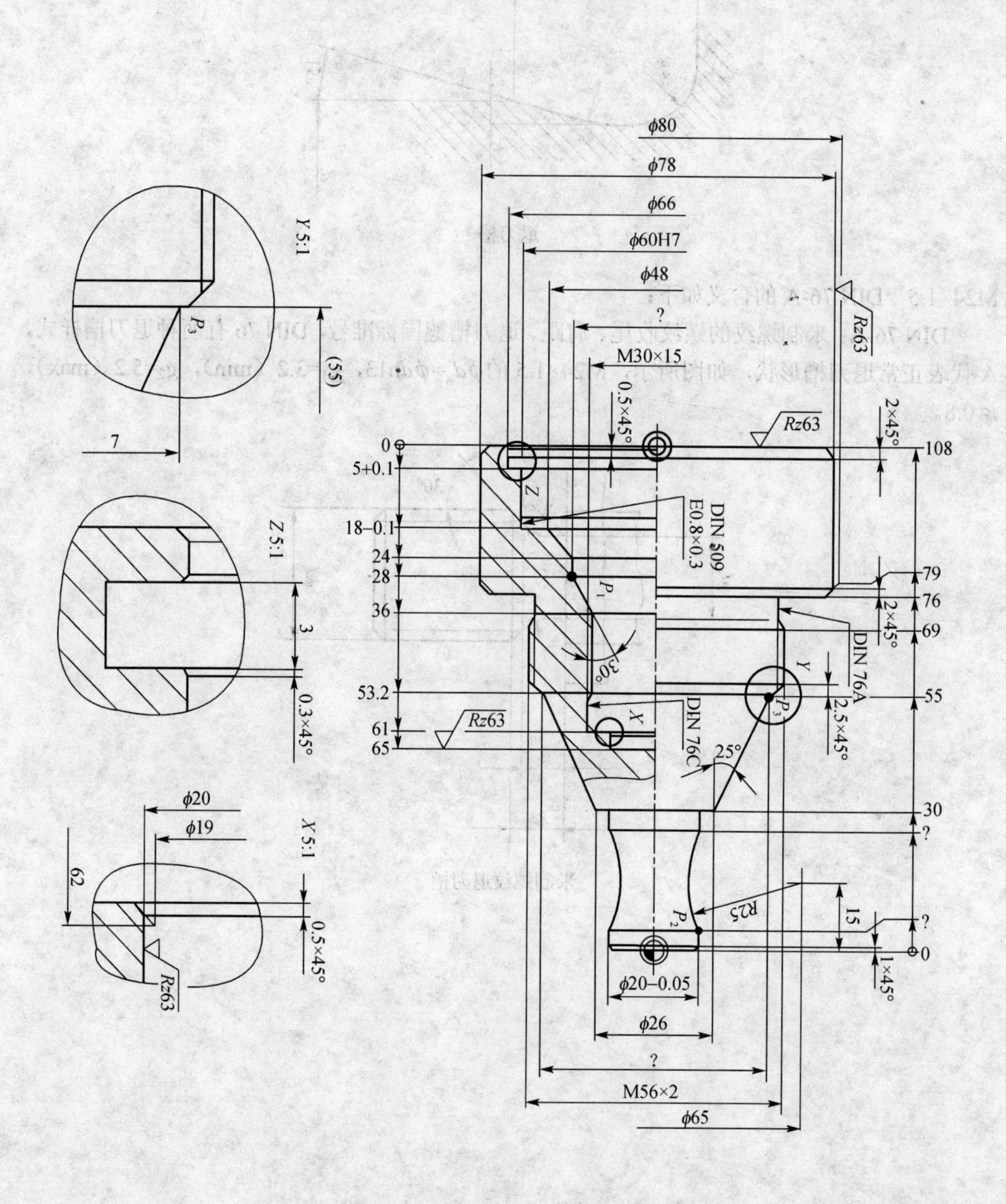

φ80
φ78
φ66
φ60H7
φ48
?
M30×15
0.5×45°
Rz63
2×45°
108
0
5+0.1
18−0.1
24
28
36
53.2
61
65
DIN 509
E0.8×0.3
P1
30°
Z
X
Y
DIN 76A
DIN 76C
P3
2.5×45°
25°
79
76
2×45°
69
55
30
?
R25
15
P2
?
0
1×45°
φ20−0.05
φ26
?
M56×2
φ65
Y 5:1
(55)
7
Z 5:1
3
0.3×45°
φ20
φ19
X 5:1
62
0.5×45°
Rz63

附录 2　数控铣床加工练习图集

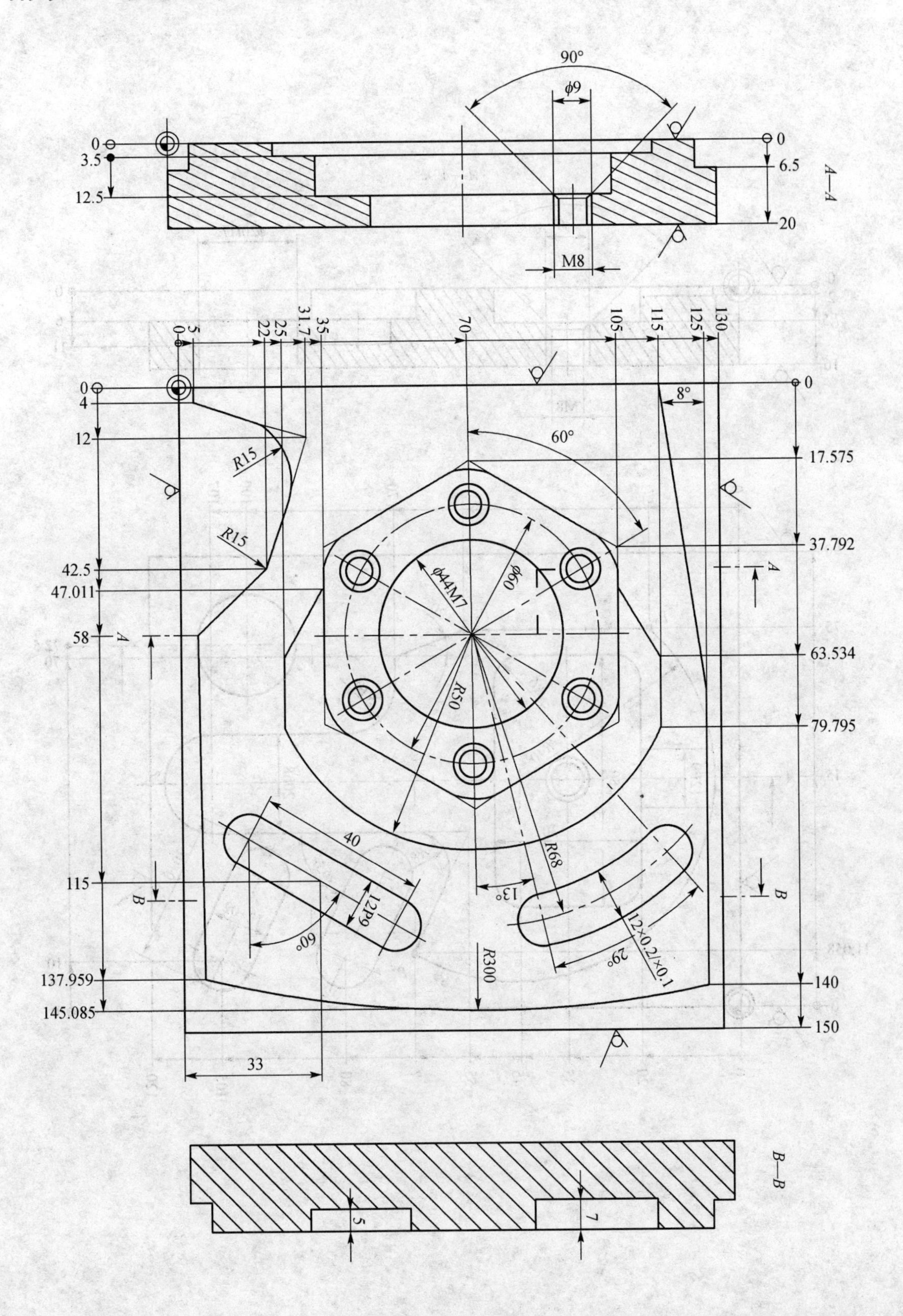

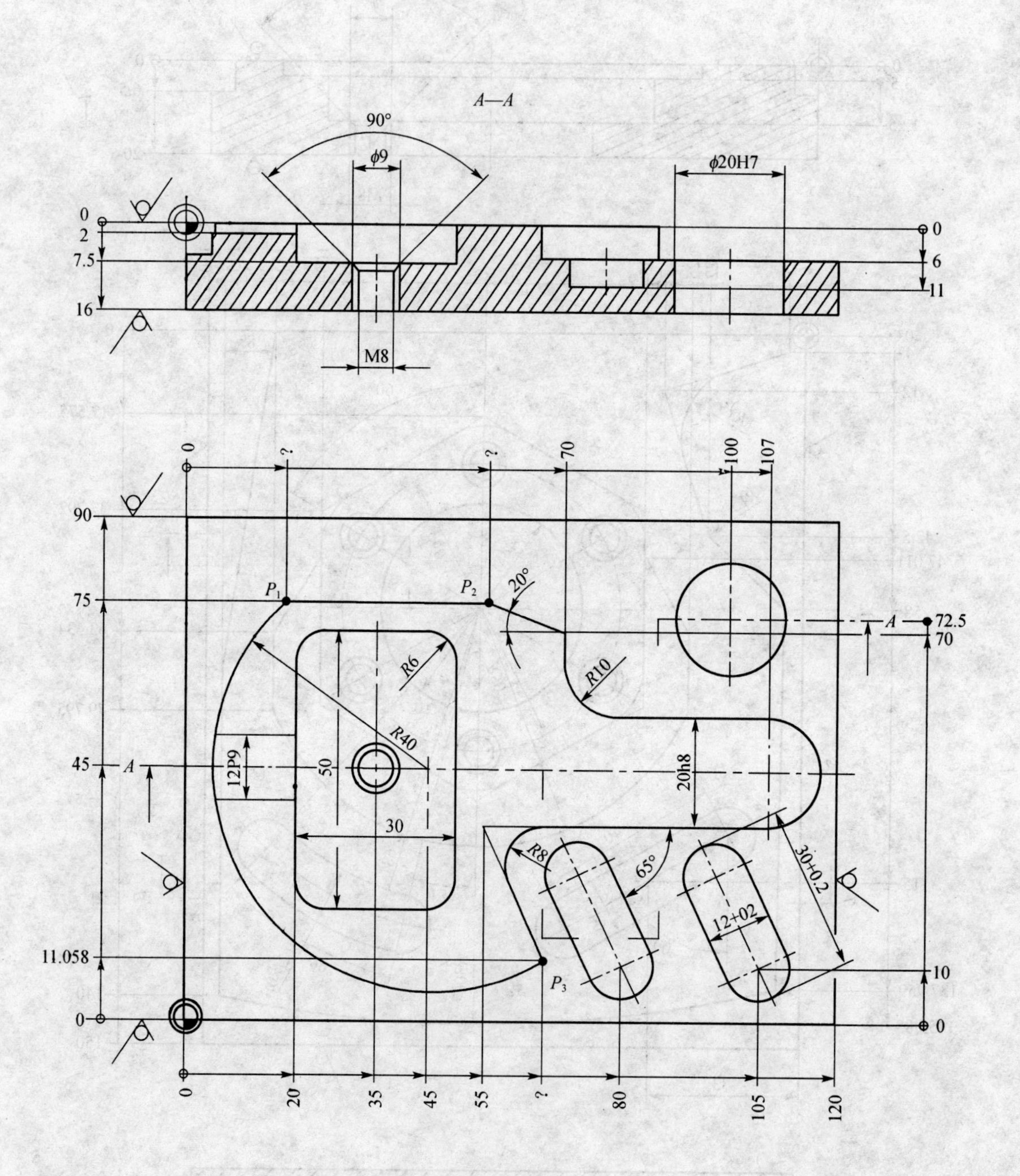
A—A
90°
ϕ9
ϕ20H7
M8
0
2
7.5
16
6
11
P1
P2
P3
20°
R6
R10
R40
R8
12P9
50
30
20h8
65°
30±0.2
12±02
72.5
70
10
11.058
90
75
45
0
20
35
45
55
80
105
120
100
107
?

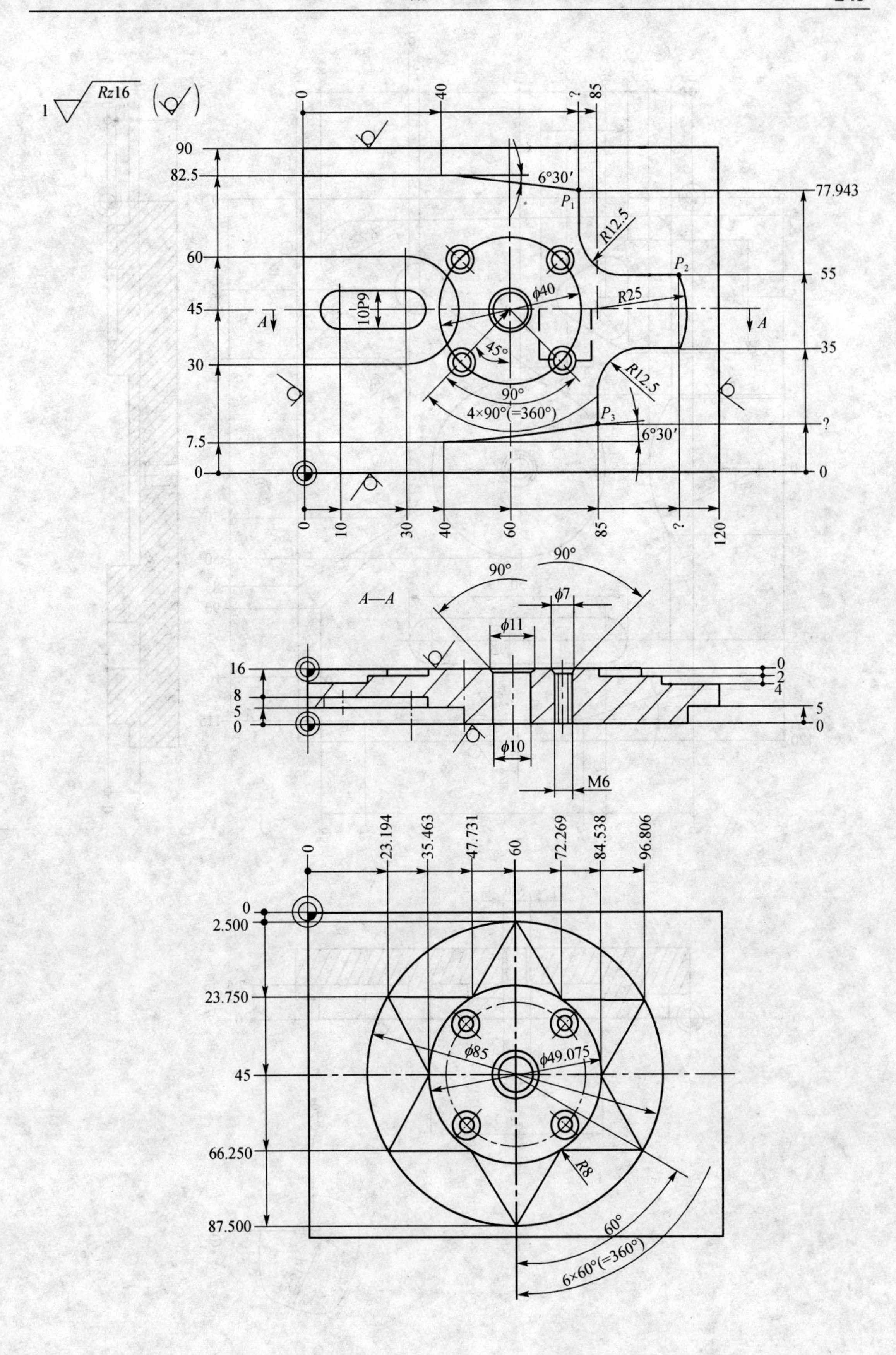
Rz16
6°30′
77.943
R12.5
R25
ϕ40
10P9
45°
90°
4×90°(=360°)
R12.5
6°30′
A—A
ϕ7
ϕ11
ϕ10
M6
ϕ85
ϕ49.075
R8
60°
6×60°(=360°)

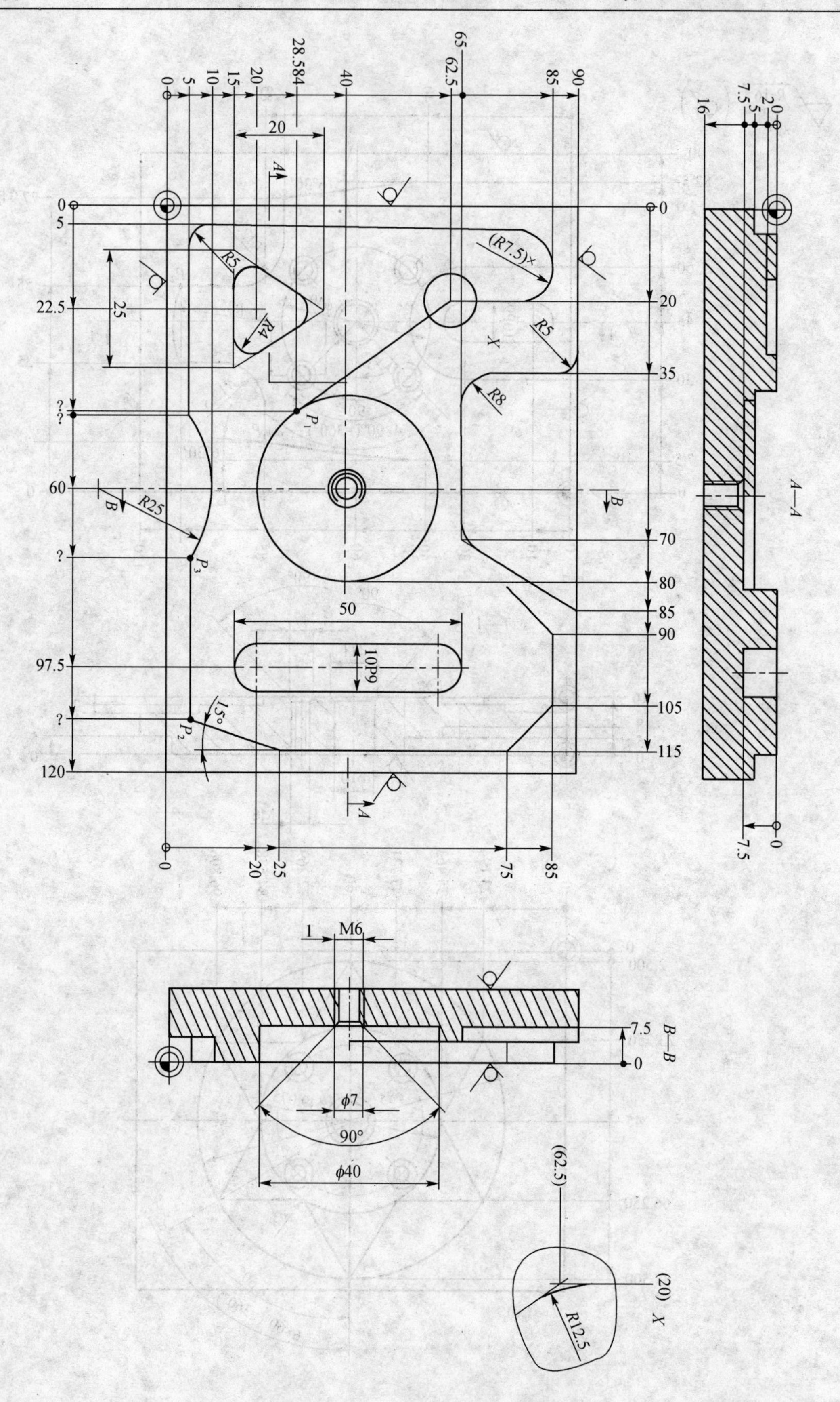
0
5
10
15
20
28.584
40
62.5
65
85
90
20
A
0
5
22.5
25
R5
R4
(R7.5)×
20
R5
X
35
R8
?
?
P_1
60
B
R25
B
70
?
P_3
80
85
50
90
97.5
10P9
?
15°
P_2
105
115
120
A
0
20
25
75
85
16
7.5
5
2
0
A—A
7.5
0
1
M6
7.5
B—B
0
ϕ7
90°
ϕ40
(62.5)
(20)
R12.5
X

参 考 文 献

[1] 芦耀武. 数控车削加工实训教程. 西安：陕西师范大学出版社，2010.
[2] 王姬，徐敏. 数控车床编程与加工技术. 北京：清华大学出版社，2009.
[3] 付承云. 数控车床编程与操作应知应会. 北京：机械工业出版社，2009.
[4] 陆伟明，朱勤惠，于晓平. 数控车工实用技巧. 北京：化学工业出版社，2009.
[5] 冯志刚. 数控宏程序编程方法技巧与实例. 北京：机械工业出版社，2007.
[6] 李晓晖. 精通 SINUMERIK 802D 数控铣削编程. 北京：机械工业出版社，2008.
[7] 西门子（中国）有限公司运动控制部. Sinumerik 802D 数控系统编程手册.